캐나다
워킹홀리데이

박지영 지음

CANADA WORKING HOLIDAY

RHK
알에이치코리아

캐나다 워킹홀리데이를 발판으로
대한민국 청년들의 성공적인 해외 진출을 희망하며

캐나다 워킹홀리데이 책 초판이 발행되고 어느덧 10년이라는 시간이 흘렀다. 지난 10년간 이 책을 통해 얼마나 많은 독자분들이 캐나다를 오고갔고, 캐나다에서 얼마나 다양하고 멋진 경험들을 했을까 생각하면 입가에 흐뭇한 미소가 절로 나온다.

이번 개정 3판에서는 기존 내용을 최신 정보들로 업데이트함과 동시에, 캐나다에서 워킹홀리데이로 1년의 시간을 보낸 후 더 오래 머물고 싶은 독자를 위한 내용을 추가로 수록했다. 비자 연장 방법은 물론, 워킹홀리데이에서 이민으로 연결하는 절차와 방법에 대해서도 함께 담았다. 워킹홀리데이를 거쳐 캐나다 현지에서 회사 생활과 이민을 직접 경험한 만큼, 누구보다도 더욱 생생한 정보를 전달할 수 있었다.

기존 도서와 확연하게 달라진 부분은 캐나다 입국 심사 및 세관 신고 키오스크 관련 내용이다. 캐나다 세관에서는 2017년부터 자체 개발한 모바일 앱 eDeclaration을 통해 캐나다 시민과 해외에서 방문한 여행객 모두 간편하게 입국 심사를 진행할 수 있도록 서비스하고 있다. 처음 키오스크를 마주하더라도 당황하지 않고 사용할 수 있도록 사용법을 차근차근 설명했다. 또, 매년 변경되는 국세청 승인 세금 환급 소프트웨어의 사용법은 무료 소프트웨어 사용법으로 수정하여, 누구나 책을 보며 쉽게 따라할 수 있도록 자세히 정리했다.

시대가 변하는 만큼 수 많은 정보들도 계속 급변하고 있다. 정보화 시대인 만큼 누가 얼마나 많은 정보를 보유하고 있느냐가 일종의 경쟁력이라고 생각한다. 이번 캐나다 워킹홀리데이 개정 3판이 캐나다로 떠나고자 하는 독자분들께 이러한 경쟁력을 향상시켜 줄 수 있는 하나의 발판이 되었으면 하는 바람이다.

마지막으로 오랜 시간동안 꾸준히 캐나다 워킹홀리데이 책을 사랑해주신 독자분들께 다시 한 번 감사의 말씀을 드리고, 끝없이 성공만을 향해 달려가느라 항상 바쁘게만 생활하는 나를 옆에서 잘 챙겨주고 아껴준 내 가족에게 고맙다는 말을 전하고 싶다.

감사하고 사랑합니다.

2019년 11월

박 지 영

CONTENTS

CHAPTER 07

워킹홀리데이 마무리

미리보는
캐나다 워킹홀리데이 FAQ

Q1 | 현재 저는 꿈이나 목표가 없는데
캐나다 워킹홀리데이를 가도 될까요?

아니요. 캐나다 워킹홀리데이를 가기 전에 우선 자신이 어떤 일을 하고 싶은지에 대한 목표 설정을 해야 합니다. 목표도 없이 '남들이 가니까 나도 가야지'라는 식으로 캐나다를 가게 된다면 캐나다 생활이 오히려 지루하고 재미없어지고, 친구들과 한국에 대한 그리움으로 조기 귀국할 수도 있습니다.

현재 꿈이나 목표가 없다면 빈 종이를 한 장 꺼내놓고 내가 하고 싶거나 좋아하는 일이 무엇인지를 생각하며 적어보세요. 적었다면 그것을 이루기 위해서 무엇을 해야 하는지를 또 적어보세요. 이렇게 브레인스토밍을 통해서 목표를 설정하고 이 목표를 이루는 데 필요한 일들이 무엇인지에 대한 상세한 계획까지 설계한 뒤 캐나다 워킹홀리데이에 참여한다면 보다 보람되고 알찬 경험을 할 수 있을 것입니다.

Q2 | 제가 서른 살인데
캐나다 워킹홀리데이 신청이 가능한가요?

네, 가능합니다. 캐나다 워킹홀리데이의 지원 자격은 다음과 같습니다.

- 한국 국적자
- 캐나다 체류 기간 동안 유효한 기간의 여권 소지자
  (캐나다 워킹홀리데이 워크 퍼밋기간은 소지 여권의 유효한 기간 이내에서 발급됨)
- 한국 내 영구적으로 거주하는 주소 소지자
- 캐나다 이민국 사이트 내 캐나다 워킹홀리데이 Pool에 개인 프로필 생성 시
  만 18~30세에 해당하는 자 (생일 기준 만 30세 포함)
- 캐나다 체류보조비용 C$2,500이 있는 자
- 캐나다 체류 기간을 커버해줄 수 있는 해외 건강 보험에 가입된 자
  (보험 가입 여부는 캐나다 입국 시 증빙)
- 캐나다 입국이 허가된 자
- 왕복 항공권 소지자 혹은 캐나다에서 허가된 체류 기간 이후 귀국 항공권 구입 자금을
  증빙할 수 있는 자
- 부양가족을 동반하지 않는 자 (부부의 경우 각각 별도로 비자를 발급받아야 함)
- 신청 수수료를 모두 납부한 자

캐나다 워킹홀리데이 신청 당시의 나이가 만 30세 이하일 경우에는 신청이 가능합니다. 캐나다 이민국 Pool에 신청할 당시의 나이가 기준이므로 신청 완료 이후 생일이 지나 만 30세 이상이 되더라도 자격이 제한되지는 않습니다.

Q3 1년 동안 캐나다에서 생활하려면
최소 어느 정도의 비용이 필요한가요?

한 달 최소 100만 원이 필요합니다. 1년 기준 1,200만 원이 있으면 충분히 생활할 수 있습니다. 한 달 최소 비용에는 룸 렌트비 + 통신비 + 교통비 + 식료품비 + 생필품비 + 기타 비용 등이 모두 포함된 것입니다. 지나친 소비로 캐나다 생활이 실패하지 않도록, 출국 전 소비계획을 세워 둘 필요가 있습니다.

Q4 캐나다 워킹홀리데이 신청 시
필요한 예금 잔고는 얼마인가요?

캐나다 대사관에서는 왕복 항공료와 1년간의 생활비를 충당할 수 있는 금액인 최소 C$2,500을 권장하고 있습니다. 재정과 관련된 부분은 캐나다 워킹홀리데이를 신청하면서 구비서류 제출 당시 필요합니다. 만약 최소 금액이 부족할 경우에는 재정보증인(부모님 등)의 재정 서류를 제출해야 할 수도 있습니다.

※ 재정보증인의 재정 서류를 제출하는 경우, 해당 지원자가 제출해야 하는 가족관계증명서는 총 2부입니다. 즉, 본인의 가족관계증명서와 재정보증인의 가족관계증명서를 모두 제출해야 합니다. 재정보증인의 가족관계증명서를 통해 본인과 해당 재정보증인의 관계를 증명해야 합니다. 재정보증인은 부모 또는 배우자만이 될 수 있으며, 제3자의 재정보증은 인정되지 않습니다.

Q5 | 캐나다 어느 도시를 선택해야 할까요?

해외생활이 처음이라면 대도시를 추천합니다. 많은 사람이 대도시에는 한국인이 너무 많아서 꺼리는 경향이 있는데, 제 생각은 다릅니다.

대도시라면 보통 토론토와 밴쿠버를 말하는데, 실제 토론토나 밴쿠버에는 다른 도시에 비해 한국인이 많습니다. 그러나 한국인은 특정 지역에만 모여 살기 때문에 그들이 모여 있는 지역을 피해 생활한다면 되려 한국인이 많다는 것을 인식조차 하지 못할 수 있습니다. 주변 환경은 자신이 만들어 가는 부분이므로, 방을 구하거나 사람들과 어울릴 때도 한국인이 모여 있는 지역은 피하고 현지인과 적극 교류한다면 한국인의 많고 적음이 도시를 선정하는 중요한 기준이 되지는 않으리라 생각합니다.

또한 대도시를 선택할 경우 교통이나 필요한 물품, 식품들을 주변에서 쉽게 구할 수 있습니다. 처음 해외생활을 하는 입장에서 생활 편의를 손쉽게 해결하기 어려울 경우 현지 적응에 많은 시간이 소모될 수 있으며, 마음이 불편하면 공부 또한 잘 안 되는 것이 당연지사라고 생각합니다.

그러므로 해외생활이 처음이신 분들에게는 생활이 편리해 현지 적응을 빠르게 할 수 있는 대도시를 추천합니다. 대도시의 경우도 도시별로 주요 산업이나 날씨 등 특색이 다르므로 각 도시의 특징을 살펴 본인에게 가장 적합한 도시를 선택하시기를 바랍니다.

Q6 캐나다로 떠나기 전 영어 공부를 반드시 해야 하나요?

네, 반드시 해야 합니다. 한국에서 어느 정도 수준의 영어 공부는 꼭 하고 가셔야 합니다. 어학연수를 마치고 귀국한 사람들이 자주 하는 말이 있습니다. "캐나다로 떠나기 전에 영어 공부를 더 많이 했었더라면 좋았을걸.", "기본 영어 실력이 있었더라면 더 많은 경험을 할 수 있었을 텐데."가 바로 그것입니다.

워킹홀리데이를 통해 캐나다에 갈 경우 캐나다에 거주할 수 있는 기간은 1년으로 한정되어 있습니다. 그런데 기본적인 영어 실력이 없는 상태로 간다면, 영어 공부를 하는데도 많은 기간이 소요됩니다. 1년이란 시간 중 만약 6개월이란 시간을 영어 공부에 소모한다면 이미 영어 공부를 하고 캐나다에 온 사람에 비해 활용할 수 있는 시간이 6개월이나 줄어 버립니다.

영어 수준은 중학교 교과서 한 권을 완벽히 외우고 가는 정도만 해도 기본 회화를 하는 데 전혀 지장이 없습니다. 최근에는 유튜브를 통해서도 무료로 영어를 쉽게 배울 수 있으므로 알맞은 방법을 활용하여 최소한의 영어 실력은 반드시 갖추고 난 뒤에 캐나다로 출국하기를 추천합니다.

Q7 유학원 도움 없이 직접 현지 어학원 등록을 해도 되나요?

네, 가능합니다. 하지만, 직접 현지 어학원에 등록하기 이전에 유학원을 통해 등록하는 비용과 본인이 직접 등록할 때의 비용, 그리고 유학원 이용 시 비용이 더 드는 대신 얼마나 많은 시간을 절약할 수 있는지 등의 차이를 먼저 확인해봐야 합니다. 비교 후 비용이 더 저렴한 방법을 선택해 진행하면 됩니다. 두 방법에 비용 차이가 전혀 없다면, 유학원을 통해 어학원에 등록하는 방법을 추천합니다. 유학원을 통해 사설 어학원에 등록할 경우, 유학원에서 제공되는 서비스(공항 픽업 무료, 홈스테이 소개비 무료 등)를 적절하게 활용하여 초기 정착 시 많은 비용을 절감할 수 있습니다.

Q8 홈스테이와 룸 렌트 중 어떤 것을 해야 하나요?

캐나다 생활이 처음이시라면 저는 홈스테이를 한두 달 정도 해본 후에 룸 렌트로 이사하는 것을 추천합니다. 홈스테이를 통해 캐나다 현지인은 어떤 음식을 먹고, 특정 재료가 필요할 때는 어떤 상점을 가는지, 또 어떤 방식으로 생활하는지를 함께 생활하며 느껴본 뒤 룸 렌트로 이사해 그들과 비슷한 방식으로 캐나다에서 생활한다면 큰 도움이 됩니다.

Q9 캐나다 워킹홀리데이도 호주 워킹홀리데이처럼 취업에 제한이 있나요?

아니요, 없습니다. 호주의 경우는 한 고용주 밑에서 3~6개월 이내로만 일할 수 있다는 등의 제한이 있지만 캐나다의 경우 그러한 제한 없이 한 고용주 밑에서 1년간 일해도 무방합니다. 또한, 농장 일뿐만 아니라 캐나다 이민권자나 시민권자와 동등하게 모든 일을 할 수 있는 자격이 부여됩니다. 단, 스트립 클럽이나 불법 마사지 업소 등 성매매 관련 업종에서의 종사는 엄격하게 금지되어 있습니다.

Q10 관광 비자나 학생 비자로도 취업이 가능한가요?

불가능합니다. 관광 비자나 일반 사설 어학원 등록으로 받은 학생 비자의 경우, 캐나다에서 합법적으로 일할 수 있는 자격이 주어지지 않습니다. 만약 취업한다면 이는 불법이고, 불법 취업이 발각될 경우 추방과 동시에 다시는 캐나다에 입국하지 못하도록 입국이 거부될 수 있습니다. 불법인 것을 알면서도 한국인 고용주 밑에서 최저임금보다 훨씬 낮은 급여를 받으며 불법 파트 타임 일을 하는 경우가 종종 있는데, 이 경우 고용주가 임금을 체불하더라도 법적인 보호를 받지 못하는 등 부당한 대우를 받을 수도 있습니다.

단, 캐나다 교육부에서 정식 허가된 교육기관(대학교, 전문대학 등)에서 정식 프로그램에 풀타임으로 등록한 경우에는 학생 비자를 소지하고 있더라도 학기 중에는 학교 내에서 시간 제한 없이 근무가 가능하고, 학교 외부에서 근무할 경우에는 최대 주 20시간까지 합법적으로 근무할 수 있습니다. 단, 방학 중에는 학교 내외에서 시간 제한 없이 합법적으로 일할 수 있습니다.

Q11 : 자원봉사(Volunteer)는
어디서 구할 수 있을까요?

거리를 걷거나 대중교통을 타고 가다 보면 광고판이나 현수막에서 행사를 소개하는 광고가 많습니다. 이런 광고들은 보통 행사 개최 두세 달 전부터 시작되는데, 광고 아래쪽에는 행사를 소개하는 웹사이트 주소가 기재되어 있습니다. 그 주소를 적었다가 방문해 자원봉사를 지원하면 됩니다.

정기적으로 자원봉사에 참여하고 싶을 경우 가장 좋은 방법은 이력서를 작성해 직접 YMCA 등과 같은 비영리 단체에 방문하여 신청하는 것입니다. 온라인을 통해서도 신청이 가능합니다. 이때는 본인이 어떤 분야의 일을 원하는지를 선택해 자원봉사 담당자에게 이메일로 이력서와 커버 레터를 보내면 자원봉사의 기회를 얻을 수 있습니다.

Q12 : 무료 영어 교실(Free English Class) 정보는
어디서 얻을 수 있나요?

무료 영어 교실 정보는 주로 학교·커뮤니티 센터·교육기관의 게시판이나 무료 생활 정보지에서 찾아볼 수 있습니다. 한인 단체에서도 자원봉사를 하는 한인 2세나 캐나다인이 영어를 가르치는 무료 영어 교육 프로그램을 운영합니다.

또는 교회나 공공도서관에서 무료 회화 클럽 등을 운영하고 있습니다. 이 클럽은 영어를 배우려는 사람들과 캐나다인 자원봉사자로 구성되어 있으며 보통 주 1회씩 운영됩니다. 매주 새로운 주제를 정하여 여러 명이 함께 한 주제를 두고 대화를 나누는 시간도 있고, 캐나다인 자원봉사자들이 한 명씩 옆에 배치되어 일대일

로 대화할 수 있는 기회도 있으니 직접 방문해 참여해 보세요. 꾸준히 다닌다면
학원에 다니는 것과 같은 효과를 얻을 수도 있습니다.

Q13 현지 회사에 취업하려면 어떻게 해야 할까요?

일자리를 구하는 방법은 여러 가지가 있습니다. 우선 인터넷을 활용하거나 무료
지역 신문 및 현지 신문을 활용하는 방법이 있습니다. 이외에도 직접 발품을 팔며
상점에 붙어 있는 'Help Wanted'나 'Now Hiring'을 보고 찾기, 헤드 헌팅 업체
에 등록하기, 또 자신이 지원하고 싶은 회사에 먼저 전화나 이메일로 문의하는
적극적인 방법도 있습니다.

요즘에는 특히 캐나다인이 많이 사용하는 포털 웹사이트인 구글이나 구인구직
사이트인 인디드(www.indeed.ca), 월코폴리스(www.workopolis.ca), 링크드인
(www.linkedin.ca)을 통해서 찾아보는 방법도 있습니다. 이곳에는 수많은 최신
정보가 게재되어 있으니 내용을 자세히 확인하고, 일자리가 자신의 마음에 든다
면 채용 담당자가 기재한 지원 방식대로 이력서와 커버 레터를 제출하여 지원하
면 됩니다.

Q14 : 현지 회사에 취업하려면
영어 실력이 어느 정도 되어야 하나요?

반드시 캐나다 현지인처럼 유창해야 하는 것은 아닙니다. 하지만 고용주의 말을
이해하며 일하기 위해선 당연히 리스닝이 되어야 하고, 유창하지는 않더라도 자
신이 말하고자 하는 내용을 충분히 전달할 수 있는 수준이 되어야 취업이 가능합
니다. 만약 여러분이 한국 회사의 사장이라면, 한국어가 익숙한 한국인과 한국어
를 모르는 외국인 중 누구를 채용할 것인지를 생각해보면 이해가 쉬울 것 같습
니다.

Q15 : 캐나다 워킹홀리데이 준비 중 혹은 캐나다 현지에서
질문이 있을 경우 어떻게 해야 하나요?

저자가 직접 운영하는 네이버 캐나다 워킹홀리데이 공식 카페(cafe.naver.com/
canadajyp)가 있습니다. 캐나다 워킹홀리데이 준비 과정에서의 질문 혹은 캐나다
에서 생활하시다가 궁금한 점이 있으실 때 언제든지 캐나다 워킹홀리데이 공식
카페에 방문하셔서 글을 남겨 주세요. 저자가 가능한 빠른 시일 내에 상세하게
답변해 드립니다.

Canada

여권 / 비자 준비하기

해외 출국을 위해서 국제 신분증인 '여권'은 필수 준비 사항이다. 여권 유효기간이 여유롭게 남았는지 확인하고 비자를 신청하자. 비자 취득에는 2~3개월이 소요된다. 신청 중 실수하지 않도록, 미리 과정을 숙지해두자.

01 여권 준비

여권은 국제적인 신분증이다. 출입국 심사·비자 발급·환전·국제선 비행기 탑승·현지 운전면허증 교환 등에 주로 사용된다. 또한 면세점에서 면세품 구입·해외 호텔 체크인 등 다양한 용도로 쓰인다.

여권은 구청 등 전국 여권 사무 대행기관에 본인이 직접 방문하여 신청 및 발급이 가능하다. 일반인이 발급받을 수 있는 일반 여권은 사용 기간과 횟수에 따라 단수 여권과 복수 여권으로 나뉜다. 병역 미필자를 제외하고는 누구든지 일반 여권 발급이 가능하다. 다른 나라에 입국할 때 여권 유효기한이 6개월 이내라면 입국을 거부당하는 경우도 있다. 반드시 여권 유효기간이 6개월 이상 남았는지 미리 확인하도록 하자.

단수 여권이란 유효기간 1년 이내로 1회에 한해 여행할 수 있는 여권이다. 해외여행을 마치고 한국으로 돌아오면 유효기간이 남아있더라도 그 효력이 사라진다. 복수 여권은 유효기간 만료일까지 횟수에 제한 없이 해외여행을 할 수 있는 여권이다. 만 18세 미만인 미성년자를 제외하고는 유효기간이 10년인 여권을 발급받을 수 있다. 유효기간은 10년·5년·5년 미만으로 나뉜다.

여권 발급에 필요한 구비 서류

- 여권 발급 신청서
- 6개월 이내에 촬영한 흰 바탕의 여권용 사진 (3.5cmX4.5cm) 1매
  (단, 전자여권이 아닌 경우 2매)
- 신분증 (주민등록증, 운전면허증 등)
- 18세 미만 미성년자의 경우 법정대리인동의서, 미성년자의 기본증명서, 가족관계증명서 등 가족관계 또는 친족관계 확인가능 서류 (행정정보공동이용망으로 확인 가능 시 제출 생략), 법정대리인 인감증명서 (또는 본인서명사실확인서, 전자본인서명확인서)
- 25세 이상 37세 이하 병역 미필 남자의 경우 병무청 발행 국외여행 허가서
- 6개월 내 전역예정자의 경우 소속부대허가권자 혹은 소속기관(장)이 발행한 전역예정증명서, 군경력증명서 등 전역예정일이 명시된 서류

수수료(전자여권)

- 10년, 복수 여권 48면: 53,000원 / 24면 50,000원

- 5년 복수 여권 48면: 45,000원 / 24면 42,000원(만 18세 미만만 발급 가능)

- 5년 미만 복수 여권 24면 15,000원(예외적인 경우에 한하여 발급 가능)

- 1회 단수 여권: 20,000원

TIP

25세 이상 병역 미필자라면 국외여행 허가가 필요!

2007년 1월 1일부터 24세 이하 해외여행 허가제 폐지로 인해 24세 이하 병역 미필자는 해외여행을 떠나더라도 별도의 병무청 허가 없이 5년 미만의 복수 여권을 발급받을 수 있다. 또한 귀국일로부터 30일 이내에 공항 또는 항만 병무신고사무소를 방문하여 귀국 신고를 할 필요도 없게 되었다.

반면, 25세 이상 병역 미필자의 경우 해외여행을 떠나고자 할 때에는 지방병무청의 국외여행 허가를 받아야하며, 국외여행 허가를 받은 사람이 허가 기간 내에 귀국하기 어렵다면 허가 기간만료 15일 전까지, 24세 이전에 출국한 사람은 25세가 되는 해의 1월 15일까지 국외여행(기간 연장) 허가를 받아야 한다. 단, 24세 이하이더라도 승선근무예비역, 보충역으로 복무중인 사람은 국외여행 허가를 받아야 한다. 단기국외여행(기간 연장) 허가는 27세를 초과하지 않는 범위에서 1회에 6개월 이내, 최대 2년(730일) 동안 허가받을 수 있다.

자세한 내용은 반드시 병무청 홈페이지(www.mma.go.kr)에서 확인하고 준비하자.

02 어학연수를 위한 비자 종류

비자는 방문 예정인 나라의 정부로부터 받는 입국 허가 확인서다. 따라서 자신의 방문 목적에 적합한 비자를 발급받아야 그 나라에 입국할 수 있다. 어학연수나 워킹홀리데이 프로그램을 통해 캐나다에 입국할 때는 관광 비자(무비자)·학생 비자·워킹홀리데이 비자 등을 활용할 수 있다.

관광 비자(무비자)

한국과 캐나다는 무비자 협정을 맺고 있다. 따라서 캐나다 체류 예정 기간이 6개월 이내일 경우 별도의 비자가 필요 없다. 단, 2016년 3월부터 항공편을 통해 캐나다로 입

국할 경우(단순 경유의 경우에도 해당) 반드시 전자여행허가인 eTA(Electronic Travel Authorization)를 사전에 발급받아야 한다. 육로나 해로를 통해 입국한다면 필요하지 않다.

eTA가 시행된 이후 캐나다 주요 공항에는 이민관과 직접 대면하는 실질적인 입국 심사 이전에 키오스크 기계를 통해 세관 신고와 함께 사전 입국 허가를 받은 사람이 실제 입국한 것이 맞는지 확인하는 1차 검사가 진행된다. 세관 신고 및 1차 검사가 완료되면 키오스크에서 발급된 종이를 가지고 이민관에서 2차 입국 심사를 받고 나면 출국 일자가 표기된 비자 종이를 여권에 부착해 주거나 여권 사증란에 입국 확인 도장을 찍고, 출국 일자를 기재한 뒤 이민관이 그 옆에 간단히 서명한다. 이것을 관광 비자 Visitor Visa 또는 무비자라고 부른다. 만약 도장 밑에 특정 날짜가 적혀있지 않다면, 입국일로부터 6개월까지 체류가 가능하다는 의미다.

입국 확인 도장을 받은 경우에는 체류 기간이 만료되기 전 캐나다 이민국에 구비 서류를 제출하면 체류 기간 연장이 가능하다. 캐나다 이민국 법률상 관광 비자의 연장 횟수는 무제한이다. 단, 연장에 대한 사유가 명확하고 정해진 출국일 이내에 캐나다를 출국한다는 항공권 등의 증빙자료가 반드시 준비되어야 한다.

관광 비자로 입국할 경우 캐나다 내에서의 취업은 불법이다. 하지만 한인 사회를 중심으로 캐나다 최저 임금보다 현저히 적은 임금을 현금으로 받으며 불법 취업을 하는 경우가 많다. 이럴 경우 설령 임금을 받지 못하는 등 부당한 대우를 받았다 하더라도 법적 대응을 일절 할 수 없다. 게다가 이민국에 발각된다면 최악의 경우 영구 추방을 당할 수도 있으니 불법 취업은 절대로 하지 않아야 한다.

전자여행허가(eTA)

기존에는 캐나다에 입국할 경우 전자여행허가가 불필요했다. 그러나 2016년부터 캐나다 이민국에서는 캐나다 비자 면제국 출신의 여행자가 항공편을 통해 캐나다로 경유 혹은 최종 도착할 경우 이에 대한 사전 관리를 위해 항공편 예약 전 eTA를 먼저 신청해 발급받도록 하고 있다.

eTA는 캐나다 이민국 홈페이지(www.canada.ca/en/immigration-refugees-citizenship/services/visit-canada/eta/apply.html)에서 온라인으로 간단히 신청할 수 있다. 신청 시 유효기간이 6개월 이상 남은 여권, 신용카드, 이메일 주소가 필요하며 비용은 C$7이다. 신청 후 최대 72시간 이내에 확인 이메일을 받게 된다. 추가 서류 증빙을 요구 받을 경우 관련 내용이 이메일로 안내된다. 안내에 따라 서류를 준비하여 제출하면 승인받을 수 있다. 신청이 완료되면 신청 내용은 전자 여권에 자동 등록되며, 최대 5년 또는 여권 만료 일자 중 먼저 도래하는 날짜까지 사용이 가능하다.

관광 비자 입국 심사 시 주의 사항

1. 의사소통 관련

처음 캐나다에 도착하면 영어가 서툴러서 이민관과 나누는 의사소통에 어려움을 느낄 수 있다. 이럴 때는 당황하지 말고, 한국어 통역원을 요청한다. 여기서 중요한 것은 통역원이 한국인처럼 보여도 캐나다 이민국 소속의 캐나다인이라는 점이다. 통역원이 내 편이 되어 도와줄 것이라는 생각은 버리자. 묻는 말에 필요한 대답만 간결하게 해야 한다. 불필요한 답변들을 길게 하다가 자칫하면 입국이 거절당할 수도 있음을 명심하자.

2. 거주지 관련

미리 거주지를 정한 상태라면, 이민관에게 거주할 곳의 주소와 연락처 등이 적힌 서류를 보여주고, 질문에 사실 그대로 답변한다. 친지나 친구의 집에서 지낼 예정이라면 친지나 친구의 주소와 연락처 등을 이민관에게 정확하게 알려야 한다.

캐나다에서 생활하던 당시 친척이 캐나다 토론토에 2주간 관광 목적으로 방문한 적이 있다. 친척은 이민관의 요청에 따라 나의 집 주소와 연락처를 제시했고, 이민관은 나에게 직접 전화를 걸어 '오늘 입국하는 사람이 있는가'라는 질문부터 나의 신상 정보·입국자와의 관계·예정 관광지·입국자의 직업 등 20분 동안 상세하게 질문했다. 답변을 마친 뒤 비로소 친척의 입국이 최종 완료되었다.

3. 영어 교육 관련

비자법이 변경된 뒤 캐나다에서는 학생 비자가 없어도 6개월까지 영어 교육을 받을 수 있게 되었다. 한국에서 캐나다로 오기 전 캐나다 학교나 학원으로부터 입학 허가서를 받았다면, 이민관에게 입학 허가서를 제시하고 영어를 배우러 왔다고 대답한다.

그러나 교육 기간이 6개월 이상이라면 반드시 온라인 또는 주 필리핀 캐나다 대사관으로부터 받은 유학 허가증이 있어야 한다. 유학 허가증 없이 6개월 이상 교육을 받는다고 하면 입국이 거부될 수 있다.

참고로, 2013년 1월 28일자로 주한 캐나다 대사관의 비자 및 이민 관련 서비스는 모두 온라인 또는 주 필리핀 캐나다 대사관으로 이관되었다.

4. 취업 계획 관련

이민관은 관광 목적으로 입국한 사람들에게 캐나다에서 일을 할 계획이냐고 묻기도 한다. 관광 비자로 입국하면서 일을 하는 것은 불법이라는 것을 잊지 말자. 워킹홀리데이 비자 혹은 취업 비자를 취득한 상태가 아니라면 절대 일할 계획이 있다고 대답해서는 안 된다.

5. 현금 소지 관련

현금을 C$10,000 이상 가지고 입국했다면 반드시 세관에 신고해야 한다. 미국 달러를 비롯한 다른 나라 화폐라고 하더라도 입국일 기준으로 환율을 적용했을 때 C$10,000 이상의 금액이라면 신고 대상에 해당한다.

현금 소지액이 기준치를 초과했음에도 신고하지 않았다가 적발될 경우 C$250~2,500의 벌금을 납부해야 한다.

만약 C$10,000 이상을 소지한 경우, 세관 신고서에서 현금 소지액 항목에 체크를 했으며 현금의 출처가 명확하고, 사용 목적이 명확하다면 추가로 부과되는 벌금 없이 입국할 수도 있다. 반대로 체류하고자 하는 기간과 목적에 비해 가지고 있는 현금이 너무 적거나 많은 경우, 또는 자금 계획이 뚜렷하지 않은 경우에도 입국을 거부 당할 수 있다.

현금이 많지 않다면 신용카드를 제시해 부족한 자금은 신용카드로 충당할 것이라고 알리자. 신용카드가 본인 명의가 아니라 가족 명의라면 신용카드 소유자와의 가족관계를 증명할 서류도 첨부해야 한다. 여기서 중요한 것은, 자금이 부족해 불법으로 취업할 의도가 없다는 것을 보여주는 것이다.

6. 기타

입국 심사를 받을 때는 반드시 질문에 해당하는 서류만 제시하자. 엉뚱한 서류를 미리 제시했다가는 오히려 의심받을 수 있다.

6개월 이내에 캐나다를 떠나겠다는 증명으로는 귀국 항공권이 있어야 한다. 귀국 항공권이 없는 사람은 불법 체류자가 될 수도 있다고 여겨 입국을 거부할 수도 있다.

학생 비자 Study Permit

캐나다에서 6개월 이상 교육을 받으려면 유학 허가증이 반드시 필요하다. 캐나다 대사관에서 유학 허가증를 발급받아 반드시 지참하자. 학생 비자를 받으려면 우선 어학연수를 하고자 하는 캐나다 현지 학교나 학원으로부터 입학 허가서를 받아야 한다. 입학 허가서 및 학생 비자 신청에 필요한 구비 서류를 캐나다 대사관에 제출하면 유학 허가증이 나온다. 캐나다 입국 심사를 받을 때 유학 허가증을 이민관에게 제시하면 서류의 내용을 확인 후 입학 허가서에 나와 있는 기간을 고려해 정식 학생 비자를 발급해 준다.

취업의 경우 학생 비자를 소지했더라도 정규 대학 프로그램을 풀 타임으로 수강하는 것이 아니라면 모든 캐나다에서의 취업은 불법이다. 사설 어학원은 물론이고 칼리지 내 ESL(EAP)은 정규 대학 프로그램에 해당하지 않으니 법규를 어기지 않도록 한다. 비자 기간이 만료된 후에는 학생 비자 또는 관광 비자로 연장이 가능하다.

참고로, 퀘벡 주로 입국할 경우에는 퀘벡 주 이민국에서 발급되는 퀘벡 주 허가서 CAQ를 받아야 한다. 퀘벡 주 허가서에 대한 자세한 정보는 퀘벡 주에 위치한 교육 기관을 통해 안내를 받으면 된다.

워킹홀리데이 비자 Work permit for working holiday program

워킹홀리데이 비자는 관광 비자나 학생 비자 또는 취업 비자와는 전혀 다르다. 만 18~30세인 젊은 사람들에게 주어지는 특별한 비자인 셈. 1년이라는 시간 동안 합법적으로 현지에서 취업도 할 수 있고, 공부나 여행도 할 수 있는 그야말로 최고의 비자다.

한국과 캐나다가 워킹홀리데이 협정을 맺은 초반에는 모집 인원이 100명밖에 되지 않았다. 신청자 수가 꾸준하게 증가하여 2008년에는 2,010명을 모집했다. 2009년에는 두 번에 걸쳐 2,010명씩 총 4,020명을 선발했는데 이는 2010년 밴쿠버와 휘슬러에서 개최되는 동계 올림픽과 장애인 올림픽 대회를 기념하는 차원이었다. 그 이후부터는 꾸준히 매년 총 4,000명씩 선발하고 있으나, 캐나다 대사관에 따르면 선발 인원은 예고 없이 변경될 수도 있다고 한다.

워킹홀리데이 비자가 있으면 의료나 교육 행위 등 전문적인 분야나 성과 관련된 불법적인 곳에서 근무하는 것을 제외하고는 특별한 제약 없이 어느 곳에든 취업이 가능하다. 잘 활용한다면 더욱 알찬 캐나다 생활을 즐길 수 있다. 워킹홀리데이 비자는 한 나라에서 딱 한 번밖에 취득할 수 없기 때문에, 한 번의 기회를 잘 살려 유용하게 활용할 필요가 있다. 캐나다 워킹홀리데이를 통해 현지에서 영어도 배우고, 해외 경력도 쌓고, 비교적 저렴한 비용으로 캐나다 생활도 경험할 수 있는 특별한 기회인 것이다.

워킹홀리데이 비자를 발급받은 사람들을 '워홀러'라고 칭한다. 워홀러 중에는 워킹홀리데이 비자로 일하게 된 캐나다 근무처에서 실력을 인정받는 사람도 있다. 이들은 비자 기간이 만료되면 정식 취업 비자를 발급받아 그대로 현지 회사에 취업한다.

내가 캐나다 대형 은행 CIBC에서 워홀러로 일하던 때였다. 비자 만료로 인해 퇴사하겠다고 매니저에게 알렸더니, 매니저는 취업 비자 발급을 약속하며 워킹홀리데이 비자 만료 이후에도 함께 일하자며 내게 제안했다. 그러나 당시 나는 한국에서 대학을 휴학한 상태였고, 한국에서 이루고자 하는 꿈이 있었기에 아쉽게도 거절할 수밖에 없었다. 이런 상황에서 만약 제안을 받아들여 취업 비자를 받게 되었다면, 현지 취업은 물론 캐나다 이민으로도 연결될 수 있는 최고의 지름길이 되었을 것이다.

워킹홀리데이 비자 기간이 만료되면 학생 비자 혹은 관광 비자로 연장이 가능하다. 고용주의 지원을 받을 수 있다면 취업 비자 신청도 가능하다. 비자에 대한 정확한 정보를 알고 싶다면 캐나다 이민국 홈페이지(www.cic.gc.ca)를 방문하자. 2015년 11월부터 캐나다 워킹홀리데이 지원 방식이 변경되었고, 지원 시기도 매년 일정하지 않아 주기적으로 캐나다 이민국 홈페이지를 방문하여 지원 가능 여부를 확인해야 한다. 지원이 가능할 경우 공지 부분에 'This pool is open'이라는 메시지를 확인할

Schedule for the 2019 season

The numbers on this page are normally updated on Fridays.

Korea, Republic — Working Holiday

Change selection

⚠ This pool is open. If you're eligible you can submit your profile now.

지원 가능 여부를 알리는 공지 메시지

수 있다. 확인한 이후에는 하단의 상세 지원 방식에 따라 새로운 프로필을 생성한 뒤 지원하면 된다. 기존보다 더욱 간편하게 신청 방식이 바뀌었기 때문에 대행 업체를 통해 대행 신청을 하지 않더라도 혼자서 충분히 지원할 수 있다.

캐나다 워킹홀리데이 지원자격

- 한국 국적자
- 캐나다 체류 기간 동안 유효한 기간의 여권 소지자
  (캐나다 워킹홀리데이 워크 퍼밋 기간은 소지 여권의 유효한 기간 이내에서 발급됨)
- 한국 내 영구적으로 거주하는 주소 소지자
- 캐나다 이민국 사이트 내 캐나다 워킹홀리데이 Pool에 개인 프로필 생성 시
  만 18~30세에 해당하는 자 (생일 기준 만 30세 포함)
- 캐나다 체류보조비용 C$2,500이 있는 자
- 캐나다 체류 기간을 커버해줄 수 있는 해외 건강 보험에 가입된 자
  (보험 가입 여부는 캐나다 입국 시 증빙)
- 캐나다 입국이 허가된 자
- 왕복 항공권 소지자 혹은 캐나다에서 허가된 체류 기간 이후 귀국 항공권
  구입 자금을 증빙할 수 있는 자
- 부양가족을 동반하지 않는 자 (부부의 경우 각각 별도로 비자를 발급받아야 함)
- 신청 수수료를 모두 납부한 자

대표적인 캐나다 비자 비교

	관광 비자(무비자)	학생 비자	워킹홀리데이 비자
eTA 필요 여부	필요	불필요	불필요
체류 기간	최대 6개월	비자에 표기된 만료일까지	1년
동일 비자로 연장	가능	가능	불가능
다른 비자로 연장	관광 비자, 학생 비자, 취업 비자 (고용주의 스폰서쉽 필요)	관광 비자, 학생 비자, 취업 비자 (고용주의 스폰서쉽 필요)	관광 비자, 학생 비자, 취업 비자 (고용주의 스폰서쉽 필요)
연장 가능 횟수	무제한	무제한	1회
연장 기간	사유에 따라 무제한	6개월 이상 학원/학교 등록 시 수강만료 기간 +2~3개월	연장 비자 종류에 따라 다름
어학연수	6개월 이내	학생 비자 만료일까지	합법적으로 6개월 이내
취업 여부	불가능	칼리지 이상 풀타임 정규 과정 등록 시 일부 정해진 시간에 따라 가능. 그 외에는 불가능	제한된 영역 (의료,교육, 성과 관련된 분야 등) 외에 고용주 제한없이 어디든 가능
신청 방식	eTA 소지 후 입국 시 이민관 평가로 비자 발급 결정	입국 전 한국에서 온라인 혹은 필리핀 내 캐나다 대사관을 통해 사전 신청	매년 캐나다 이민국 공지에 따라 지원 후 선발
비자 신청 비용	최초 입국 시 무료 (온라인 연장 신청 시 C$100)	C$155	$250 (워홀 참가비 $150+ 오픈 워크 퍼밋비 $100)

미국 비자

캐나다는 미국과 육지로 연결되어 있어 쉽게 미국 여행을 갈 수 있다. 2008년 11월부터 체류 기간이 90일 이내일 경우에 한해 미국 비자가 면제되었다. 이는 전자 여권을 소지한 사람에게만 해당되니, 기존 여권을 가진 사람이라면 전자 여권으로 재발급 신청을 하면 된다.

이때 주의할 점은, 무비자 입국이 가능하다 할지라도, 항공이나 해상 경로로 미국 입국을 시도할 경우 캐나다 전자입국허가와 같은 전자 여행 ESTA 홈페이지(https://esta.cbp.dhs.gov/esta)에 접속해 신상 정보·여행 계획 등을 입력 후 반드시 입국 허가 통지를 받아야 한다.

03 캐나다 워킹홀리데이 비자 신청 방법

2015년 11월 21일부터 캐나다 워킹홀리데이 지원 방식이 변경되었다. 캐나다 워킹홀리데이는 현재 캐나다에서 시행하고 있는 캐나다 국제 경험 프로그램 IEC(International Experience Canada)라는 상위 카테고리 안에 포함된 세 가지 프로그램 중 하나로 속해있으며, 대략의 신청 절차는 다음과 같다.

1. 개인 프로필 등록

캐나다 이민국 홈페이지(www.canada.ca/en/immigration-refugees-citizenship/services/application/account.html)에 접속해 이민국 Pool에 지원자 개인 프로필을 등록한다. 프로필 등록 이후 신청에 대한 모든

진행 현황은 캐나다 이민국 사이트 내 자신의 온라인 계정에서 확인할 수
있다.

2. 초청장 Invitation 발급 및 승인

프로필 등록에 특이사항이 없을 경우 캐나다 이민국에서는 해당 지원자
에게 초청장을 발급해준다. 초청장이 발급되면, 지원자는 초청장을 받은
날로부터 10일 이내에 반드시 초청장을 승인해야 한다. 승인하지 않을
경우 초청이 취소되니 주의하자.

3. 워크 퍼밋 신청서 Work Permit Application 작성

초청장 승인 후 20일 내에 워크 퍼밋을 신청해야 한다. 이때 가장 첫 번
째 단계는 온라인 워크 퍼밋 신청서를 작성하는 것이다. 신청서 작성을
모두 완료하면, 워크 퍼밋 신청 시 제출해야 하는 서류 체크 리스트를 받
게 되는데 해당 내용에 따라 필요 서류를 준비한다.

4. 체크 리스트 서류 준비

체크 리스트에 제시되어 있는 서류를 모두 준비한다. 만약 초청장 승인
후 20일 이내에 신체검사를 예약했으나 아직 검사를 진행하지 못했다면,
예약 증빙 자료를 먼저 제출하고 신체검사 후 서류를 발급받는 즉시 추
가로 제출해도 된다.

5. 신체검사

캐나다 이민국에서 지정한 국내 병원을 통해 신체검사를 받고, 병원에서 전달해 주는 서류(Information printout sheet 또는 IMM 1017B Upfront Medical Report form)는 온라인으로 워크 퍼밋 최종 신청 시 함께 제출해야 한다. 이때 신체검사 결과는 병원에서 캐나다 이민국으로 직접 전송한다.

6. 참가비 납부

참가비는 캐나다 국제 경험 프로그램인 IEC 참가비 C$150과, 워킹홀리데이 비자가 속한 오픈 워크 퍼밋 비용 C$100, 총 C$250을 납부해야 한다. 여기서 오픈 워크 퍼밋이란 고용주의 제한 없이 어디에서든 자유롭게 일할 수 있는 취업 허가서이다.

7. 최종 서류 제출

참가비 납부 후 구비된 모든 서류를 스캔해 온라인에 업로드한 뒤 최종 서류 제출을 완료한다. 이렇게 모든 서류 제출을 완료하면 캐나다 이민국에서 서류 검토를 진행한 뒤 합격 여부를 공지한다.

8. 최종 합격 레터 확인

이민관의 서류 검토 완료 후 최종 합격한 지원자는 캐나다 이민국 온라인 계정 메인 화면을 통해 최종 합격 레터를 확인할 수 있다.

1. 개인 프로필 등록

1단계 설문지에 대한 답변 완료 후 개인 참고 코드(Personal reference code) 생성받기

❶ https://www.canada.ca/en/immigration-refugees-citizenship/services/come-canada-tool.html 접속

❷ Check your eligibility 클릭

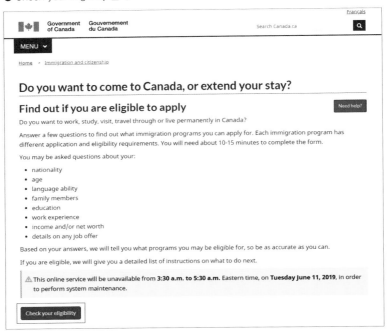

❸ 하단과 같이 질문에 대한 답변을 입력 후 Next 클릭

Find out if you're eligible to apply

What would you like to do in Canada? *(required)* ❓ 캐나다 여행 목적은 무엇인가요?

IEC - Travel and Work   캐나다 워킹홀리데이는 IEC – Travel and Work 선택   ▾

How long are you planning to stay in Canada? *(required)*   캐나다에 얼마나 오래 머무를 예정인가요?

Temporarily - more than 6 months   1년이므로 Temporarily – more than 6 months 선택   ▾

Select the code that matches the one on your passport. *(required)* ❓ 여권에 명시되어있는 여권발행국가 코드와 일치하는 것을 고르세요.

KOR (Korea, South)   ▾

What is your current country/territory of residence? If you are presently in Canada, you should select Canada. *(required)* ❓ 현재 거주 중인 나라는

Korea (South)   ▾   어디인가요?

Do you have a <u>family member</u> who is a Canadian <u>citizen</u> or <u>permanent resident</u> and is 18 years or older? *(required)*

No   ▾   가족 중 18세 이상의 캐나다

What is your date of birth? *(required)* ❓ 생년월일이 언제인가요?   시민권자나 영주권자가 있나요?

1999   ▾   March   ▾   14   ▾

◀ Save and Exit Questionnaire   Next ▶

---

❹ 앞의 ❸에서 답변한 내용이 정확히 입력되어있는지 확인 후 Next 클릭

Find out if you're eligible to apply

Select the code that matches the one on your passport. *(required)* ❓ 여권에 명시되어있는 여권발행국가 코드와 일치하는 것을

KOR (Korea, South)   고르세요.

What is your current country/territory of residence? If you are presently in Canada, you should select Canada. *(required)* ❓ 현재 거주 중인 나라는

Korea (South)   ▾   어디인가요?

What is your date of birth? *(required)* ❓ 생년월일이 언제인가요?

1999   ▾   March   ▾   14   ▾

◀ Save and Exit Questionnaire   Next ▶

❺ 질문에 해당 사항이 있으면 Yes 아니면 No 선택 후 Next 클릭

❻ Korea, Republic Of (South) 선택 후 Next 클릭

❼ No 선택 후 Next 클릭

※캐나다 워킹홀리데이 비자의 주 목적은 일하고 여행하는 것이기 때문에 학업 중 현장실습이나 인턴쉽을 할 계획을 묻는 질문에는 No라고 대답해야 한다

❽ 해당 질문에 모두 답변 후 Next 클릭

❾ 설문 내용 결과 IEC 프로그램 중 Working Holiday category에 적합한 지원자라는 결과가 나온 것을 확인 후 Continue 클릭

Your results

International Experience Canada (IEC)

You may be eligible to come to Canada under International Experience Canada.

You are eligible for the following pool(s):

- **Working Holiday category**

Continue ⊙

⊙ Exit Questionnaire

❿ 본인에게 부여된 Personal Reference Code 확인

※해당 번호는 추후 워킹홀리데이 프로그램 지원에 필요한 개인 프로필 생성 시 입력해야 하는 번호이므로 별도 기재해 놓아야 한다. 주의할 점은 Step 1에서 코드번호 만료일을 확인하고, 해당 날짜 이전에 개인 프로필을 생성해야 한다. 코드번호 기간이 만료되면 위의 설문 단계를 다시 진행하고 새로운 Personal reference code를 생성받아야 한다.

Your results

To apply online, you will need this personal reference code QJ0494452859

International Experience Canada

Based on your answers, you appear to be eligible for International Experience Canada

만료일

✅ **Step 1:** Record your personal reference code. This code will expire on Fri August 09 17:16:31 GMT 2019. It is valid only for this profile. After you login to your account, you will need to enter your personal reference code. We will use this code to retrieve the information you have already provided.

✅ **Step 2:** Print this page.

✅ **Step 3:** Register / sign in to submit your online profile. To apply online, you will need an electronic "key" for secure access.
Register to get a key if you are a new user.
Login to your account if you are a returning user.

✅ **Step 4:** When you are logged in to your electronic credential (known as your key), you'll be automatically directed to your account. You will be prompted to register for an account if you are a first time user. Returning users will be directed straight to their account.
Once you are signed in, select "International Experience Canada" to continue.

✅ **Step 5:** Enter your personal reference code. A personal reference code is located at the top of this page and looks like this: QK4350881372.

✅ **Step 6:** Once you have entered your personal reference code, you will be guided through the following steps:
Complete your International Experience Canada profile builder
Submit your profile

✅ **Step 7:** After you submit your profile, you will see a confirmation page.
It will have more information on next steps.

✅ **Step 8:** Shortly after you submit, you will also receive a confirmation message in your account.
If you are eligible, this message will confirm that you have been added to the International Experience Canada pool(s).
A pool is a group of eligible candidates. We will regularly invite candidates from the pool(s) to apply for a work permit. You can't apply for a work permit until you get an Invitation to Apply.

🔵 Exit Questionnaire

Important: This information is for reference only and no immigration decision will be made based on your answers. If you choose to apply, your application will be considered by an immigration officer in accordance with the Immigration and Refugee Protection Act, without regard to any outcome you attain through this questionnaire. Read the full notice

2단계 캐나다 이민국 사이트에서 GCKey(Government of Canada login) ID와 비밀 번호 생성하기

❶ www.canada.ca/en/immigration-refugees-citizenship/services/application/account.html 접속

❷ 옵션 1: GCKey에서 Sign in with GCKey 클릭

❸ 우측의 Sign Up 클릭

Welcome to GCKey

Sign In
Username: **(required)**

Username

Password: **(required)**

Password

Forgot your password?

| Sign In | Clear All |

Simple Secure Access
A simple way to securely access
Government of Canada online services.

One username.
One password.

Sign Up

Your GCKey can be used to access multiple
Government of Canada online Enabled
Services.

❹ 계정 생성에 대한 약관 내용을 살펴본 후 I accept 클릭

| Terms and Conditions | Username | Password | Questions and Answers |

Terms and Conditions of Use

In return for the Government of Canada providing you with a GCKey, you agree to abide by the following
Terms and Conditions of Use:

- You understand and accept that you are at all times responsible for your GCKey Username,
  Password and Recovery Questions, Answers and Hints. If you suspect that others have obtained
  them, you are responsible for revoking your GCKey and obtaining a new one with a new Username
  and Password.
- You understand and accept that the Government of Canada can revoke your GCKey for security or
  administrative reasons.
- You understand and accept that the Government of Canada disclaims all liability (except in cases of
  gross negligence or willful misconduct) in relation to the use of, delivery of or reliance upon the
  GCKey service. More details can be found in our Disclaimers.

By selecting the **I accept** button, you are accepting the GCKey Terms and Conditions as stated above.
You can choose to not sign up for a GCKey by selecting **I decline** to end this process.

| I accept | I decline |

❺ 우측의 아이디 생성 시 주의사항(Username Checklist)을 확인하고, 사용할 아이디 입력한 후 Continue 클릭

Terms and Conditions	Username	Password	Questions and Answers

Create Your Username

Your Username must contain between eight and sixteen characters, no special characters (for example: %, #, @) and may contain up to seven digits. When creating your Username, we recommend that you:

- make your Username easy for you to remember and hard for others to guess;
- avoid using personal information such as your name, Social Insurance Number (SIN), mailing address or email address;
- always keep your Username secure and do not share it with anyone.

Privacy

Please keep your Username secure. For more information on how your privacy is protected, please refer to our Personal Information Collection Statement.

Create Your Username: **(required)**

사용할 아이디 입력

Please select **Continue** to proceed or click **Cancel** to end the Sign Up process.

Continue | Clear All | Cancel

Username Checklist

- 8-16 Characters 아이디는 8~16자 이상
- No Special Character(s) 특수문자 사용 불가
- No more than 7 digits
  숫자는 7자리 이하

---

❻ 우측의 비밀번호 생성시 주의사항(Password Checklist)을 확인하고, 비밀번호 입력한 후 Continue 클릭

Terms and Conditions	Username	Password	Questions and Answers

Create Your Password

Your Password must be between eight and sixteen characters, contain at least one upper case letter, one lower case letter and one digit, and must not contain 3 or more consecutive characters from your Username.

Privacy

Please keep your Password secure. For more information on how your privacy is protected, please refer to our Personal Information Collection Statement.

Create Your Password: **(required)** 비밀번호 입력

Confirm Your Password: **(required)** 비밀번호 재입력

Please select **Continue** to proceed or click **Cancel** to end the Sign Up process.

Continue | Clear All | Cancel

아이디와 비슷한
문자 3자 이상
포함되면 사용 불가

Password Checklist

- 8-16 Characters 8~16자 이상
- Does not contain 3 consecutive characters from Username
- Valid characters 유효한 문자
- Lower case letter(s) 최소 소문자 하나
- Upper case letter(s) 최소 대문자 하나
- Digit(s) 최소 숫자 하나
- Passwords match

❼ 질문 순서에 따라 질문을 선택 및 입력하고, 답변 작성을 완료 후 Continue 클릭

※이곳에 기재하는 질문과 답변은 분실 시 찾을 수가 없으므로 반드시 별도로 기재하여 보관해두어야

한다.

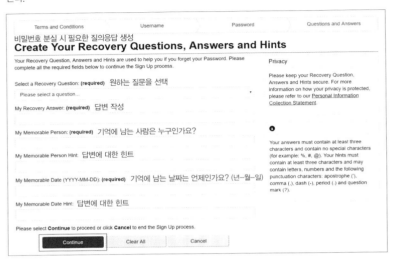

❽ 생성된 아이디 확인 후 Continue 클릭

3단계 캐나다 이민국 사이트에서 온라인 계정 생성하기

❶ www.canada.ca/en/immigration–refugees–citizenship/services/application/account.html
접속

❷ 옵션 1: GCKey에서 Sign in with GCKey 클릭

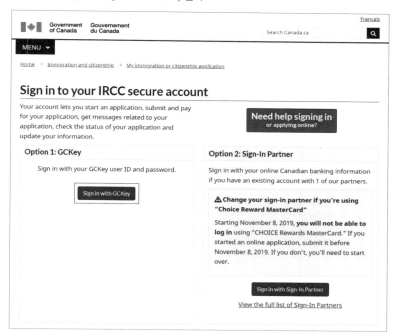

Government of Canada / Gouvernement du Canada

Français

Search Canada.ca

MENU ⌄

Home > Immigration and citizenship > My immigration or citizenship application

Sign in to your IRCC secure account

Your account lets you start an application, submit and pay for your application, get messages related to your application, check the status of your application and update your information.

Need help signing in or applying online?

Option 1: GCKey

Sign in with your GCKey user ID and password.

[Sign in with GCKey]

Option 2: Sign-In Partner

Sign in with your online Canadian banking information if you have an existing account with 1 of our partners.

⚠ **Change your sign-in partner if you're using "Choice Reward MasterCard"**

Starting November 8, 2019, **you will not be able to log in** using "CHOICE Rewards MasterCard." If you started an online application, submit it before November 8, 2019. If you don't, you'll need to start over.

[Sign in with Sign-In Partner]

View the full list of Sign-In Partners

❸ 로그인 정보 확인 후 Continue 클릭

Welcome Username

You last signed in with your GCKey on Tuesday, June 11, 2019 at 12:08:15 ET.

From this page you can <u>Change Your Password</u>, <u>Change Your Recovery Questions</u> or <u>Revoke Your GCKey</u>.

To help protect your information, please remember to sign out and close your browser before leaving this computer unattended.

Please select **Continue** to return to the Government of Canada online service.

❹ 개인정보 수집에 대한 동의 내용을 확인 후 I Accept 클릭

Terms and Conditions

By accessing your account, you are agreeing to abide by the following Terms and Conditions of Use:

- You agree to keep your identification number(s) confidential and to not share it (them) with anyone. If you suspect that others have obtained your identification number(s), contact us immediately by clicking on the "Report a problem or mistake on this page" button.
- You certify that any information provided by you is true, accurate and complete.
- You understand and accept that as a security measure for administrative reasons, we can revoke your access if you fail to abide by the Terms and Conditions of Use.
- You understand and accept that we are not responsible for any losses or damages incurred by anyone because of:

  1. The use of the information available in your account
  2. Any restrictions, delay, malfunction, or unavailability of your account

- You understand and accept that by using your account and applying online, we can communicate with you (or your representative, if applicable) via e-mail.
- To continue, choose "I Accept" to indicate your acceptance of these Terms and Conditions. If you do not agree with these Terms and Conditions, choose "I Do Not Accept". Note, you will not be able to access your account unless you accept the Terms and Conditions.

If you use another type of browser software you should check with your software supplier to make sure that your browser has 128-bit secure socket layer encryption capability. Note: We are not responsible for any difficulties in downloading and installing software. Software suppliers are responsible for providing technical support. It is important that you sign out and close your browser before leaving this computer unattended. This will prevent unauthorized access to your personal information.

❺ 개인정보 입력 후 Continue 클릭

Create an account

Fill in all the required information and then choose the "Continue" button to create your account. We need this information to confirm who you are and to make sure:

- your information is available to you only; and
- your identity is validated on your return visits.

Create an account

Enter the following information as it appears on your passport. Use the "help" buttons to get details on where you can find this information. All fields are mandatory.

Given Name ❓	여권과 동일한 영문 이름 입력
* Last name(s) *(required)* **❓**	여권과 동일한 영문 성 입력
* Email address *(required)* **❓**	이메일 주소 입력
* Preferred language of notification *(required)* **❓**	Please select ▾ 영어와 불어 중 선호하는 언어 선택

[Continue] Cancel

---

❻ 보안 질문과 답변 네 가지를 모두 입력 후 Continue 버튼 클릭

※매 로그인 시마다 해당 질문 네 가지 중 랜덤으로 질문 한 가지가 나오며, 3회 이상 질문에 대한 답변이 틀릴 경우, 24시간 계정 정지 혹은 계정 사용이 불가해 진다. 또한, 해당 질문과 답변은 분실 시 추후 찾을 방법이 없으므로 반드시 별도 기재해 두어야 한다.

Create your security questions

You will need to answer one of your security questions each time you access your account. You will have two tries to answer the question.

If you can't answer the first security question, we will ask you another one of your four questions. If you can't answer any of your security questions, we will lock your account. You will not be able to recover your account online.

Create new security questions that are difficult to guess but are easy for you to remember.

* Security Question 1 *(required)*	질문 1 작성
* Answer 1 *(required)*	답변 1 작성
* Security Question 2 *(required)*	질문 2 작성
* Answer 2 *(required)*	답변 2 작성
* Security Question 3 *(required)*	질문 3 작성
* Answer 3 *(required)*	답변 3 작성
* Security Question 4 *(required)*	질문 4 작성
* Answer 4 *(required)*	답변 4 작성

[Continue]

❼ 본인 이름이 하단과 같이 보여지면 계정 생성 완료

Jamie Park's account

View the applications you submitted

Review, check the status or read messages about your submitted application.

Search: [   ]   Showing 0 to 0 of 0 entries | Show 5 ▾ entries

Application type ↓↑	Application number ↓↑	Applicant name ↓↑	Date submitted ↓	Current status ↓↑	Messages ↓↑	Action
			No data available in table			

Did you apply on paper or don't see your online application in your account? <u>Add (link) your application to your account</u> to access it and check your status online.

Continue an application you haven't submitted

Continue working on an application or profile you haven't submitted or delete it from your account.

Search: [   ]   Showing 0 to 0 of 0 entries | Show 5 ▾ entries

Application type ↓↑	Date Created ↓	Days left to submit ↓↑	Date last saved ↓↑	Action
		No data available in table		

4단계 개인 프로필 등록하기

❶ 앞의 **3단계** ❼번에서 계정을 생성하고 로그인을 한 화면에서 스크롤바를 내리면 하단과 같은 화면이 나온다. 여기서 Apply to come to Canada 클릭

Continue an application you haven't submitted

Continue working on an application or profile you haven't submitted or delete it from your account.

Search: Showing 0 to 0 of 0 entries | Show 5 ▾ entries

Application type ↓↑	Date Created ↓	Days left to submit ↓↑	Date last saved ↓↑	Action
		No data available in table		

Start an application

Apply to come to Canada

Includes applications for visitor visas, work and study permits, Express Entry and International Experience Canada. You will need your personal reference code if you have one.

Refugees: Apply for temporary health care benefits

Use this application if you are a protected person or refugee claimant who wants to apply for the Interim Federal Health Program.

Citizenship: Apply for a search or proof of citizenship

Use this application to apply for proof of citizenship (citizenship certificate) or to search citizenship records.

Students: Transfer schools

For approved study permit holders only. Tell us if you are changing designated learning institutions. You will need your application number.

❷ **1단계** 에서 생성받은 개인 참고 코드(Personal reference code)를 입력한 뒤 Continue 클릭

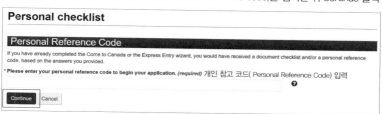

Personal checklist

Personal Reference Code

If you have already completed the Come to Canada or the Express Entry wizard, you would have received a document checklist and/or a personal reference code, based on the answers you provided.

* **Please enter your personal reference code to begin your application.** *(required)* 개인 참고 코드(Personal Reference Code) 입력 ❼

Continue   Cancel

❸ 워킹홀리데이 카테고리에 참가한다는 내용 확인 후 Continue 클릭

❹ 첫 번째로 Personal details of applicant 양식 우측의 Continue form 클릭

※화면에 보여지는 네 가지 양식을 모두 작성해야 하며, 작성이 완료되면 Status에 녹색으로 Complete 표시가 나타난다. 양식은 Options 하단 버튼을 차례대로 클릭하여 작성한다.

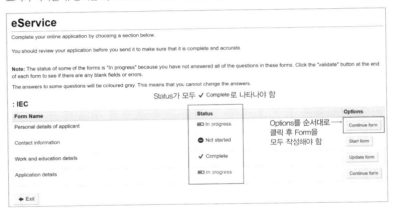

❺ 여권과 동일한 영문 성과 이름 입력 후 Next 클릭

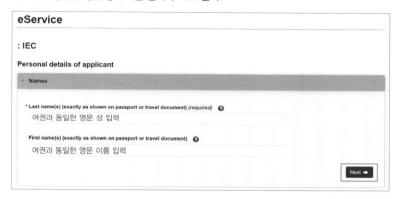

❻ 생년월일, 태어난 나라 및 도시, 성별 입력 또는 선택 후 Next 클릭

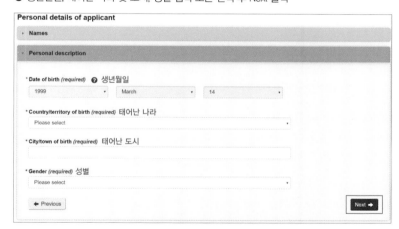

❼ 혼인 여부 선택 후 Next 클릭

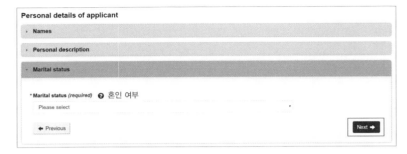

❽ 여권 정보 입력 후 Next 클릭

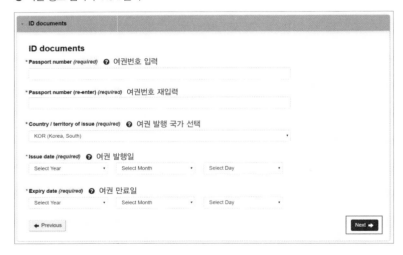

❾ 자동 입력된 내용 확인 후 이상 없으면 Save and exit 클릭

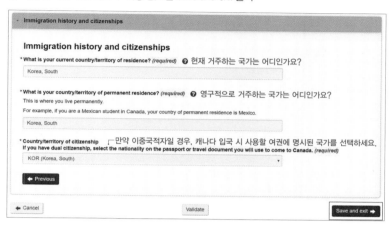

❿ Personal details of applicant 양식의 Status가 Complete로 변경된 것을 확인 후 Contact Information 양식 우측의 Start form 클릭

❶ 캐나다 이민국 홈페이지에 개설한 본인 온라인 계정에서 받게 될 메시지나 이메일, 레터 언어를 영어와 불어 중 선택 후 Next 클릭

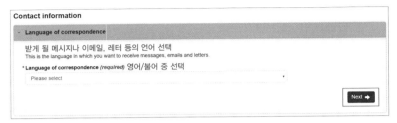

❷ 이메일 주소 입력 후 Save and exit 클릭

❸ Contact Information 양식의 Status가 Complete로 변경된 것을 확인 후, Application details 양식 우측의 Continue form 클릭

❹ Yes 선택 후 Save and exit 클릭

❺ 모든 Status에 Complete라고 표기된 것을 확인 후 Continue 클릭

Form Name	Status	Options
Personal details of applicant	✓ Complete	Update form
Contact information	✓ Complete	Update form
Work and education details	✓ Complete	Update form
Application details	✓ Complete	Update form

JAMIE PARK: IEC

← Exit   Continue →

⓰ 전자 서명에 대한 동의 내용 확인 후 I agree 선택. 그리고 하단에 여권과 동일한 영문 이름, 성 입력 후 랜덤 보안 질문에 대한 답변을 입력하고 Sign 클릭

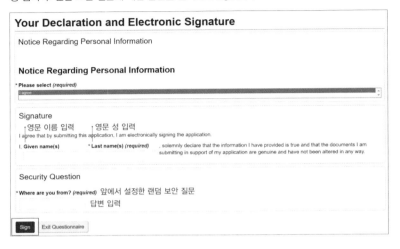

⓱ 서명에 대한 내용 확인 후 Transmit 클릭

⑱ 개인 프로필 생성 완료. Exit Questionnaire 클릭 후 본인 온라인 계정 메인 화면으로 이동

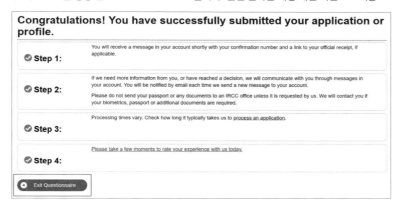

⑲ 메인 화면 하단으로 이동하면 View the applications you submitted 항목에서 프로필 생성에 대한 내용 확인 가능. 우측 Action의 Check full application status 클릭

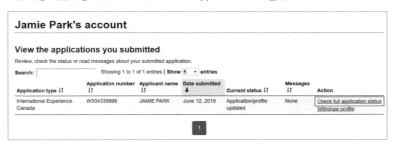

❷⓿ 좌측 Your IEC profile status를 통해서 현재 신청 진행 현황을 간략히 확인 가능. 우측 Candidate information에서는 신청자 개인 정보 및 프로필 생성 일자 등을 확인 가능.

International Experience Canada profile status

Check the status, review the details and read messages for your International Experience Canada (IEC) profile. View your profile

Your IEC profile status ❓

You are a candidate. We will send you a message if you are invited to apply.

당신은 워홀 신청자입니다. 만약 당신이 허가를 받게 되면 메시지를 보내드리겠습니다.

Candidate information

Candidate: JAMIE PARK 워홀 참가자 이름
Unique Client Identifier (UCI): CAN000076512014 ──→ 자동 생성된 참가자 번호
Profile number: W304335898 워홀 프로필 번호
Date you submitted your profile: June 12, 2019
Biometrics: 워홀 프로필 생성일자
    Biometrics Number:
    Date of Biometrics Enrolment:
    Expiry Date:

❷❶ 스크롤바를 내려 하단 화면으로 이동하면 보이는 Details about your profile에서 초청장(인비테이션)을 받았는지 확인 가능

Details about your profile

When we get your application, there are a series of steps it may go through before we make a decision. Use the following table to find out the current status of each application step.

Have I been invited to apply? ❓
○ You do not have an invitation to apply at this time. 현재 초청장(인비테이션)을 받지 않았습니다.

❷❷ 화면 제일 하단의 Messages about your IEC profile에서 IEC Welcome to pool letter를 클릭하면 워킹홀리데이 신청에 대한 레터 확인 가능

Messages about your IEC profile

(1 New message)

Search: [ ]   Showing 1 to 1 of 1 entries | Show 10 ▾ entries

Subject ↓↑	Date sent ↓	Date read ↓↑
IEC Welcome to pool letter	June 12, 2019	New Message

❷❸ 워킹홀리데이 신청에 대한 레터 샘플

Government   **Gouvernement**
of Canada   du Canada

Date: June 13, 2019

International Experience Canada Profile: W304335898

JAMIE PARK

Email:

Dear JAMIE PARK,

You have been accepted to the International Experience Canada pool(s)

You have been accepted to the International Experience Canada pool(s) of candidates.

In your account, you can review the following information:

- the categories for which you are eligible
- your International Experience Canada profile number
- the date you became a candidate for International Experience Canada

What happens next

We will regularly invite candidates from the pools to apply for a work permit through one of Canada's International Experience Canada categories. **You must receive an invitation from Immigration, Refugees and Citizenship Canada (IRCC) before you can apply for a work permit under the International Experience Canada program.**

> **WARNING:** If we invite you to apply for a work permit, you may need to show proof of the information you gave us in your International Experience Canada profile. Your application will be refused if the information in your profile is not true or cannot be verified.
>
> If we find that you misrepresented yourself (gave us false information or left out important details), we will refuse your application. You could also:
> - be barred from entering Canada for at least five years
> - have a permanent record of fraud with IRCC, or
> - be charged with a crime

Get your documents ready now

If you receive an invitation to apply, you will have a limited time to start and submit your work permit application. You will receive a letter providing the deadlines. If you do not meet these timelines, your invitation will be automatically declined.

Some documents (for example, police certificates) may be hard to get. You should start trying to get these documents right away, so that you can apply on time.

Find out more about the documents you will need to submit if you are invited.

Canadä

IMM 5950 (06-2018) E GCMS

2. 초청장 Invitation 발급 및 승인

❶ 초청장 발급 여부는 캐나다 이민국 온라인 계정 로그인 후 나타나는 메인 화면 View the applications you submitted 항목에서 확인이 가능하다. 초청장이 발급되면 온라인 계정을 생성할 때 입력한 이메일 주소로 안내 이메일이 오지만 간혹 스팸 메일로 분류되거나 이메일이 발송되지 않을 수도 있으므로, 주기적으로 본인 온라인 계정에 로그인하여 확인해야 한다.

초청장을 받으면 Current status가 Invitation received로 바뀌고 Messages 항목은 New로 나타난다. 이는 새로운 메시지가 있다는 의미이므로 Action 항목에서 Check full application status를 클릭하면 초청장 레터를 확인할 수 있다.

Jamie Park's account

View the applications you submitted

Review, check the status or read messages about your submitted application.

Search: [   ]   Showing 1 to 1 of 1 entries | Show 5 · entries

Application type ↓↑	Application number ↓↑	Applicant name ↓↑	Date submitted ↓	Current status ↓↑	Messages ↓↑	Action
International Experience Canada	W304335898	JAMIE PARK	June 12, 2019	Invitation received	New	Check full application status Withdraw profile

❷ 초청장 발급이 확인되면 발급 일자 기준 10일 이내에 승인을 완료해야 한다. 초청장을 승인하는 방법은 온라인 계정 메인 화면 하단의 Continue an application you haven't submitted에서 Action에 나와있는 Start application을 클릭하면 된다.

Continue an application you haven't submitted

Continue working on an application or profile you haven't submitted or delete it from your account.

Search: [   ]   Showing 0 to 0 of 0 entries | Show 5 · entries

Application type ↓↑	Date Created ↓	Days left to submit ↓↑	Date last saved ↓↑	Action
Work permit	June 25, 2019	10	June 25, 2019	Start application Decline Invitation

❸ 초청장 승인 완료 후에는 초청장 승인 완료일로부터 20일 이내에 워크 퍼밋 신청을 최종 완료해야 한다는 것을 잊지 말자.

이때, 주의할 점은 초청장을 승인하게 되면 구비서류를 준비할 수 있는 시간이 승인한 날로부터 20일밖에 존재하지 않게 된다는 것이다. 구비서류 중 준비하는 데에 가장 오랜 시간이 걸리는 것이 바로 신체검사이다. 초청장 승인까지 총 10일이라는 시간이 있고, 승인일로부터 20일이라는 시간이 더 존재하므로 승인을 가능한 미루면 최대 30일이란 시간을 활용할 수 있다. 초청장 발급이 확인되었다면 곧바로 승인을 하지말고, 우선 신체검사를 시행하는 병원 리스트를 확인 후 신체검사 병원 예약을 먼저 하도록 하자.

캐나다 이민국에서 지정한 병원들은 매일 한정된 수의 환자들만 검사를 진행하기 때문에 빠른 시일 내에 예약 및 진료가 어려운 상황이 발생할 수도 있다. 그러므로 신체검사를 위한 병원 예약을 가장 먼저 진행한 뒤, 초청장 발급 후 9일 혹은 10일이 되는 날 승인을 하는 것이 시간을 가장 여유롭게 활용하는 방법이다.

3. 워크 퍼밋 신청서 Work Permit Application 작성

초청장 승인을 완료하면 Continue an application you haven't submitted의 Action 상태가 Continue application과 Decline Invitation으로 바뀌고 Days left to submit도 20일로 변경된다. Action의 Continue application을 클릭하면 작성해야 하는 양식 리스트가 나온다.

이때 양식 리스트는 온라인 계정을 생성할 때 입력했던 것과 비슷하지만 좀더 구체적인 정보를 요구한다. 여기에 있는 양식들을 모두 완벽히 작성하면 워크 퍼밋 신청서 작성이 완료된다.

Continue an application you haven't submitted

Continue working on an application or profile you haven't submitted or delete it from your account.

Search: [   ]   Showing 0 to 0 of 0 entries | Show 5 ▾ entries

Application type ↓↑	Date Created ↓	Days left to submit ↓↑	Date last saved ↓↑	Action
Work permit	June 25, 2019	20	July 1, 2019	Continue application Decline Invitation

4. 체크 리스트 서류 준비

신청서 작성을 완료하면 체크 리스트에 제시되어 있는 서류들을 준비하면 되는데 이 서류들은 다음과 같다. 서류 제출은 초청장 승인일로부터 20일 이내에 모두 완료되어야 한다는 점을 반드시 잊지 않도록 하자.

- **-가족정보기입서 Family Information Form(IMM5707)**
  eService 항목에서 양식을 다운받을 수 있고, PDF 파일에 정보 입력 후 업로드하면 된다.
- **-영문이력서 CV/resume**
  영문이력서는 별도로 정해진 양식이 없다. 다음 페이지에 첨부된 기존 캐나다 이민국에서 제공되었던 이력서 양식을 참고하여 작성하거나 온라인에서 검색하여 작성하도록 한다.
- **-여권 사본 Passport/Travel Documents (Multiple)**
  여권 내 개인정보 및 사진이 있는 부분과 함께 해외여행을 했던 기록이 남아있는 출입국 도장이 찍힌 모든 페이지의 사본을 복사하여 스캔 후 업로드한다.
- **-여권용 디지털 사진**
- **-(실효된 형이 모두 포함된) 영문 범죄경력회보서 Police Certificates (Multiple)**
  경찰서에서 당일 발급이 가능하다.

5. 신체검사

신체검사를 마친 후 병원에서 제공해 주는 서류를 온라인 계정에 업로드한다. 만약 예약일이 지연되어 20일 이내에 신체검사를 완료하지 못할 경우 병원에서 발급받은 예약 확인증을 먼저 업로드하고 사유서(Letter of Explanation) 항목에 지연 사유를 작성하여 별도 업로드하도록 한다.

6. 참가비 납부

제출해야 하는 모든 서류를 준비했다면, 참가비는 최종 서류 제출을 완료하기 전 납부해야 한다. 이때 납부해야 할 참가비는 총 C$250으로 두 가지 비용이 포함되어 있다. 하나는 캐나다 국제 경험 프로그램인 IEC 참가비 C$150이고, 또 다른 하나는 워킹홀리데이가 속한 오픈 워크 퍼밋 발급 비용 C$100이다. 여기서 오픈 워크 퍼밋이란 고용주의 제한없이 어디에서든 자유롭게 일을 할 수 있는 취업 허가서이다. 비자나 마스터, 아멕스 등의 신용카드로 납부할 수 있다.

참가비 환불 규정의 경우, 캐나다 이민국에서 발송한 최종 합격 레터(Letter of Introduction)가 발급되기 이전에 지원자가 워크 퍼밋 신청을 취소하거나 캐나다 정부에 의해 워크 퍼밋 신청서가 거절될 경우 참가비 전액을 환불해 준다.

7. 최종 서류 제출

모든 서류를 제출하고 참가비까지 납부를 완료하면, 캐나다 이민국에서 신청자가 제출한 서류를 검토하기 시작한다.

8. 최종 합격 레터 확인

서류 검토가 끝나면, 캐나다 이민국에서 합격한 지원자에게 합격 레터를 발송한다. 합격 레터는 'POE(Port of Entry) Introduction Letter'라는 메시지를 통해 본인의 온라인 계정에서 확인할 수 있다.

합격 레터를 받았다면, 하단 Permit Validity의 날짜를 확인하자. 해당 부분은 언제까지 캐나다에 입국해야 하는지 명시하고 있다. 해당 일자 안에 캐나다에 입국하면, 그 순간부터 캐나다 워홀러로서의 생활이 시작된다.

가족정보기입서 양식

모든 이름은 영어와 한국어 두 가지로 모두 기재해야 하며, 그 외 정보는 영어로 기재해야 한다. 중요한 부분은 가족구성원이 지원자와 함께 캐나다에 동행하지 않더라도 가족구성원의 모든 정보를 기입해야 한다는 점이다. 만약 작성 공간이 부족할 경우 추가 양식을 출력하여 첨부하면 된다.

🍁	Immigration, Refugees and Citizenship Canada	Immigration, Réfugiés et Citoyenneté Canada	PROTECTED WHEN COMPLETED - **B**

PAGE 1 OF 2

지원자와 함께 캐나다로 동행할 것인가?
(동행 예정이면 Yes, 아니면 No)

FAMILY INFORMATION

Complete ALL names in English and in your native language (for example, Arabic, Cyrillic, Chinese, Chinese commercial/telegraphic code, Korean, or Japanese characters). Include ALL family members even if they are not accompanying you. If additional space is required, print and attach an additional form.

TYPE OR PRINT IN BLACK INK.

SECTION A

지원자와의 관계   생년월일

Name 이름	Relationship SEE NOTE 1 지원자와의 관계	Date of birth (YYYY-MM-DD) 생년월일	Present address (if deceased: give city/town, country and date) 현재 거주지 영문 주소 (만약 사망했을 시, 생존 당시의 거주 도시명, 거주 국가 및 사망 일자)	Will accompany you to Canada? YES / NO
Marital status:	APPLICANT 지원자 본인	Country of birth: 출생국가	Present occupation: 현재 직업	
Marital status:	SPOUSE OR COMMON-LAW PARTNER 배우자	Country of birth:	Present occupation:	☐ ☐
Marital status:	MOTHER 어머니	Country of birth:	Present occupation:	☐ ☐
Marital status:	FATHER 아버지	Country of birth:	Present occupation:	☐ ☐
Marital status:	PARENT 부모	Country of birth:	Present occupation:	☐ ☐

NOTE 1: If no spouse or common-law partner is listed in Section A, read and sign below. → 배우자가 없을 경우 아래에 서명을 하고
I certify that I do not have a spouse or a common-law partner. 날짜를 기입한다.

Signature: _____ Date (YYYY-MM-DD) _____

SECTION B - CHILDREN (Include ALL sons and daughters, including ALL adopted and step-children, regardless of age or place of residence)

Name	Relationship SEE NOTE 2	Date of birth (YYYY-MM-DD)	Present address (if deceased: give city/town, country and date)	Will accompany you to Canada? YES / NO
			자녀가 있을 경우 동거 여부나 입양 여부 등과 상관없이 아래에 모두 기재해야 한다.	
Marital status:		Country of birth:	Present occupation:	☐ ☐
Marital status:		Country of birth:	Present occupation:	☐ ☐
Marital status:		Country of birth:	Present occupation:	☐ ☐
Marital status:		Country of birth:	Present occupation:	☐ ☐

NOTE 2: If no children are listed in Section B, read and sign below. 자녀가 없다면 아래에 서명하고 날짜를 기입한다.
I certify that I do not have any natural, adopted nor step-children.

Signature: _____ Date (YYYY-MM-DD) _____

IMM 5707 (06-2019) E

(AUSSI DISPONIBLE EN FRANÇAIS - IMM 5707 F)
ALSO AVAILABLE ON CIC WEB SITE AT: http://www.cic.gc.ca

Canadá

영문 이력서 양식

Name: First / Last 성명: 이름 / 성

Current Address, City, Country, Postal Code 현재 거주하고 있는 주소, 시, 국가, 우편번호
- Provide the current address and postal directions specific to your locale or country.
  현재 거주 중인 주소와 당신의 지역 또는 국가 등의 우편번호를 기재한다.

Telephone Number 전화번호

Email Address 이메일 주소

Education 학력

Institution name / City and Country / Dates from—to 학교명 / 시, 국가 / 입학년월 – 졸업년월
- Level of education: Please provide the name of your degree or highest level of education completed
  교육수준: 학사, 전문학사 등의 학위 종류를 기재한다.
- Awards: Please state any awards or recognitions you received.
  수상경력: 수상경력이나 표창을 받은 이력이 있을 경우 기재한다.
- Training: Please indicate any additional training you have received.
  교육: 별도로 받았던 교육이 있을 경우 기재한다.

Work Experience 경력

Please begin with your most recent work experience.
경력을 작성할 때에는 가장 최신의 이력부터 기재한다.

Employer / Job title / City and Country / Dates from—to
재직 회사명 / 직무 (ex. 사무보조(Office Assistant) 등) / 시, 국가 / 입사년월 – 퇴사년월
- Please provide a brief summary of your work duties and responsibilities.
  근무했던 업무 내용에 대해 간단히 기재한다.

Volunteer Experience 자원봉사 경험(만약 있을 경우)

Institution / Job title / City and Country / dates from—to
근무 기관명 / 직무 / 시, 국가 / 근무시작일 – 근무종료일
- Please provide a brief description of your volunteer duties and responsibilities.
  근무했던 업무 내용에 대해 간단히 기재한다.

Canada

02

캐나다 기초 다지기

해외로 떠나는 것은 자신을 크게 성장시킬 수 있는 절호의 찬스다. 귀중한 시간과 상당한 비용을 투자하는 만큼 막연한 기대만으로 떠나서는 안 된다. 철저한 사전 준비를 통해 해외에서의 생활을 성공으로 이끌어 나가는 것이 중요하다.

01 열정과 의욕이 생기는 목표 설정

우리는 어떠한 일을 처음 시작할 때 이 일을 왜 시작하는지, 이 일을 통해 무엇을 얻을 수 있는지를 생각한다. 이 과정에서 일의 목표를 세우는 경우와 그렇지 않은 경우로 나뉘는데, 목표의 유무에 따라 일의 결과는 하늘과 땅의 차이 만큼 달라진다.

목표를 세우고 노력하면 아무리 험난한 일을 겪는다 할지라도 절대 포기하지 않고 전진할 수 있지만 목표가 없다면 작은 난관에도 쉽게 포기하고 좌절할 가능성이 높다. 확실한 목표는 불가능을 가능으로 만든다. 캐나다 생활에서 이루고 싶은 목표가 무엇인지 스스로 질문해 보자. 어학연수를 떠나는 사람들의 가장 주된 목표는 당연히 영어 능력 향상이다. 그렇다면 '왜 영어 능력을 향상시키려고 하는가, 그 능력으로 무엇을 하고 싶은가'도 꼭 한 번 짚어보자.

어학연수의 최종 목표는 취업인 경우가 많지만, 요즈음 취업 시장에서 영어 실력은 자신의 장점을 어필할 수 있는 일부일 뿐 특별한 능력이 아니다. '영어 실력=취업'의 공식은 이미 사라진 지 오래다. 취업을 위해서는 영어를 활용한 또 다른 목표가 필요하다. 예를 들면, 연수 뒤에는 향상된 실력으로 국제 자격증을 취득하겠다거나, 외국계 기업의 인턴십에 지원하여 졸업 전 사회 경험을 쌓겠다는 등의 구체적인 목표 말이다.

목표를 설정했다면 그 다음 단계에서 무엇보다 가장 중요한 태도는 적극성과 주체성이다. 이는 자신의 목표에 대한 강한 의지를 의미하기도 한다. 항상 마음 속에 자신의 최종 목표를 일깨우고, 머리로는 최종 목표에 도달해 있을 자신을 상상하자. 원하는 바람을 이룬 자신의 모습은 상상만으로도 즐겁다. 그러나 상상에만 머물러 있지 말아야 한다. '나는 할 수 있다'는 믿음으로 하나씩 이루어 나가다 보면 어느 순간 상상은 현실이 될 것이다. 이렇게 강한 힘을 가진 목표는 성공적인 캐나다 생활의 든든한 발판이 된다는 것을 반드시 기억하자.

목표를 설정함에 있어서 동기부여가 필요하다면 "끌어당김의 법칙"(Law of attraction)에 대한 정보를 찾아보면 도움이 된다. 자신이 원하는 무언가를 간절히 바라면서 자신감이 넘치는 긍정적인 마인드를 가져보자. 자신의 목표가 반드시 이루어지리라는 생각을 지속적으로 하며 단계별로 실천해 나가면 결국에는 그것을 이루게 된다는 것이 바로 "끌어당김의 법칙"이다.

02 구체적인 현지 생활 계획 세우기

목표 설정을 완료했다면, 이번에는 현지에 도착한 뒤 사용할 계획표를 작성해야 한다. 초등학교 시절 방학 때마다 작성하던 원 모양의 생활 계획표를 떠올려보자. 기상·식사·학원 가기·식사·책 읽기·휴식·식사·TV 시청·취침 등 어릴 적 생활 계획표의 내용은 비슷하다. 그러나 성공적인 캐나다 생활을 위해서는 구체적인 계획표가 필요하다. 지금부터 그 계획표를 다섯 단계로 나누어 작성해 보자.

1단계

자신이 캐나다에서 보낼 '전체 기간'을 가지고 하나의 큰 계획표를 작성한다. 예를 들면 1년 동안 어학연수와 함께 여행도 떠나려는 사람의 계획표는 이럴 것이다. 6개월 동안 영어 공부에 전념하고, 이후 두 달 정도는 공부하느라 지친 심신을 달래주는 여행을 다녀온다. 나머지 3개월은 다시 영어 공부에 매진하고, 한국으로 돌아오기 1개월 전에는 다른 나라를 여행한다. 1단계에서는 이렇게 월 단위로 간단하게 작성한다.

2단계

1단계에서 작성한 월 단위 계획을 바탕으로 차례차례 상세한 계획을 세운다. 6개월 동안 영어 공부에 전념할 계획을 세웠다면, 어떤 영어를 어떤 방식으로 공부할지 정하자. 영어 공부는 회화, 토익 또는 토플 점수 획득, 통·번역, 인턴십, 테솔 취득, 발음 교정 등 여러 가지로 나뉜다. 자신이 원하는 영어 공부가 무엇인지 고민하고 결정하자.

3단계

목표 달성을 위한 공부 방법을 선택하고 시간을 배분한다. 공부 방법으로는 사설 어학원이나 대학 부설 영어 과정, 캐나다인과의 일대일 개인 교습, 회화에 필요한 생활 영어를 간접적으로 배울 수 있는 TV 시청이나 라디오 듣기 등이 있다. 그렇다면 학원은 몇 개월 동안 다니면서 하루 몇 시간 수강할 것인가, 일대일 개인 교습은 얼마나 받고, 일주일에 몇 시간씩 받을 것인가. 또 평일과 주말 시간을 어떻게 배분할지 등을 구체적으로 정한다.

4단계

시간 배분과 방법이 정리되었다면 정해진 기한에 이룰 구체적인 목표를 설정한다. 만약 어학원을 3개월 동안 다닐 예정이라면, 이전보다 실력을 어느 정도 더 향상시킬지 목표를 세운다. 공부를 시작한 초반에는 교과 과정에서 배운 교과서 문장에만 익숙할 수 있다. 현지에서 자주 사용하는 단어나 문장을 잘 모르기 때문이다. 이럴 경우에는 현지 실생활 단어와 문장을 중심으로 공부하여 3개월 뒤에는 일상생활에서 캐나다인 친구들과 자연스러운 대화하기를 목표로 삼을 수 있다. 또는 취업에 도움이 되는 비즈니스 영어를 배워 3개월 뒤에는 영어 회의에도 능숙하게 참여하기로 목표를 세우는 것도 가능하다.

목표는 구체적일수록 좋다. 하지만 시험을 목표로 두거나 학원 수업을 통해 공부하는 것이 아니라면 수치화하기 힘든 것이 사실이다. 그래서 더 이루고 말겠다는 의지와 노력이 필요하다.

5단계

마지막은 현지에 도착했을 때 실행에 옮겨야 하는 계획이다. 하루 단위로 매일 저녁 오늘 한 일을 기록하고, 내일의 일정을 미리 작성하자. 매우 번거롭고 까다로울 수도 있지만 효과는 만점이다. 매일 그날 한 일을 기록하면 자신이 세운 계획을 얼마나 잘 실천하고 있는지 알 수 있고, 어느 정도 진척되었는지 관리하기도 쉽다. 또한, 전날 기록해두었던 예정 일정과 실제 한 일을 비교하여 반성하는 시간도 가질 수 있다.

목표 설정과 함께 5단계 계획 수립까지 끝마쳤다면 캐나다로 떠나기 전 필요한 사전 준비의 반은 이미 끝났다고 생각해도 무방하다. 그만큼 계획 수립은 매우 중요하다.

03 발품 팔아 정보 얻기

어학연수나 워킹홀리데이를 떠나려면 최소 3개월에서 6개월 이전부터 준비를 시작해야 한다. 만약 캐나다로 떠나는 것만 결정했을 뿐, 관련된 정보를 아무것도 모른다 해도 걱정할 필요는 없다. 정보 수집을 하면서 조금씩 배워나가면 된다.

　나 역시 처음에는 무작정 캐나다로 떠날 것만 결정했었다. 캐나다의 수도가 어디인지도 몰랐고, 어학연수를 어떻게 준비해야 하는지도 몰랐다. 하지만 조금씩 수집하기 시작한 정보는 7센티미터 두께의 바인더 3권 분량이 되었고, 그만큼 캐나다를 깊이 알 수 있었다. 정보 수집 방법은 크게 다섯 가지로 나눌 수 있다. 아래에서 소개하는 다섯 가지의 정보 수집 방법으로 자신만의 캐나다 정보 모음집을 만들어보자.

하나, 캐나다 어학연수 경험이 있는 지인 찾기

학교 선후배나 주변인 중 어학연수 경험이 있는 지인을 찾는 것은 어려운 일이 아니다. 물론, 주관적인 부분이 많이 포함될 수도 있다. 하지만 경험자만의 노하우를 제공받을 수 있고, 비용을 지불하고도 사지 못하는 매우 가치 있는 정보를 얻을 수도 있다.

둘, 서적이나 유학원 자료 수집

유학이나 어학연수 열풍으로 서점에는 이와 관련된 주제의 서적이 많다. 그런 서적의 내용과 함께 수많은 유학원에서 제공하는 자료까지 모두 수집해 보자. 이것만으로도 기초 정보는 충분히 획득한 셈이다. 게다가 유학원에서 얻을 수 있는 자료는 모두 무료다.

시간을 내어 유학원을 방문하되 여기서 주의할 것은 유학원 직원과 상담을 하게 된다면 직원이 추천하는 내용을 참고하되, 거기에 완전히 기대서는 안 된다. 최종 결정은 정보를 모두 수집하여 내용 검토를 마친 뒤 자기 자신이 직접 해야 예상과 다른 결과에 후회와 실망만 하기보다 극복하려는 마음이 강해진다. 이것은 자신의 인생이지 타인의 인생이 아니기 때문이다.

셋, 주한 캐나다 대사관 내 캐나다 정보센터 이용

가장 정확한 정보를 제공하는 곳은 역시나 정부기관이다. 한국에 있는 주한 캐나다 대사관의 캐나다 정보센터는 한글판·영문판·불어판으로 캐나다 관련 도서(1,800여 권), 비디오 자료(음악/영화 등), 시청각실도 갖추고 있다. 캐나다에 대한 전반적인 소개는 물론 캐나다의 문학, 음악, 영화, 유학 정보를 제공받을 수 있다. 캐나다 정보센터는 매주 화요일과 목요일 정오부터 오후 5시까지 운영하며 주한 캐나다 대사관 지하 1층에 위치한다.

캐나다 정보센터는 누구에게나 개방되어 있고, 도서 및 미디어 자료는 무료로 대여 가능하다. 도서는 1인당 한 권까지 일주일간 대출이 가능한데, 도서 대출을 원할 경우 본인의 사진이 부착된 신분증(학생증, 주민등록증, 운전면허증 등)을 제시하고 대출동의서를 작성하면 된다.

넷, 관련 세미나 또는 박람회 참여

해마다 유학이나 어학연수, 워킹홀리데이에 관련한 세미나 또는 박람회가 개최된다. 참석 비용은 대부분 무료인데, 유료 박람회라 하더라도 개최 되기 전 미리 관련 사이트에 접속해 사전 참석 등록을 할 경우, 무료입장이 가능하니 꼭 찾아서 이용하자. 이곳에서는 경험자들의 수기나 현지에서 온 학교와 학원 관계자로부터 가장 정확한 정보를 제공받을 수 있다. 나 역시 2013년도에 개최된 해외유학·이민박람회의 멘토링 코너에 멘토로 참석하여 캐나다 워킹홀리데이에 대한 강의를 진행했다.

박람회장에는 참여 업체 및 협력 업체에서 실시하는 이벤트가 다양하다. 박람회 기간 동안 입학 신청을 할 경우에는 수업료를 할인해 주는 프로모션이나 추첨을 통해 캐나다 왕복 항공권을 경품으로 제공하는 등 다양한 행사가 진행되니 한번 도전해 보자. 또한 박람회와 함께 관련 세미나를 개최하기도 한다. 예약해 참석한다면 최대한 많은 정보를 얻을 수 있다. 최근에는 유학 전문 컨설팅 업체부터 유학원까지 직접 주관하는 박람회가 부쩍 늘었다. 공중파 방송을 통해서도 많은 홍보가 이루어지고 있지만, 정기적으로 인터넷을 통해 관련 정보를 파악해서 참석할 수 있도록 하자.

다섯, 인터넷을 통해 정보 찾기

인터넷에는 수많은 정보가 있다. 누구나 쉽고 빠르게 자신이 원하는 정보를 검색해 모으면서 궁금했던 사항들을 하나씩 풀어나가면 된다. 그렇게 수집한 정보를 토대로 먼저 일반적인 사항을 파악한다. 다음으로 각종 커뮤니티 웹사이트를 방문해 궁금한 점을 질문하기도 하고, 이미 질문과 답변이 나와 있는 것들을 참고하는 것도 좋은 방법이다. 본 책 앞 표지 저자 소개에도 나와있는 캐나다 워킹홀리데이 공식 책 카페(cafe.naver.com/canadajyp)를 방문하여 질문을 남기면 저자가 직접 질문에 답변하기도 하므로 공식 카페도 많이 활용하도록 하자.

04 캐나다 예상 생활비 계산

1년간 캐나다로 어학연수를 다녀오기 위해 필요한 비용은 어느 정도일까? 어학연수를 가고자 하는 사람들이 가장 궁금해하고, 또 가장 많이 하는 질문이다. 예산을 계산하기 전에 먼저 캐나다 현지 물가를 알아보자. 내가 캐나다에서 생활하는 동안 꾸준히 기록했던 금전출납부 내용을 토대로 생활비 예산을 계산해 보고, 어떻게 하면 저렴한 비용으로 현지에서 생활할 수 있을지 알아보자.

숙박

호텔 및 모텔 1박 C$60~450, 유스호스텔 및 민박 1박 C$20~80 이상, 홈스테이 1개월 C$550~1,000, 룸 렌트 1개월 C$400~800, 베이스 아파트먼트 렌트 1개월 최소

C$1,000 이상, 방 1개 있는 콘도(아파트먼트) 전체 렌트 1개월 최소 C$1,000 이상.

교육

대학 부설의 ESL(EAP) 수업이나 사설 어학원의 경우, 한 달 교육비는 보통 C$1,000부터 시작한다. 캐나다인에게 일대일 과외를 받는다면 시간당 최소 C$20 정도 비용이 필요하다.

이런 비용 부담 없이 교육을 받고자 한다면 교회나 일부 커뮤니티 단체에서 시행하는 무료 영어 교실이나 요가 및 킥복싱 강습 같은 무료 액티비티에 참석하여 현지인들과 직접 대화하며 실전 영어를 습득할 수도 있다.

또는 각종 이벤트에 자원봉사자 Volunteer 지원을 하는 것도 하나의 방법이다. 비용 지출에서 큰 부분을 차지하는 교육비 절감을 위해 위와 같은 방법을 적절히 활용한다면 비용 부담을 덜고 더욱 알찬 캐나다 생활을 하는 데 많은 도움이 된다.

교통

버스와 전철의 1회 교통비는 약 C$3부터고, 월정액권은 약 C$150이다. 택시는 미터제로 기본료는 약 C$4.25 이고 1킬로미터 당 C$2씩 추가된다. 또한 택시 운전기사에게 별도 팁으로 요금의 10~15퍼센트를 지불해야 한다.

식사

레스토랑의 비용은 각기 다르나 대부분 한 끼에 C$7부터 시작한다. 패스트푸드는 한국과 비슷하다.

식료품

육류는 전반적으로 한국에 비해 저렴한 편이고 특히 소고기값이 싸다. 작은 대파 2단 C$2, 감자 10kg C$3, 작고 얇은 당근 1봉지 C$2, 작은 사과 1봉지 C$2.99, 오렌지 3개 C$2 등 과일과 채소값이 비싼 편은 아니다.

생활잡화

한국보다 옷의 종류는 다양하나 옷의 질이나 디자인이 한국에 비해 떨어지고 비교적 비싼 편이다. 단, 미국이나 캐나다 제품은 한국에 비해 저렴한 값에 구입할 수 있다. 속옷과 양말과 같은 면의 질은 한국과 비교할 수 없을 정도로 좋지 않아 몇 번 세탁하면 금방 늘어나거나 구멍이 나기도 한다. 신발 가격대는 질과 브랜드에 따라 다르나 역시 한국보다 비싼 편이다. 값이 저렴한 제품은 대부분 중국 제품이다.

통신

집에 유선 전화를 설치할 경우, 시내 전화(Local) 월정액으로 무제한 이용할 수 있다. 요금은 1개월에 약 C$50이다. 여기서 시외 전화(Long Distance)를 사용한다면 요금이 추가된다. 대부분의 유학생들은 유선 전화 대신 휴대폰을 많이 이용한다.

요즘은 스마트폰 이용 활성화로 인해 통신사에서 제공하는 요금제의 종류가 굉장히 다양해지고 있다. 통신사에 따라 다르지만 보급형 통신사에서 나온 저렴한 요금제로는 1GB 데이터가 제공되면서 전화나 문자요금은 사용한 만큼 지불하며 한 달에 C$25~30 (+전화/문자 사용료) 정도 청구된다. 만약 전화와 문자요금도 모두 포함된 1GB 데이터 요금제는 한 달에 C$40 정도, 동일한 조건에 2GB 데이터 요금제의 경우는 한 달에

C$45 정도이다. 캐나다 이동통신사 파이도 Fido는 휴대폰 번호를 개통할 때 한국에서 사용하던 기기를 지참하면 요금의 10퍼센트를 할인해주는 프로모션을 진행한다. 이때 요금은 한 달에 약 C$40 정도다.

가전제품

한국에서 비싸게 판매되는 컴퓨터나 오디오 같은 가전제품의 값은 비교적 저렴하다. 캐나다에서는 중고용품 사용이 보편화되어 있어 가전제품은 중고용품 매장이나 직거래를 통한 거래가 많이 이루어진다.

문구류

문구제품의 가격은 매우 비싸다. 한국에서 1장에 20원하는 도화지 한 장이 캐나다에서는 C$2이다. 한화로 계산하면 약 2,000원인 셈이다.

문화비

박물관 견학은 C$3부터, 영화 관람은 C$11.50부터, 스포츠 관전은 C$13부터 시작한다.

술·담배

담배는 한 갑에 C$13부터 시작하고, 한국인이 즐겨 마시는 소주나 막걸리는 한 병에 $8 정도다. 음주와 흡연을 즐긴다면 캐나다에서는 그 비용도 부담이 될 수 있다.

위의 기본적인 현지 물가를 체감했다면, 사설 어학원을 다니면서 방 하나를 렌트해 생활할 경우 필요한 한 달 예상 지출 비용을 계산해 보자.

어학원 등록+룸 렌트 시 예상 한 달 생활비

항목	비용
교육비	C$1,100
룸 렌트비	C$600
교통비	C$142
생활비	C$400
학교/학원 액티비티 참석비	C$100
기타(휴대폰비)	C$60
총 합계	C$2,402 (한화 약 220만원)

여기에 추가로 여행을 다닌다고 생각하면 그 비용은 결국 한화로 약 300만 원 정도가 된다. 너무 큰 비용에 놀랐을 수도 있겠지만, 이것이 현실적인 한 달 생활비다. 하지만 절약을 생활화한다면 이야기는 달라진다. 아래는 캐나다에서 생활했던 나의 한 달 생활비 내용이다.

처음 캐나다 토론토에 입국한 뒤 한 달에 C$700인 홈스테이에서 2달 반 정도 거주하다가 C$400의 룸 렌트로 옮겨 생활했다. 또 토론토에서 가장 수강료가 저렴한 단과 학원을 골랐다. 하루 두 시간씩 듣는 수업을 3개월 동안 다녔다. 이에 따른 학원비 C$870은 한국에서 입학을 신청할 때 미리 지불했다. (현재 하루 2시간 수업 과정은 없어졌고, 하루 3시간 수업 과정부터 신청할 수 있다) 식사의 경우 홈스테이를 할 때는 집에서 해결해

캐나다 도착 후 초기 3개월 동안 쓴 지출 내역

	2006년 4월	2006년 5월	2006년 6월
홈스테이비	C$700	C$700	C$600
학원비	C$290	C$290	C$290
교통비	C$54	C$108	C$207
식료품비	–	–	C$137
생필품비	C$13	C$52	C$113
여행비	–	C$201	–
총 합계	C$1,057	C$ 1,351	C$ 1,347

외식을 통한 추가 지출을 하지 않았고, 룸 렌트를 할 때는 식자재를 구입
해 직접 요리했다.

학원에 다니던 3개월 동안의 지출 비용을 계산한 결과, 여행비를 제외
한 월평균 생활비는 약 C$1,184였다. 이렇게 1년 동안 어학연수 생활을
할 경우 1년 동안의 예상 지출 비용은 C$14,208로 한화 대략 1,260만원
이 된다.

학원 등록에 따른 생활비 비교

	학원에 다닐 경우	학원에 다니지 않을 경우
1달	C$1,184	C$804
1년	C$14,208(한화 약 1,260만원)	C$9,648(한화 약 855만원)

하지만 학원에 다니지 않고 무료 영어 교실 등을 활용했던 3개월 동안

의 월평균 생활비는 약 C$845였다. 예기치 못한 사고로 화상을 입어 지출했던 의료비를 제외한다면 순수 평균 비용은 C$754. 이렇게 1년 동안 어학연수 생활을 할 경우 예상되는 예산은C$9,048로 한화 약 800만 원이었다. 결국, 영어 교육을 위해 학교나 학원에 다니든 안 다니든 최소 비용으로 1년 동안 어학연수를 다녀오기 위해서 적어도 1,000만 원은 있어야 한다는 것을 알 수 있다.

최소 비용으로 생활했을 때의 지출 내역

	2006년 4월	2006년 5월	2006년 6월
룸 렌트비	C$400	C$400	C$400
휴대폰비	C$50	C$43	C$43
교통비	C$90	C$90	C$100
식료품비	C$125	C$75	C$138
생필품비	C$88	C$46	C$174
의료비	C$102	C$171	–
총 합계	C$855	C$825	C$855

교육비 외의 다른 비용은 스스로 조절하며 생활할 수 있는 만큼 교육비는 굉장히 많은 부분을 차지한다. 그렇기 때문에 절약할 수 있는 부분은 최대한 절약하는 것이 비용 부담을 줄이는 길이라 할 수 있다. 하지만 교육기관을 통한 영어 공부가 필요한 상황에서 단순히 비용만을 생각하는 것은 바람직하지 않은 방법이므로 추천하지 않는다.

학원에 등록할 예정이라면, 캐나다로 떠나기 전에 등록하고 싶은 학원의 수업료를 모두 비교해보자. 적당한 수업료와 자신에게 맞는 교육 과정이 있는 곳으로 잘 선택하면 경비 절약에 큰 도움이 된다.

나는 2006년 9월 이후부터 한국에서 취득해 간 워킹홀리데이 비자의 장점을 토대로 일자리를 구했고, 현지 회사에 다니며 생활비를 벌기 시작했다. 비자 만료일까지 7개월간 두 곳의 회사에 재직하며 생긴 수입은 C$19,000 정도였다. 회사에 다니면서부터는 별도의 지출이 조금씩 줄어 한달 평균 C$780으로 생활이 가능했고, 기타 비용을 포함한 1년 총 지출액은 C$11,752가 되었다. 지출보다 수입이 C$7,248 정도 더 많았기에 나의 1년간의 생활은 흑자였다고 말할 수 있다.

이렇듯 어학연수가 주목적이라 할지라도 워킹홀리데이 비자를 활용하면 많은 경험과 더불어 캐나다에서 돈을 벌 수도 있다. 자금이 부족해서 중도 귀국을 하는 일이 없도록 융통성을 가지고 예산 계획을 세운다면 누구나 성공적인 어학연수 생활을 할 수 있다.

독자들의 초기 생활비 내역

독자명 권순범(남자)

특이사항 초반에는 홈스테이를 했고 이후 룸 렌트로 바꾸면서 비용을 절감했다. 학원을 꾸준히 다녔기에 교육비에서 지출이 많이 발생했다.

항목	초기	중기	말기
홈스테이/룸 렌트비	C$750	C$750	C$550
휴대폰비	C$81	C$28	C$35
교통비	C$108	C$108	C$40
식료품비	C$250	C$119	C$300
생필품비	C$10	C$25	C$25
의료비	–	–	C$580
여행비	C$45	C$1,140	C$1,500
교육비	C$2,700	C$285	C$250
기타	C$66	C$66	C$200
총 합계	C$4,010	C$2,521	C$3,480
여행비 제외 총 합계	C$3,965	C$1,381	C$1,980

※**홈스테이/룸 렌트비:** 초기와 중기는 홈스테이, 말기는 룸 렌트 이용

※**휴대폰비:** 초기에 가입비+기계+첫 달 요금, 이후 가장 저렴한 요금제 사용

※**교통비:** 초기와 중기는 정기권 유학원 할인가(정가 $118)로 이용

※**식료품비:** 식자재 및 외식비, 간식비 모두 포함

※**생필품비:** 의류, 생활용품, 문구 등 모두 포함

※**교육비:** 초기 교재비+학원등록비+7주 수강비용 포함

※**기타:** 담뱃값, 선물, 쇼핑 등

독자명 박순천(여자)

특이사항 초반부터 꾸준히 저렴한 룸 렌트를 이용했고, 학원을 다니지 않아 지출 비용을 많이 절감했다. 최소 비용으로 생활한 경우에 해당한다.

항목	초기	중기	말기
룸 렌트비	C$500	C$400	C$400
휴대폰비	C$92	C$31	C$31
교통비	C$33	C$55	C$55
식료품비	C$86	C$200	C$120
생필품비	C$31	C$31	C$20
의료비	–	–	–
여행비	C$1,079	C$100	C$1,500
교육비	–	–	–
기타	C$212	–	–
총 합계	C$2,033	C$ 817	C$2,126
여행비 제외 총 합계	C$954	C$ 717	C$626

※**식료품비:** 식자재 및 외식비, 간식비 모두 포함
※**생필품비:** 의류, 생활용품, 문구 등 모두 포함

05 영어 공부 기초 다지기

어학연수를 마치고 귀국한 사람들이 자주 하는 말이 있다. "캐나다로 떠나기 전에 영어 공부를 더 많이 했었더라면 좋았을걸.", "기본 영어 실력이 있었더라면 더 많은 경험을 할 수 있었을 텐데."

대부분의 사람이 영어 실력을 향상시키기 위해 캐나다로 간다. 그러나 출국 전에 영어 기초를 얼마나 튼튼히 쌓았느냐에 따라 어학연수 중 실력이 향상되는 속도와 폭은 큰 차이를 보인다. 레벨 1에서 시작하는 사람과 레벨 5부터 시작하는 사람이 똑같이 다섯 단계 향상되었을 때 최종 도착점은 분명히 다르다.

그렇다면 캐나다로 떠나기 전 기본적으로 갖춰야 할 영어 실력은 어느 정도일까. 최소한 중학교 수준의 기본 문법 정도는 공부하는 게 도움된

90

다. 문법 공부를 혼자 하는 것이 어렵다면 가까운 어학원을 활용해보자. 한국 만큼 영어 문법을 저렴한 비용으로 잘 배울 수 있는 곳도 없다고 생각한다. 이왕 캐나다로의 출국을 결정한 상황이라면 조금 더 많은 것을 얻기 위해, 밝고 무궁무진한 캐나다 생활을 위해서라도 출국 전까지는 최대한 영어 공부에 집중해 보자.

영어 공부에 부담을 느낀다면 평소 흥미를 느끼는 분야를 중심으로 욕심부리지 말고 조금씩 영어를 가까이 접하는 것이 좋다. 영화·비디오·음악·뉴스 등 캐나다 현지 TV 프로그램이나 라디오를 보고 듣는 것도 좋다. 영문 잡지나 신문 기사를 하루 한 개씩 읽는 것도 방법이다. 캐나다로 떠나기 전, 영어 환경을 스스로 조성하는 것이 필요하다.

영어 공부에 지름길은 없다. 얼마나 꾸준히 노력했느냐에 따라 보답이 따른다. 출국 전 영어 공부를 열심히 해 성공적인 어학연수와 캐나다 생활을 만들 수 있도록 준비하자.

현지 어학원 등록 비교

한국에서의 기초 영어 공부만으로는 부족하고, 현지의 이점을 살리기 위해 보통 워홀러
들은 현지 어학원을 등록한다. 특히 한국 유학원을 통해 한국에서 미리 등록해 가는 사
람이 많은데, 캐나다에 가서 직접 찾아보며 등록할 수도 있다. 각각의 이점을 간략하게
미리 알아두자. 더 자세한 사항은 312쪽을 참고하자.

	한국에서 등록		캐나다에서
	유학원을 통해	본인이 직접	본인이 직접 등록
편리성	높음 ※유학원에서 모든 수속 대행	낮음 ※학원 상담부터 등록까지 직접 진행	낮음 ※학원 상담부터 등록까지 직접 진행
유학원 제공 무료 서비스 이용	가능 ※공항 무료 픽업, 은행 계좌 오픈 등	불가능 ※유료 이용 가능	불가능 ※유료 이용 가능
객관성	낮음 ※어학원 정보를 잘 모르기 때문에 유학원 추천 어학원에 주로 등록하며 장기 등록을 유도	높음 ※유학원 무료 상담을 통해 다양한 어학원 정보 수집 후 객관적 판단 가능	높음 ※유학원 무료 상담과 직접 사전 어학원 답사 후 객관적 판단 가능
사전청강 (트라이얼 레슨)	불가능	불가능	가능
상이성	높음 ※유학원의 설명과 실제 어학원의 상황이 다를 수 있음	중간 ※현지답사가 불가능하므로 어학원 홍보물에 의존	낮음 ※등록 전 사전 답사가 가능하므로 유학원 설명과 실제 상황의 비교
유학원 사기 노출 위험도	높음 ※최근 학생 수업료를 현지 학교/학원에 송금하지 않고 잠적하는 사례 다수	낮음 ※수업료를 직접 해외송금 해야 하므로 유학원 사기의 위험도는 없음	낮음 ※직접 수업료를 지불하므로 유학원 사기의 위험도는 없음
수강료 할인	가능 ※6개월 이상 장기 등록 시 할인	가능 ※단기 등록을 하더라도 직접 등록으로 어학원에서 유학원에 제공하는 커미션 만큼 협상을 통해 할인	가능 ※단기 등록을 하더라도 직접 등록으로 어학원에서 유학원에 제공하는 커미션 만큼 협상을 통해 할인
환불	가능 ※전액 환불 불가능	가능 ※전액 환불 불가능	가능 ※전액 환불 불가능

06 캐나다 기본 정보

"캐나다 수도는 어디인가요?"라는 질문의 정답은 '오타와'다. 그러나 많은 사람들은 경제의 중심지인 토론토나 북미의 파리로 불리는 몬트리올, 관광 도시 밴쿠버를 수도로 잘못 알고 있다. 캐나다로 떠나기 전 자세히는 몰라도 기본 정보 만큼은 미리 숙지해 두도록 하자.

캐나다 국기 - 메이플 리프

단풍잎을 연상해 만든 캐나다 국기 메이플 리프 Maple Leaf는 18세기 이래 캐나다 자연의 상징으로 여겨져 왔다. 이를 중심으로 좌

우의 빨간색 테두리는 태평양과 대서양을 의미하여 캐나다의 지리적 위치를 나타낸다.

1921년 조지 5세 왕은 국기에서도 볼 수 있는 빨간색을 국가 공식 색상으로 지정했고, 지금의 캐나다 국기는 1965년부터 공식 국기로 지정되었다. 캐나다 국기 안에 그려진 단풍잎의 11개 각은 10개의 주와 준주를 상징한다는 말도 있었지만, 캐나다 공식 자료에 의하면 특별한 의미는 없다.

면적 – 한국보다 약 45배 더 넓은 면적

미국 중앙정보국 CIA의 자료 〈The World Factbook〉에 의하면 캐나다의 국토 총면적은 998만 4,670제곱킬로미터이다. 캐나다는 전 세계에서 러시아 다음으로 국토 면적이 넓은 나라다. 전체 면적에서 면적이 909만 3,507제곱킬로미터이고, 나머지 89만 1,163제곱킬로미터는 강과 호수의 면적이다. 미국과 캐나다 남쪽과 서쪽이 맞닿아 세계에서 가장 긴 국경선을 사이에 두고 있다. 동쪽의 대서양부터 서쪽의 태평양까지 뻗쳐 있으며, 북쪽으로는 북극해와 접한다.

인구 – 면적에 비해 인구가 많지 않은 나라

캐나다 연방통계청에서 실시한 인구조사에 따르면, 캐나다 전체 인구는 대략 3,515만여 명(2016년 인구주택총조사 기준)으로 해마다 약 35만 명씩 증가하는 추세다. 캐나다 전체 면적의 45분의 1에 해당하는 토지를

국토로 소유한 대한민국의 같은 시기 추계 인구는 5,107만 명에 달했다. 이를 비교해 보면 캐나다는 토지 면적에 비해 인구수가 적은 나라라는 것을 쉽게 알 수 있다.

　인구 구성은 유럽계 52퍼센트, 영국계 21퍼센트, 프랑스계 16퍼센트, 원주민 4퍼센트, 아시아계와 아프리카계 그리고 아랍계가 7퍼센트로 나뉜다. 전체 인구의 25퍼센트가 혼혈인으로 구성된 캐나다는 다민족 국가이다.

언어 - 두 가지 언어가 공용어

캐나다의 공용어는 영어와 불어다. 캐나다인의 약 59퍼센트가 영어를 구사하고, 23퍼센트는 불어를 구사한다. 다민족으로 이루어진 국가인 만큼 남은 인구의 18퍼센트는 그 외의 언어를 사용한다.

한 나라에서 두 언어를 사용하게 된 배경은 다음과 같다. 아메리카 대륙에서 식민지 건설을 가속하던 영국은 캐나다에 진출해 1670년 허드슨 베이 사를 설립하고 프랑스와 활발한 교역을 추진했다. 하지만 아이러니하게도 이는 양국 사이의 갈등을 촉발하는 배경이 되기도 했다. 1763년 파리 조약에 따라 캐나다는 정식으로 영국령이 된다. 영국령이 된 이후 영국계와 프랑스계 주민 사이의 갈등이 악화되었고 이를 해결하기 위한 방편으로 1774년 퀘벡법을 제정했다.

• 국가명 '캐나다'는 누가 지었을까?

1535년 프랑스인 탐험가 자크 카르티에 Jacques Cartier는 현재의 캐나다 동부에 위치한 퀘벡 시티 부근에 도착했다. 그때 만난 북대서양의 인디언 휴런 이로쿼이족의 추장은 원추형 텐트 같은 집이 많이 모인 부락이라는 의미로 '카나다 KANADA'라는 단어를 사용했다. 자크 카르티에 일행은 이 단어를 현재 자신들이 머물고 있는 곳의 지명으로 이해했고 그것이 기록에 남겨져 오늘날의 '캐나다 CANADA'라는 국가명이 탄생한 유래가 되었다.

• 캐나다 백인제국의 시초, 자크 카르티에

캐나다에 최초로 백인 제국을 세운 사람은 프랑스인 탐험가 자크 카르티에. 그는 1535년 세인트 로렌스 강을 거슬러 올라가 지금의 몬트리올에 도착했다. 이후 자크 카르티에는 현재의 동부 캐나다인 퀘벡 지역에 누벨 프랑스를 건설했다. 이곳은 비버 Beaver의 가죽을 팔고 사는 모피 교역의 거점이었고, 이로 인해 유럽인들의 활동 영역이 확대된다. 하지만 캐나다에 처음으로 실제 거주지를 만든 사람은 캐나다 식민지의 개척자이자 뉴 프랑스의 아버지로 불리는 사뮈엘 드 샹플랭 Samuel de Champlain이다.

2년 후인 1776년 미국이 영국으로부터 독립하면서 영국에 충성을 맹세했던 약 5만 명의 '로열리스트'가 캐나다로 이주했다. 이 이주로 캐나다 내의 영국계와 프랑스계 인구가 거의 균형을 이루게 된다. 1812년부터 1814년 사이에는 미국과 영국령 캐나다 간 영토 분쟁이 일어났다. 1867년 7월 1일 영국 북미 조례 협정으로 '캐나다 자치령'이 탄생한다.

이후 1926년 영국은 캐나다와 기타 자치령의 완전 자치를 인정했다. 1949년 캐나다 헌법인 '영국령 북아메리카 조례'가 수정되어 캐나다의 법적 독립이 완성되었다. 이때 프랑스계 인구와 영국계 인구가 많은 점을 고려해 나라의 공용어를 불어와 영어 두 가지로 정했다.

기후 – 추운 곳은 매우 춥고, 더운 곳은 매우 덥다

캐나다에도 한국처럼 사계절이 있다. 하지만 영토가 광대한 만큼 지역에 따라 기후가 크게 다르다. 밴쿠버가 있는 서부의 태평양 해안은 비교적 온난하다. 춥지는 않지만 강우량이 많아 풍부한 녹색 숲이 많다. 로키 산맥 중심의 산악 지대는 적설량이 많아 겨울철 스키 리조트에 최적의 조건을 갖췄다. 중부의 평원 지대는 일조 시간이 길고, 건조한 기후로 한란의 차이가 심하다. 오대호 주변의 여름 기후는 고온다습하고, 겨울에는 눈이 많이 내린다. 동부의 대서양 해안은 남북의 기류와 해류가 부딪히는 장소인 탓에 여름에는 시원하고 겨울에는 매우 춥다. 날씨의 변화 또한 굉장히 심한 편이다.

화폐 - 알록달록한 색상의 캐나다 지폐

캐나다의 화폐는 지폐와 동전으로 나뉜다. 지폐는 미국의 지폐와 크기가 같지만, 색상이 매우 화려한 점이 다르다. 현재 발행되는 지폐의 앞면에는 영국의 엘리자베스 여왕의 초상화와 역대 캐나다 총리들의 초상화가 그려져 있고, 뒷면에는 캐나다를 상징하는 그림들이 있다. 캐나다는 공용어가 두 가지인 만큼 지폐의 발권 은행명과 액면 금액을 표기할 때도 영어와 불어를 모두 표기한다. 현재 통용되는 지폐는 2011년도에 새롭게 디자인된 플라스틱 같은 폴리머 재질이다. 지폐 종류는 총 다섯 가지로

TIP

• 달러 Dollar=벅 Buck, 사우전드 Thousand=그랜 Grand

미국과 캐나다에서는 '달러'라는 의미의 속어로 '벅'을 사용한다. 2달러와 같은 복수 개념을 이야기할 때는 '벅스 Bucks'라고 칭한다(two bucks=C$2). 그리고 숫자 '천(1,000)'을 나타낼 때도 '1사우전드'라고 표현하기도 하지만 '1그랜'이라고도 말하고 이것을 '1K'라고 표기한다. 여기서 1그랜(1K)은 1,000과 같다(two grand=2K=2,000). 단, 천 단위를 나타내는 그랜 혹은 1K는 금액을 표현할 때만 사용된다.

• 동전의 애칭

캐나다 동전에는 본래 명칭 외에도 사람들이 각 동전을 부르는 애칭이 별도로 존재한다.
5센트=니켈 Nickel / 10센트=다임 Dime
25센트=쿼터 Quarter / 1달러=루니 Loonie
2달러=투니 Toonie

C$5(5달러), C\$10, C\$20, C\$50, C\$100가 있다. 동전 종류는 다섯 가지로 5¢(5센트), 10¢, 25¢, C\$1, C\$2가 있으며, C\$1이 100¢와 같다.

2018년 3월에는 세로로 인쇄된 폴리머 재질의 C\$10 지폐가 국제 여성의 날에 맞춰 새롭게 출시되었다. 기존 지폐들과는 다르게 노바스코샤에 거주했던 성공적인 비즈니스 여성이자 캐나다 최초로 흑인에 대한 인종 차별에 맞서 투쟁을 했던 흑인 여성 비올라 데스몬드 Viola Desmond의 초상화가 그려져 있다. 이 신권 지폐는 국제은행권협회를 통해 2018년 국제적으로 발행된 150여종의 신권 지폐들 중 '2018 올해의 지폐'로 선정되기도 하였다.

50¢ 동전의 경우 생산은 중단되었지만 아주 간헐적으로 볼 수 있고, 캐나다 조폐국을 통해서만 구입이 가능하다. 현재 시중에서는 사용되지 않는다. 또한 기존에는 한국의 10원과 비슷한 크기의 1¢ 동전이 존재했다. 그러나 2013년 이후부터 1¢ 동전의 사용을 중단했고, 거래 금액은 모두 반올림해 계산하는 방식으로 변경되었다.

지폐의 경우 C\$100 지폐는 거액 단위로 분류되기 때문에 큰 상점에서는 사용해도 좋지만 작은 상점에서는 받아주지 않는 경우도 있으니 주의하자. C\$20 지폐가 가장 보편적으로 많이 쓰인다. 은행의 현금입출금기(ATM)에서 현금을 인출할 경우에도 기본적으로 C\$20 지폐를 기준으로 출금이 가능하다. 즉, 대부분의 ATM에서 C\$30 출금은 되지 않으며 C\$20, C\$40 등 C\$20를 기준으로 출금해야 한다.

치안 - 범죄율이 전반적으로 낮다

북미 지역 가운데 캐나다는 치안 상태가 좋은 편이다. 그러나 인적이 드문 곳이나 심야에 혼자 외출하는 것은 캐나다에서도 가급적 삼가도록 하자. 캐나다에서는 최근 소매치기나 도둑과 같은 경범죄가 증가하고 있다. 또 한국 사람들은 고액의 현금을 항시 소지한다고 생각하는 범죄자들에게 한국인은 쉽게 범죄의 표적이 될 수 있다. 사람이 많이 붐비는 쇼핑센터나 행사장과 같은 곳에서는 소매치기를 당하지 않도록 각별히 주의하

TIP

아동 실종 경보, 앰버 경보 Amber Alert

최근 캐나다에서 아동 실종 사건이 계속 발생하고 있다. 이러한 사건이 접수되면 캐나다 정부에서는 앰버 경보를 발령한다. 그리고 해당 지역의 모든 미디어들은 의무적으로 정규 방송을 중단하고 실종 혹은 납치 사실을 실시간으로 보도하거나 해당 내용에 대한 팝업창을 송출한다. 캐나다 내 휴대폰 통신사들을 통해 개인 휴대폰으로 긴급 알람과 함께 메시지가 발송되기도 한다. 또한 정부는 온라인 소셜 미디어를 통해서도 실종 아동 발견 시까지 실시간으로 상황을 보고한다.

여기서 '앰버 경보' 용어의 기원은 1996년 미국에서 발생한 아동 납치 사건에서부터 시작된다. 9살의 앰버 해거만이라는 아이가 텍사스주에 있는 할아버지 댁에서 놀다가 납치되었다. 이에 목격자가 용의자에 대한 정보를 경찰과 FBI에 제공하면서 대대적인 수사를 진행했으나 결국 3일 만에 아이는 주검이 되어 발견되었다.

이 사건을 계기로 2000년 미국 하원에서 관련 법을 제안했고, 미국에서는 2003년 본격적으로 앰버 경보법이 시행되었다. 캐나다에서는 2002년도에 앨버타 주에서 이 시스템을 최초로 도입했고, 이후 2004년도부터 타 주에서도 본격적으로 도입하기 시작했다. 한국에서도 2007년 앰버 경고 시스템을 아시아 최초로 시행했다.

자. 또한 도서관에서 잠시 자리를 비우더라도 소지품은 항상 직접 소지하고 다녀야 안전하다.

사회보장제도 - 최고의 의료 복지

캐나다 이민자나 시민권자에게는 치과 치료를 제외한 기본적인 의료 서비스가 무상으로 지원된다. 특히 65세 이상의 사람 및 생활보호대상자는 처방약 대부분을 무상으로 제공받는다. 또한 노령 연금·가족 수당·실업 보험·복지 등 사회보장제도가 굉장히 잘 갖추어져 있다.

한국과 시차 - 한국보다 17시간 느리다

서부 지역의 브리티시컬럼비아 주는 한국보다 17시간이 느리고, 앨버타 주는 16시간이 느리다. 그리고 동부의 온타리오 주와 퀘벡 주는 14시간이 느리다.

또한, 캐나다는 매년 특정 기간 동안 서머 타임 Summer Time이라고도 불리는 데이라이트 세이빙 타임 Daylight Saving Time이 적용된다. 이 경우, 본래 시차보다 1시간이 빨라진다고 생각하면 된다. 즉 브리티시컬럼비아 주는 한국보다 16시간 느린 것으로 계산하고, 온타리오 주는

주명	한국 기준	한국 5일 오후 3시	데이라이트 세이빙 타임(+1시간)	
브리티시컬럼비아	−17시간	4일 오후 10시	−16시간	4일 오후 11시
앨버타	−16시간	4일 오후 11시	−15시간	5일 오전 0시
온타리오·퀘벡	−14시간	5일 오전 1시	−13시간	5일 오전 2시

13시간이 느려진다. 이러한 데이 세이빙 타임은 매년 3월 둘째 주 일요일에 시작해 11월 첫째 주 일요일에 종료된다.

다만, 모든 캐나다 지역에서 데이라이트 세이빙 타임이 적용되는 것은 아니다. 데이라이트 세이빙 타임이 적용되지 않는 지역은 다음과 같다. 폴트 세인트 존 Fort St. John, 찰리 레이크 Charlie Lake, 브리티시컬럼비아 주의 테일러 앤 도슨 크리크 Taylor and Dawson Creek(in British Columbia), 크레스톤 Creston(in the East Kootenays), 그리고 데네어 해변 Denare Beach과 크레이튼 Creighton을 제외한 대부분의 서스캐처원 지역에는 데이라이트 세이빙 타임이 적용되지 않는다.

전압 - 120V, 60Hz

한국의 전자제품은 전압 220V를 사용하지만 캐나다에서는 120V, 60Hz를 사용하며, 소켓의 모양도 다르다. 한국에선 소켓이 둥글지만, 캐나다에선 납작하다. 한국에서 110/220V 겸용 전자제품을 가져갈 경우, 우리가 흔히 말하는 일명 '돼지코'를 구입하여 소켓 모양을 바꿔주면 110V라 할지라도 문제없이 사용이 가능하다.

그러나 220V 제품은 반드시 변압기를 사용해야 하는데, 변압기를 따로 준비하는 것은 상당히 번거롭다. 캐나다의 전자제품 가격은 전반적으로 한국과 비슷하기 때문에 현지에서 새 제품을 구입하거나 저렴한 가격에 중고 제품을 구입하는 방법도 괜찮다.

세금 – 구매 가격 = 상품 가격 + 세금

캐나다에서는 물건을 구입하면 각 물건의 종류에 따라 그리고 각 주에 따라 세금을 다르게 부과한다. 기본적으로 세금은 연방세 GST(Goods and Services Tax)와 주정부세 PST(Provincial Tax)를 부과하고 특정 주에서는 연방세와 주정부세를 합친 통합소비세 HST(Harmonized Sales Tax)를 부과한다. 그렇기 때문에 처음 현지에 도착해 물건을 구입할 때 표시된 가격표보다 더 많은 금액을 지불하는 것이 낯설게 느껴질 수도 있다.

연방세 GST는 한국의 부가세와 비슷한 개념이다. 주와 상관없이 캐나다 어느 곳에서도 모두 동일하게 부과된다. 이는 일상생활을 하는 데 있어 필요한 유제품, 고기류, 채소, 통조림류와 같은 기본 식료품과 대중교통, 처방약, 처방안경 및 콘택트렌즈, 수출용 상품 등을 제외하고 5퍼센트씩 부과된다. 주정부세 PST는 브리티시컬럼비아 주 7퍼센트(기존에는 HST로 부과되었으나 2014년부터 GST와 PST로 나누어 부과됨), 앨버타 주 0퍼센트, 서스캐처원 주 6퍼센트, 매니토바 주 8퍼센트, 퀘벡 주 9.975퍼센트(QST로 불림), 유콘 준주 0퍼센트, 노스웨스트 준주 0퍼센트, 누나부트 준주 0퍼센트로 주마다 부과하는 세율이 다르다.

통합소비세 HST의 경우 온타리오 주 13퍼센트, 뉴펀들랜드-래브라도 주 15퍼센트, 뉴브런즈윅 주 15퍼센트, 노바스코샤 주 15퍼센트, 프린스에드워드아일랜드 주 15퍼센트와 같이 특정 주에서만 부과한다.

여기서 주의할 점은 통합소비세 HST를 적용하는 주를 제외한 다른 주에서는 물건을 구입할 때 연방세 GST와 주정부세 PST를 합산하여 세금

을 지불해야 한다. 즉, 통합소비세 HST
를 적용하는 다섯 개 주를 제외하고 최종
적으로 주별 납부해야 할 세금은 브리티
시컬럼비아 주 12퍼센트, 앨버타 주 5퍼

GST와 PST가 부가되어 있는 영수증

센트, 서스캐처원 주 11퍼센트, 마니토바 주 13퍼센트, 퀘벡 주 14.975퍼
센트, 유콘 준주 5퍼센트, 노스웨스트 준주 5퍼센트, 누나부트 준주 5퍼
센트이다.

주별 부과 세금률

주/준주명	GST(%)	P(Q)ST(%)	HST(%)	최종 세금(%)
브리티시컬럼비아(BC)	5	7	–	12
앨버타(AB)	5	0	–	5
서스캐처원(SK)	5	6	–	11
매니토바(MB)	5	8	–	13
온타리오(ON)	–	–	13	13
퀘벡(QC)	5	9.975	–	14.975
뉴펀들랜드 -래브라도(NL)	–	–	15	15
뉴브런즈윅(NB)	–	–	15	15
프린스에드워드 아일랜드(PEI)	–	–	15	15
노바스코샤(NS)	–	–	15	15
유콘(YT)	5	0	–	5
노스웨스트(NWT)	5	0	–	5
누나부트(NU)	5	0	–	5

캐나다에는 국경일 외에 주별로도 기념 공휴일이 따로 있다. 또한 공휴일이 토요일 또는 일요일에 있을 경우 월요일까지 공휴일로 이어진다. 국경일과 더불어 자신이 머물게 될 주의 기념 공휴일을 미리 확인해두자.

연도별 캐나다 법정 공휴일

국경일	해당 주	2020년	2021년	2022년
New Year's Day	전체	1/1	1/1	1/1
Islander Day	PEI	2/17	2/15	2/21
Louis Riel Day	MB	2/17	2/15	2/21
Heritage Day	NS	2/17	2/15	2/21
Family Day	BC, AB, SK, ON, NB	2/17	2/15	2/21
Good Friday	전체(QC제외)	4/10	4/2	4/15
Easter Monday	QC	4/13	4/5	4/18
Victoria Day	전체(NB,NS,NL제외)	5/18	5/24	5/23
Aboriginal Day	NWT	6/21	6/21	6/21
St. Jean Baptiste Day	QC	6/24	6/24	6/24
Canada Day	전체	7/1	7/1	7/1
Civic Holiday	AB, BC, SK, ON, NB, NU	8/3	8/2	8/1
Labour Day	전체	9/7	9/6	9/5
Thanksgiving Day	전체(NB, NS, NL제외)	10/12	10/11	10/10
Remembrance Day	전체 (MB, ON, QC, NS제외)	11/11	11/11	11/11
Christmas Day	전체	12/25	12/25	12/25
Boxing Day	ON	12/26	12/26	12/26

07 캐나다 도시 선택하기

캐나다는 10개의 주와 3개의 준주로 이루어져 있는 연방국가다. 앞에서 살펴봤듯이 국토 면적이 넓은 나라인 만큼 주마다 기후도 다르고, 적용되는 세율과 법률도 다르다. 캐나다 생활의 목적과 자신의 신체 조건이나 성향 등 여러 가지 특성을 고려해 생활하기에 가장 적합한 도시를 찾는 일이 중요하다. 예를 들어 추위를 버티지 못하는 사람이 서스캐처원 주의 새스커툰 도시에서 지낸다면 겨울에 영하 30~40도의 추위에 시달리며 하루하루가 괴로울 수 있다. 각 주에 속해 있는 여러 도시 중 유학생들이 주로 선택하는 도시의 정보를 정리했다. 이를 참고하여 각 도시의 특징을 살피고 어느 도시에서 생활할지 결정하자.

밴쿠버 Vancouver

물가 ★★★★★ 교육 ★★★★★ 취업 ★★★☆☆ 교통 ★★★★★ 여가 ★★★★★

한국에서 가장 가깝고 캐나다로 이동할 때 출입구 역할을 하는 도시다. 토론토와 몬트리올의 뒤를 이어 캐나다에서 세 번째로 큰 대도시로 226만 명 정도가 살고 있다. 사계절 내내 온화한 기후로 춘하추동 어느 계절이라도 쾌적하다. 치안 상태가 매우 좋고, 대도시인 만큼 학교나 사설 어학원과 같이 영어를 배울 수 있는 교육시설이 상당히 많다. 학교 선택이나 프로그램 선택의 폭이 넓지만 그만큼 한국인이나 중국인의 다른 도시보다 훨씬 많다. 바다와 산이 가까운 밴쿠버는 영어 학습 외에도 여러 가지 체험 학습을 하기에도 용이하다. 세계에서 가장 살기 좋은 도시로 손꼽히기도 한다.

토론토 Toronto

물가 ★★★★★ 교육 ★★★★★ 취업 ★★★★★ 교통 ★★★★★ 여가 ★★★★★

동양계·남미계·유럽계 등 전 세계에서 가장 다양한 인종이 거주하는 캐나다 이민자들의 대표 도시이다. 세계에서 살기 좋은 도시 순위에서 언제나 상위권을 차지한다. 각각의 민족이 서로를 인정하며 생활하고있는 만큼 오히려 인종 차별은 적은 편이다. 캐나다 최대의 도시이자 경제 중심

도시로 캐나다에 있는 회사 대부분의 본사가 이곳에 있고, 금융업 또한 활발하게 이루어져 현재 세계 4위의 금융 시장으로 꼽힌다. 여름에는 기온이 섭씨 30도 이상 올라

가기도 하고, 겨울에는 영하 20도 이하로 떨어지기도 하는 등 계절에 따른 기온 차가 큰 편이다. 토론토 대학교와 요크 대학교를 비롯한 칼리지와 엄청난 숫자의 사설 어학원이 있다. 전 세계의 유학생 인구가 가장 많은 도시다. 편의시설이 잘 갖춰져 있고, 다양한 문화를 체험할 수 있는 프로그램도 많다. 한국 사람이 많지만 영어 연수를 하기에 매우 적합하다.

빅토리아 Victoria

물가 ★★★★★	교육 ★★☆☆☆	취업 ★☆☆☆☆	교통 ★☆☆☆☆	여가 ★★☆☆☆

브리티시컬럼비아 주의 주도다. 캐나다 서해안에 위치한 밴쿠버 섬의 남단에 있다. 인구는 약 35만 명 정도로, 브리티시컬럼비아 주의 정치·경제 중심 도시다. 겨울에도 비교적 온난해 편안한 노후를 보내려는 사람들이 많다. 봄부터 겨울까지 사계절 동안 공공기관은 물론 가정집에도 갖가지 꽃이 차고 넘쳐 정원의 도시라고 불린다. 도시 전체에 영국풍의 건물이 많으며 영국 식민지 시대의 모습이 남아있다. 빅토리아의 다운타운은 걸어서 다닐 수 있을 정도로 매우 좁다. 그러나 빅토리아 대학교 및 다양

한 사설 어학원에서는 기초 영어부터 비즈니스나 전문 분야 영어까지 다양한 프로그램을 갖추고 있다.

휘슬러 Whistler

물가 ★★★☆☆   교육 ★☆☆☆☆   취업 ★★★☆☆   교통 ★☆☆☆☆   여가 ★★★☆☆

밴쿠버에서 자동차로 약 두 시간 거리에 있는 북미 최대의 스키 리조트 도시다. 휘슬러는 사계절 내내 여행하기 좋은 인기 관광지이며 레포츠의 천국으로 꼽힌다. 2010년 밴쿠버 동계 올림픽 당시 산악 경기의 주요 대회장으로 이용되었다. 휘슬러의 기후는 아주 춥거나 덥지 않아 지내기 적당하다. 관광 도시인 만큼 영어 교육시설이 많지는 않기 때문에 어학연수만을 위한 도시로는 적합하지 않을 수도 있다. 그러나 사설 교육기관의

특정 프로그램에 참여하면 스키나 스노보드 수업을 함께 받을 수 있다. 자신의 취미와 특기를 살리는 것과 동시에 공부도 할 수 있다는 장점이 있다. 휘슬러에는 워킹홀리데이 비자를 가진 사람들이 겨울철에 일자리를 찾아 몰려든다.

킬로나 Kelowna

물가 ★★★☆☆   교육 ★★☆☆☆   취업 ★☆☆☆☆   교통 ★☆☆☆☆   여가 ★☆☆☆☆

아름다운 자연과 건조하고 온난한 기후로 유명하다. 이런 조건으로 캐나다에서 밴쿠버의 뒤를 잇는 제2의 고급 주택지가 되었다. 이 일대에는 광대한 오카나간 호수 외에도 아름다운 산과 과수원, 포도밭 등이 펼쳐진다. 킬로나는 연간 일조 시간이 가장 길어 캐나다 최대의 포도주 산지로

도 유명하고, 포도주 양조장도 많다. 여름에는 기온이 최고 섭씨 35도까지 올라가지만 건조한 덕에 덥다는 느낌을 받지 못하는 최적의 환경이다. 한국인에게 아직 많이 알려지지 않은 중소도시로 한국인의 수가 적고 조용하다. 사설 어학원이 많고 현지인들과 교류가 쉬워 생활 영어의 습득에 용이하다는 장점이 있다.

캘거리 Calgary

물가 ★★☆☆☆ 교육 ★★★★☆ 취업 ★★★★☆ 교통 ★★★☆☆ 여가 ★★★☆☆

1988년 동계 올림픽이 개최된 도시로 거리 여기저기에서 구인 광고를 볼 수 있을 정도로 일손이 부족한 도시다. 많은 사람이 일을 구하기 위해 캘거리로 몰려드는 추세라 방을 구하는 것이 다소 어려울 수도 있다. 다운타운을 중심으로 주택가가 있고, 다운타운에서 조금만 벗어나면 울창한 자연을 볼 수 있다. 여름 일몰 시간이 오후 11시경이라 낮이 길고, 겨울 일조 시간은 반대로 매우 짧다. 이로 인한 강추위로 겨울철에는 거리에서 사람을 보기가 어렵다. 여름에는 습기가 없어 산뜻하지만, 9월 말부터 겨울이 시작된다. 추울 때는 영하 30~40도까지 기온이 떨어진다.

최근 캘거리 지명도가 상승하면서 동양인 유학생이 많아지고 있다. 그러나 토론토나 밴쿠버 같은 대도시에 비해서 그리 많은 편은 아니다. 대학교나 사설 어학원의 수는 상당히 많다. 세율이 낮은 캘거리 추운 겨울을 잘 버틸 수만 있다면 유학생과 워킹홀리데이 비자를 가진 사람에게 적합하다.

새스커툰 Saskatoon

물가 ★★☆☆☆   교육 ★☆☆☆☆   취업 ★☆☆☆☆   교통 ★☆☆☆☆   여가 ★☆☆☆☆

1년 중 200일 이상 햇빛을 볼 수 있는 풍부한 일조량으로 햇빛의 축복을 받은 도시다. 여름에는 기온이 최고 섭씨 40도까지 올라갈 정도로 매우 덥고, 겨울은 영하 40도까지 내려가는 등 매우 춥다. 기온은 높지만 습도

가 낮아 불쾌감이 심하지는 않다. 이곳은 농업이 주요 산업 기반을 이루는 까닭에 인구 밀도가 낮은 편이어서 이민자들에게 우호적이다. 캐나다 내에서도 연구 활동이 많고, 체계적인 커리큘럼으로 유명한 서스캐처원 대학교에서 잘 짜여 있는 대학 부설 ESL(English as a Second Language, 또는 EAP; English for Academic Purposes) 수업을 받을 수 있다.

위니펙 Winnipeg

물가 ★☆☆☆☆ 교육 ★★★★☆ 취업 ★★☆☆☆ 교통 ★☆☆☆☆ 여가 ★★★☆☆

위니펙은 평원 한복판에 있는 도시다. 1881년에 서부로 가는 철도가 위니펙까지 연결되면서 급속히 발전했다. 거리는 길이 바둑판처럼 나 있어 길을 찾는 것이 어렵지 않다. 현재 재개발에 주력하고 있는 만큼 발전이 기대된다. 여름 평균 기온은 섭씨 26도이고, 겨울 최저 기온은 영하 23도로 아주 덥거나 춥지는 않지만 봄과 가을이 짧고, 겨울이 길다. 위니펙은 문화 수준이 높기로도 유명하다. 위니펙 대학교·매니토바 대학교 외에 각종 칼리지와 많은 사설 어학원이 있다. 학비나 물가가 다른 도시에 비해 저렴하다. 경제적인 측면을 고려한 실속파 유학생들에게 알맞다.

키치너·워털루 Kitchener·Waterloo

물가 ★★★★☆   교육 ★★★★★   취업 ★★☆☆☆   교통 ★★★★☆   여가 ★★★☆☆

캐나다 이민 초기, 독일인이 많이 정착한 도시다. 지금도 독일 다음으로 성대한 옥토버 페스트를 해마다 개최한다. 캐나다에서 가장 남쪽에 있는

만큼 날씨는 따뜻하고, 습도가 낮다. 친환경적인 분위기 속에서 공부만 하겠노라 다짐한 유학생들에게는 최적의 교육 도시이다. 키치너·

위털루에는 컴퓨터와 수학 등 공학 분야에서 세계적으로 최고 수준인 워털루 대학교를 비롯해 윌프리드 로리에 대학교 및 칼리지와 사설 어학원도 있다.

런던 London

물가 ★☆☆☆☆	교육 ★★☆☆☆	취업 ★★☆☆☆	교통 ★★★☆☆	여가 ★★☆☆☆

곳곳에 나무가 많아 숲의 도시라고도 불린다. 내륙 상공업 도시로 인구는 30만 명 정도다. 캐나다 남서부답게 겨울에는 눈이 많고, 여름은 쾌적하면서도 짧다. 교통이 편리하고 치안 상태가 양호하며 생활하기 좋다. 노인 인구의 비중이 높은 편이다. 웨스턴 온타리오 대학교와 팬쇼 칼리지 및 사설 어학원이 있다. 연수뿐만 아니라 조기 유학생들과 이민자들에게 선호도가 높다. 생활비가 대도시에 비해 상당히 저렴하다.

배리 Barrie

물가 ★★☆☆☆ **교육** ★☆☆☆☆ **취업** ★☆☆☆☆ **교통** ★★★☆☆ **여가** ★★★☆☆

도심 한가운데 심코 호수와 해변가로 둘러싸인 중소 도시로, 환상적인 자연 풍광을 연출하는 온타리오 주 내 가장 유명한 관광 도시 중 하나이다. 여름에는 토론토보다 시원하고 겨울에는 눈이 많이 내려 토론토보다 영하 10도 정도 기온이 더 낮다. 토론토에서 자동차나 기차로 약 한 시간 정도 소요되고 토론토보다 북쪽에 위치한다. 최근에는 토론토의 도심 생활보다 좀 더 평온하고 여유로운 생활을 원하는 젊은 토론토인이 다수 이동하는 추세이나, 주로 백인 노년층이 많이 거주한다. 도시 인구의 대다수가 백인인 만큼 어디에서든 쉽게 백인과 마주칠 수 있고, 아시아인의 비율이 적은 만큼 가끔 마주치는 백인 어린아이들이 신기한 눈빛으로 쳐다보는 광경을 목격할 수도 있다. 사설 어학원은 없지만 백인들이 많이 재학 중인 조지안 칼리지 내의 EAP 과정을 통해 영어 연수가 가능하다.

몬트리올 Montreal

물가 ★★★★★ **교육** ★★★★☆ **취업** ★★☆☆☆ **교통** ★★★★★ **여가** ★★★★★

북미의 파리로 불리는 이곳은 프랑스 문화가 진하게 남아 있고, 자연의 아름다움도 갖춘 기품 있는 도시다. 몬트리올에 거주하는 사람의 대부분이 영어와 불어를 사용한다. 프랑스계 도시로는 프랑스의 파리 다음으로 세계 제2의 국제도시로 성장 중이다. 지리적으로 내륙에 위치해 있어 여름에는 덥고 겨울에는 매우 춥다. 봄이 4월에서 5월로 매우 짧으며 겨울만큼 추운 경우가 대부분이다. 여름에는 습도가 낮고, 가을에는 낮과 밤의 기온 차가 심하기 때문에 건강에 유의해야 한다. 교통시설이 편리하고 세계적으로 유명한 축제가 많이 열린다. 영어와 불어 두 언어를 모두 가르치는 교육시설도 있다. 편의시설이 잘 갖추어져 있고, 몬트리올 대학교 · 맥길 대학교 · 컨커디어 대학교 · 퀘벡 대학교 외에도 여러 칼리지와 많은 사설 어학원이 있다. 영어와 불어를 동시에 공부하고자 하는 학생들에게 적합한 도시다.

오타와 Ottawa

물가 ★★★★☆ **교육** ★★★☆☆ **취업** ★★☆☆☆ **교통** ★★★★★ **여가** ★★★☆☆

오타와 강의 남쪽 언덕에 자리한 오타와는 캐나다의 수도이며, 국회의사당 등의 정부기관이 있는 행정도시다. 오타와는 온타리오 주의 오타와와 프랑스계 퀘벡 주의 헐 Hull이 있는 두 개의 도시에서 이루어진 트윈시티다. 강을 지나 주 경계를 건너면 캐나다의 독특한 문화를 체험할 수

있다. 영어권과 불
어권으로 나뉘고,
도로 표지나 안내
판에서도 영어와
불어가 모두 사용
된다. 여름에는 최
고 섭씨 26도까지

올라가고, 겨울에는 최저 영하 15도까지 내려간다. 토론토와 멀지 않은
곳에 위치하지만 근처에 호수가 없기 때문에 겨울에 눈보라가 많이 몰아
치지 않고, 햇볕이 매우 따뜻하다. 오타와 대학교와 칼턴 대학교 외의 여
러 칼리지와 사설 어학원이 있다. 밴쿠버나 토론토 같은 대도시에 비해
주거비와 교육비가 저렴해 영어 연수에 좋다.

샬럿타운 Charlottetown

물가 ★★★★☆ 교육 ★★★★★ 취업 ★★☆☆☆ 교통 ★★★★☆ 여가 ★★★☆☆

프린스에드워드아일랜드의 주도인 샬럿타운은 빨간 머리 앤의 고향으로
더 유명하다. 인구의 대다수가 영국계이고, 교육·정치·경제의 중심지로
꼽힌다. 거리마다 미술관과 박물관이 있다. 난류가 섬 주변에 흐르고 있
어서 따뜻한 편이다. 여름에는 덥고 습하며, 겨울에는 눈이 많이 내린다.
1864년에 캐나다 연방 성립을 위한 최초의 회의가 열렸다. 빨간 머리 앤
의 고향인 도시답게 매년 빨간 머리 앤 관련 뮤지컬과 각종 행사가 개최

된다. 프린스에드워드아일랜드 대학교와 홀랜드 칼리지 및 여러 사설 어학원이 있다.

핼리팩스 Halifax

물가 ★★☆☆☆ **교육** ★★★☆☆ **취업** ★☆☆☆☆ **교통** ★☆☆☆☆ **여가** ★☆☆☆☆

대서양을 접하는 조용한 항구 도시. 오랜 역사가 느껴지는 벽돌집과 사적이 그대로 보존된 작은 도시다. 사람들은 보수적인 성향이 있어 옛 생활 습관이 지금도 뿌리 깊게 남아 있다. 캐나다의 다른 도시들과는 다르게 여름에는 너무 덥지 않고, 반대로 겨울에는 또 너무 춥지 않다는 특징이 있다. 가장 추운 겨울의 경우 월 평균 온도가 영하 2도이고, 가장 더운 7월과 8월의 평균 온도는 섭씨 23도이다. 도시는 전체적으로 안정된 분위기다. 대서양 해안에 자리한 캐나다 최대의 도시답게 정보와 문화의 중심지 역할도 해낸다. 도시 내에는 댈하우지 대학교·세인트메리 대학교·노바스코샤 공과대학교·마운트 세인트 빈센트 대학교 및 칼리지와 사설 어학원 등 많은 교육시설이 있다. 최근 유학생들 사이에서 각광 받는 도시다. 이곳은 영화로 많이 알려진 타이타닉이 침몰한 지역이다. 타 도시와 비교했을 때 치안 상태가 좋고 물가가 저렴한 것이 매력이다.

Canada

캐나다 출국 전 워밍업

캐나다를 떠나기 전 챙겨야 할 준비물은 생각보다 많
다. 그만큼 모든 준비를 마치기 위해서는 긴 시간이
필요하다. 여유를 갖고 준비해 출국 일정에 문제가
생기지 않도록 하는 것이 중요하다.

01 항공권

출국 시기가 정해지는 즉시 해야 할 일은 항공권을 예약하고 구입하는 것이다. 해외로 떠나는 관광객이나 유학생이 많아서 자칫 자신이 원하는 날짜의 비행기 좌석을 얻지 못할 수 있다. 좌석이 없어 출국이 지연되는 상황이 발생할 수도 있다는 것. 그러므로 출국 시기가 정해지는 즉시 혹은 출국 3개월 전에는 항공권을 예약 및 구입하는 것이 좋다.

구입 방법

항공권을 구입하는 방법에도 여러 가지가 있다. 항공사에서 직접 구입하는 방법과 여행사를 통하는 방법, 항공권 비교 사이트를 이용해 구입하는 방법 등이다.

　항공사를 통해 구입하면 간혹 항공사에서 판매되지 않은 항공권을 처분하기 위해 매우 저렴한 가격에 판매하는 경우도 있지만 여러 항공사의 가격을 한번에 비교하는 것은 쉽지 않다. 이런 행운의 기회를 놓치지 않도록 수시로 항공사에 확인하는 부지런함이 필요하다.

　여행사에서 항공권을 구입하는 방법은 여러 항공사 티켓의 가격과 일정을 비교할 수 있다는 장점이 있다. 단, 동일한 항공권이라 할지라도 여행사마다 적용되는 금액이 다를 수도 있다. 따라서 많은 여행사를 대상으로 조사해야 한다.

　마지막으로 항공권 비교 사이트를 통해 구입하는 방법이다. 자신이 원하는 일정에 맞춰서 구입이 가능한 항공권을 모두 검색해 비교할 수 있다. 먼저 한 개의 사이트에서 원하는 일정의 항공사와 항공기 번호 및 가격을 메모해 둔다. 이어서 또 다른 사이트에서 동일한 조건으로 검색한다. 이때 앞서 찾아봤던 것과 동일한 항공권이 있다면 이전에 검색한 가격과 비교한다.

다른 항공권 비교 사이트를 통해 검색하기 전 중요 체크 사항이 있다. 한번 검색 결과를 얻은 이후에는 인터넷 옵션에 들어가 검색 기록을 삭제한 후 다시 검색해야 하는 점이다. 요즘에는 인터넷 빅데이터 검색을 이용해 사용자의 정보를 검색 기록으로 수집한다. 그래서 한 번 검색했던 정보가 남은 상태에서 아무리 다른 비교 사이트를 통해 검색해 보아도 금액 차이가 크게 나지 않기도 한다. 그러나 검색 기록을 삭제한 뒤 재검색한다면 전혀 다른 결과를 얻을 수도 있다. 일부 사이트에서는 동일한 상품을 검색했음에도 불구하고 안드로이드폰으로 검색했을 때보다 아이폰을 통해 검색했을 때 더 비싼 금액이 나온 경우도 있었다.

저렴하게 구입하는 법

1. 출발 날짜를 정할 때 성수기와 주말은 피한다.

항공권을 찾는 사람이 많아지면 가격은 당연히 상승하기 마련이다. 보통 항공사에서 말하는 성수기는 출발일 기준으로 1월·7월·8월·12월 등이다. 설이나 추석 등 연휴 기간 역시 성수기에 해당한다. 비수기의 항공권은 성수기 항공권 대비 최대 50퍼센트까지 저렴한 비용에 판매하기도 한다.

주말에 출발하는 항공권이 주중에 출발하는 항공권보다 약 10퍼센트

더 비싸다. 그러므로 비수기 주중에 떠나는 항공권을 구입하자. 가격도 저렴하고, 좌석에도 여유가 있으니 확보하기 쉽다.

2. 왕복 항공권을 구입한다.

항공권에는 편도 항공권과 왕복 항공권이 있다. 일반적으로 사람들은 왕복 항공권의 가격이 편도 항공권의 두 배라고 생각하지만 사실은 그렇지 않다. 항공사나 여행사마다 차이가 있지만, 대부분의 편도 항공권 비용은 왕복 항공권 요금의 약 70퍼센트에 해당한다. 결과적으로 출국할 때와 귀국할 때 각각 편도 항공권을 구입한다면 왕복 항공권을 구입할 때보다 40퍼센트나 더 많은 금액을 지출하는 셈이란 것이다. 그러므로 왕복 항공권을 구입하는 것만으로도 비용을 절감할 수 있다.

3. 귀국 시기에 적당한 항공권을 구입한다.

왕복 항공권에는 오픈 Open 항공권과 픽스 Fixed 항공권이 있다. 보통 1년 이내에 언제든지 원하는 날짜에 귀국할 수 있는 것이 오픈 항공권이

TIP

무비자로 입국 = 왕복 항공권 구입

무비자로 캐나다에 입국할 계획이라면 반드시 왕복 항공권을 구입해야 한다. 그렇지 않을 경우 캐나다 입국 심사에서 입국을 거부당할 수 있으므로 주의해야 한다. 그러나 워킹홀리데이 비자를 소지한 경우에는 편도 항공권으로 입국해도 무방하다.

고, 픽스 항공권은 항공권을 구입할 때 출발일 예약과 함께 귀국일도 반드시 예약해야 하는 항공권이다. 픽스 항공권의 가격은 오픈 항공권에 비해 약 3분의 1로 굉장히 저렴하다. 하지만 예약 변경이나 취소, 출발일 및 귀국일 등의 날짜 변경이 불가능하다. 귀국일이 확실하다면 픽스 항공권을 이용하는 것도 비용을 절감하는 방법이다. 그렇지 않다면 왕복 오픈 항공권을 구입하는 게 편리하다.

4. 출발지 국적의 항공사 이용은 피한다.

한국에서 캐나다로 출국한다면 우리나라 항공사의 항공권이 가장 비싼 편이다. 반대로 캐나다에서 한국으로 귀국할 경우에는 에어 캐나다가 우리나라 항공사보다 더 비싸다.

5. 경유하는 항공권의 가격은 대체로 저렴하다.

경유하는 항공기의 출발지부터 목적지까지 탑승하게 될 항공사가 동일하면 항공권의 가격이 저렴해진다. 직행으로 도착하는 항공기의 비행시간과 비교했을 때 크게 차이가 나지 않는 경우도 있다. 이럴 때는 몇 군데 경유를 하는 항공권도 구입해 볼만 하다.

항공권 구입 시 확인 사항

첫째, 출발일 및 귀국일 예약 변경이 가능한가?

둘째, 환불이 가능한가?

셋째, 발권 후 취소가 가능한가?

넷째, 예약 및 날짜 변경, 취소 등에 부과되는 수수료는 얼마인가?

잊지 말자, 항공권 재확인

항공권을 구입했다고 모든 준비가 끝나는 것은 아니다. 구입할 당시 비행기 탑승 이전에 항공사를 통해 항공사 일정을 확인해야 한다는 옵션이 있을 수도 있기 때문. 이럴 때는 비행기 출발 3일 전 항공사에 연락해 본인의 탑승 예약 정보가 정확하게 되어있는지 반드시 확인하자. 확인하지 않으면 항공사에서 임의로 취소 처리를 할 수도 있으니 주의해야 한다.

재확인을 필요로 하지 않는 항공사의 경우, 임의로 항공권을 취소하는 경우는 없으므로 안심해도 좋다. 하지만 비행기가 기상 상황이나 일정 변경 등의 사유로 출발 시간이 변경되거나 결항이 될 수 있다. 출발 3일 전 확인을 했을 때 별다른 문제가 없었더라도 출발 1일 전 혹은 당일 이른 시간에 다시 한번 공항 웹사이트 등을 통해서 항공편이 정상 운행되는지 확인하는 것이 바람직하다.

02 숙소

캐나다 공항에 도착하여 입국 심사를 받을 때 이민관은 캐나다 어느 도시, 어느 숙소에서 머물지를 질문한다. 이때 입국한 후 숙소를 알아볼 예정이라거나 거주지가 불분명할 경우 입국 거부 대상이 되기도 한다. 그러므로 출국하기 전에 미리 숙소를 결정하고 가는 게 좋다.

유학생들은 현지에서 머무를 수 있는 숙소로 홈스테이를 많이 이용한다. 홈스테이 외에도 룸 렌트·집 전체 렌트·유스호스텔·호텔·모텔 등이 있다. 하지만 유학생이 처음부터 룸 렌트나 집 전체 렌트를 하는 것은 추천하지 않는다. 유학생들이 세입자 법 규정과 관련 분야를 잘 모르는 사실을 악용하는 사람이 간혹 있기 때문이다. 가장 적절한 방법은 홈스테이나 호텔, 모텔 또는 유스호스텔을 이용하는 것이다.

호텔 및 모텔

캐나다에는 공항 주변이나 고속도로 주변에 많은 호텔과 모텔이 있다. 보통 하루 숙박비는 C$150 내외로 비싼 편. 호텔이나 모텔을 한국에서 예약하려면 호텔스닷컴(www.hotels.com)이나 부킹닷컴(www.booking.com) 등의 웹사이트를 이용하면 된다. 가고자 하는 도시를 선택한 뒤 가격과 후기 등을 확인하고 예약하면 된다.

대도시 다운타운에 위치한 호텔을 예약하고자 한다면, 주중보다는 주말에 이용하자. 다운타운 호텔들은 주중에는 주로 회사원들의 콘퍼런스나 미팅 등의 행사로 굉장히 붐비기 때문에 오히려 주말 비용이 더욱 저렴하다.

유스호스텔

유스호스텔은 누구나 경제적으로 여행할 수 있도록 하자는 취지로 생긴 숙박시설로 독일에서 처음 시작되었다. 현재는 전 세계 80개 나라에 5,500여 개의 유스호스텔이 있다. 하루 숙박비와 아침 식사를 포함하더라도 최저 C$20 정도로 저렴해서 '백팩커 Backpacker'라 불리는 배낭여행자가 많이 이용하는 숙소이기도 하다.

유스호스텔에 머무르면 전 세계에서 모인 젊은이들과 정보를 교환하고, 마음이 맞는 사람들과는 친구가 될 수도 있다. 한 방을 혼자서 사용할 수도 있지만, 보통 4~8명이 함께 머무는 도미토리를 저렴한 가격으로 이용한다. 이런 까닭에 도난 사고가 자주 발생하니 소지품 관리에 주의가 필요하다. 중요한 물품은 카운터에 맡기는 것도 방법이다.

어학연수나 워킹홀리데이로 간다면 한 지역에서 최소 한 달 이상 머물게 된다. 그러니 이런 임시 숙소는 입국 초반에 단기간만 이용하고 이후에는 안정된 숙소로 옮기는 편이 좋다. 비용도 줄이고, 이국 생활에 더 빨리 적응하는 길이기 때문이다.

개인 민박집(에어비앤비)

호텔보다 더욱 편안하게 생활할 수 있는 개인 민박집을 이용하는 방법도 있다. 에어비앤비(www.airbnb.ca)는 숙박 업체도 등록되어 있지만 일반인들이 자신의 집을 민박집으로 활용하기 위해 등록하기도 한다. 개인 민박집이기 때문에 가구들이 모두 구비되어 있고, 주방도 사용 가능하다. 숙박비가 하루 최저 C$30부터 시작하는 등 저렴한 가격으로 단기 숙소로의 활용도가 높은 편이다. 단, 정식 숙박 업체가 아니기 때문에 홈페이지에 남겨져 있는 후기 등을 자세히 살펴본 뒤 예약하자.

홈스테이

호스트 패밀리와 함께 사는 것이 바로 홈스테이다. 홈스테이를 할 때 중요한 것은 해당 가정의 생활양식을 이해와 존중으로 받아들이는 것이다. 현지인 입장에서는 낯선 외국인 학생을 자신의 가정으로 맞이하는 것이다. 따라서 학생 입장에서도 서로 이해하기 위해 노력해야 한다. 적극적으로 행동하고, 모르는 부분에 대해서는 주저 없이 질문하자.

홈스테이로 머물던 집

가족들과 함께 행동하며 홈스테이 가정에 빨리 적응할 수 있도록 노력해야 즐거운 홈스테이 생활을 할 수 있다. 이때 가장 중요한 것은 바로 가족들과의 대화이다. 영어 실력이 부족하더라도 망설이지 말고, 몸짓과 손짓으로 계속 대화를 시도하자. 어눌한 영어라고 부끄러워할 필요 없다. 호스트 패밀리는 영어가 서툰 외국인 학생이라는 것을 충분히 이해하는 사람들이다. 우리가 잘못된 문법이나 문장을 사용한다 하더라도 크게 개의치 않는다.

홈스테이의 장점은 일상생활 속에서 실전 영어를 배우고, 그들의 문화를 가장 빠르고 쉽게 습득할 수 있다는 점이다. 현지인과 가장 가까운 곳에서 함께 생활하기 때문에 해외여행에서는 체험할 수 없는 경험을 하게 된다. 또한 한국 문화에 대해 알릴 수 있으므로 민간 수준의 국제 교류라고 볼 수도 있다.

호스트 패밀리의 가족 구성은 다양하다. 한부모 가정도 많고, 맞벌이 부부도 많다. 후자의 경우 자녀는 학교나 보육원에서 생활하기도 한다. 또 자녀가 없는 가정이나 자녀가 이미 독립해 부부만 있는 가정도 있다.

호스트 패밀리는 외국인 학생을 맞이하여 최대한 많은 것을 해주기 위해 노력한다. 그러나 아무리 좋은 사람이라 할지라도 습관이나 사고방식 등의 차이는 있는 법. 생활하는 과정에서 갈등이 생길 수도 있다. 이런 경우에는 문제가 커지지 않도록 조기에 충분한 대화를 통한 원활한 대처가 중요하다. 그리고 학생 신분에서는 손님이 아니므로, 그들에게 특별한 상식 이상의 대접을 기대하거나 요구하지 않아야 한다.

홈스테이에 도착하면 생활하면서 지켜야 할 규칙을 설명하면서 집안을 안내해준다. 그럴 때는 꼼꼼하게 메모해 두었다가 나중에 갈등이 생기지 않도록 잘 지키면 된다.

홈스테이 찾는 방법

홈스테이는 유학원을 통해 찾는 방법이 있다. 그러나 유학원을 이용한다

TIP

홈스테이 관련 웹사이트

- 캐나다홈스테이네트워크(한국어, 영어) canadahomestaynetwork.ca
- 홈스테이 인(한국어, 영어) www.homestayin.com
- 홈스테이베이(한국어, 영어) www.homestaybay.com
- 홈스테이(영어) www.homestay.com/canada
- 호마도마(영어) www.homadorma.com
- 홈스윗홈스테이캐나다 (영어) www.homesweethomestay.com
- 홈스테이 웹(영어) www.homestayweb.com
- 홈스테이 파인더(영어) www.homestayfinder.com

면 소개비 명목으로 일정액의 수수료를 내야 한다. 본인이 직접 알아볼 경우 홈스테이 관련 웹사이트를 이용하자. 홈페이지에 소개된 정보를 보고, 자신의 마음에 드는 홈스테이 패밀리를 뽑는 즐거움이 있다. 그다음 홈스테이 패밀리에게 직접 영어로 이메일을 보내면 된다. 캐나다로 떠나기 전에 영어 공부도 할 겸 웹사이트를 이용하는 것을 추천한다.

홈스테이 주의 사항

- 본인 방 청소는 본인이 직접 한다. 식사 준비나 식사 후 설거지 등을 돕자.
- 호스트 패밀리와 관련된 가정사 등 프라이버시를 존중한다.
- 그들에게 특정 종교가 있다면, 이해하고 존중한다.
- 어색하다는 이유로 자신의 방에만 머무르는 것 보다는 함께 거주하는 호스트 패밀리들과 유대감을 형성할 수 있도록 노력하자.
- 방에 혼자 머물고 있더라도 자신만의 시간을 갖고 싶은 경우가 아니라면 문을 완전히 닫지 말고 살짝 열어주면 좋다. 문을 닫아놓는 것은 캐나다에서는 '방해하지마세요.'라는 의미가 담겨있기 때문이다.
- 호스트 패밀리의 지인을 만나면 먼저 인사하자.
- 화장실에 아무도 없다면 문을 살짝 열어두자. 화장실 문이 조금이라도 열려 있으면 아무도 없으니 사용이 가능하다는 의미이고, 문이 닫혀 있으면 누군가 지금 사용하고 있다는 뜻이다.

03 해외 보험

한국에 살면서 감기 한 번 걸리지 않았던 사람이더라도 익숙하지 않은 환경에서는 병원을 찾아야 하는 상황이 발생할 수도 있다. 갑작스러운 질병, 교통사고나 부상으로 치료를 받아 고액의 진료비가 청구된다면 유학생의 입장에서는 매우 부담스럽다. 이러한 상황을 대비해 보험이 필요하다. 보험에 가입할 때는 유학 기간이나 체류 형태를 고려하여 적합한 보험을 선택하자. 한국에서 미리 가입하는 것도 중요하다. 학생 비자나 워킹홀리데이 비자 소지자의 경우 입국 시 보험 가입 여부를 증빙해야 할 수도 있으므로, 보험 증서를 미리 준비해 가야 한다.

한국에서 가입하는 보험

한국의 여행자 보험 상품은 크게 장기 보험과 단기 보험으로 나눌 수 있다. 장기 보험은 보통 유학생이나 워킹홀리데이 비자를 가진 6개월 이상 체류 예정자를 대상으로 하며, 단기 보험은 관광 비자로 입국하는 일반 관광객을 대상으로 하며 보험 기간이 3개월 미만으로 짧다. 두 보험의 특징을 알아보고, 자신에게 맞는 상품을 선택하자.

장기 보험: 유학생 보험 및 워킹홀리데이 보험

유학 기간이 길다면 각 보험 회사마다 있는 유학생 보험 상품에 가입하면 된다. 보통 유학생들이 많이 가입하는 보험 회사로는 AIG · ACE · Chubb 등이 있다. 워킹홀리데이 비자로 캐나다에 간다면 보험 회사에 별도로 문의하는 게 좋다. 워킹홀리데이 보험 상품이 따로 마련되어 있으니 가입하면 된다. 유학생 커뮤니티나 워킹홀리데이 커뮤니티를 통해 단체로 보험에 가입하면 보험료의 10~20퍼센트를 할인받을 수 있다.

　장기 보험의 경우 1년 기준으로 가입 시 10~20만 원 정도의 가입비를 일시 납입하는 경우가 많다. 보험 기간이 만료되었을 때는 가입 당시의 담당자에게 문의해 기간을 연장하면 된다. 보험에 가입한 뒤 병원에서 치료를 받았다면 보험 내용에 따라 보상금을 수령할 수 있다. 각 보험 회사 규정마다 차이가 있지만 보통 면책금으로 10만 원(C$100)의 금액을 공제한 뒤 나머지 금액을 보상한다고 나와 있다. 만약 캐나다 병원에서 감기로 인해 진료비로 C$200를 썼다고 가정하자. 실제 보상을 받는 금액은 면책금 10만 원(C$100)을 제외한 나머지 C$100이 되는 것이다. 보험 보상 기준에 대한 자세한 사항은 보험 상품의 내용을 충분히 검토해 확인하자.

단기 보험: 여행자 보험

단기간 보험 혜택을 받을 수 있는 여행자 보험도 있다. 여행자 보험의 기간은 일반적으로 3개월이다. 해외에 6개월 미만으로 체류한다면 유학생 보험에 가입하지 않더라도 여행자 보험에는 가입하자. 상품에 따라 다르지만 보험 기간이 만료되었을 때 다시 한 번 연장해 길게는 6개월 동안 보험 혜택을 받을 수 있다. 단기 보험의 경우 1~2만 원의 보험료를 지불하고 가입할 수 있다.

　유학생 보험과 여행자 보험은 보험 규정에서부터 차이가 있다. 유학생 보험에는 면책금이 10만 원 내외로 높은 반면, 여행자 보험의 면책금은 비교적 낮은 편이다. 휴대품이 분실되거나 파손되면 여행자 보험에 가입했을 때는 보상이 되지만, 유학생 보험은 이 부분까지 보상되지 않는 경우가 대부분이다. 또한, 여행 중 사고나 사망과 관련된 보상이 큰 편이지만, 질병 관련 보장은 작다. 여행자 보험은 은행에서 환전할 때 이벤트 혜택으로 무료 가입을 해주기도 한다.

현지에서 가입하는 보험

캐나다의 일부 주에서는 유학생에게도 주 의료보험 혜택을 제공한다. 브리티시컬럼비아 주, 온타리오 주, 앨버타 주, 서스캐처원 주다. 이 네 개의 주로 떠날 계획이라면, 한국에서 유학생 보험에 가입하지 않아도 현지에서 해당 주 의료보험에 가입할 수 있다. 그러나 주마다 가입 조건이 서로 다르다. 미리 확인하고, 가입 조건에 해당하는지 살펴보자. 현지에서 보험에 가입할 예정이더라도 보통 입국 후 3개월 뒤부터 주 의료보험 혜택을 받을 수 있으므로, 한국에서 단기 보험에 가입하여 주 정부의 의료보험 혜택을 받기 전 3개월 동안 보험 혜택을 보장받는 방법이 있다. 가입 조건에 해당하지 않는다면 앞의 네 개의 주로 떠난다 할지라도 한국에서 장기 보험에 가입하는 것이 좋다.

브리티시컬럼비아 주

6개월 이상 브리티시컬럼비아 주에서 체류할 예정이면서 관광 비자를 제외한 학생 비자·워킹홀리데이 비자·취업 비자 등을 소지한 사람에 한해 주 의료보험인 MSP(Medical Services Plan) 가입이 가능하다. 이 의료보험은 신청 후 3개월이 지난 뒤부터 보험을 적용받을 수 있으며, 2018년 1월부터 보험료가 기존 보험료 대비 50퍼센트 절감되어 월 C$37.50다. 만약 오랜 기간 주를 떠나 있을 예정이라면, 주 보험 담당 기관에 통보하는 것이 좋다. 그래야 떠나 있는 동안에 보험료를 청구받지 않는다. 브리티시컬럼비아 주 의료보험에 대한 자세한 내용은 해당 홈페이지(www2.gov.bc.ca/gov/content/health)에서 확인할 수 있다. 가입 후 3개월 뒤부터 보험이 적용되기 때문에 입국 즉시 신청해야 한다. 입국한 뒤

3개월 동안은 주 의료보험을 이용할 수 없으니 해당 기간 동안 보험 적용을 받을 수 있도록 한국에서 여행자 보험을 가입하는 것도 방법이다.

온타리오 주

워홀러와 같이 6개월 이상 유효한 취업 비자를 소지하면서, 온타리오 주 소재 사업장에서 풀 타임으로 근무하는 경우 온타리오 주의 의료보험 OHIP에 가입할 수 있다. 신청은 홈페이지(www.ontario.ca/page/apply-ohip-and-get-health-card)에서 가능하다. 온타리오 주 의료보험은 브리티시컬럼비아 주의 의료보험과 동일하게 신청 후 3개월 이후부터 적용된다. 적용 즉시 모든 병원 진료와 치료를 무상으로 지원받을 수 있다. 신청 비용이나 보험료는 무료이다.

앨버타 주

관광 비자 소지자를 제외한 학생 비자·워킹홀리데이 비자·취업 비자 등을 소지한 사람에 한하여 주 의료보험인 AHCIP(Alberta Health Care Insurance Plan)에 가입이 가능하다. 앨버타 주에 도착 후 3개월 이내에 가입해야 한다. 또 소유한 비자를 기준으로 주 의료보험 혜택을 받을 수 있는 기간이 정해진다. 이때 혜택을 받고자 하는 기간은 반드시 3개월 이상이어야 한다. 신청 비용이나 보험료는 무료이다. 앨버타 주외 의료보험에 대한 자세한 내용은 홈페이지 (www.alberta.ca/health.aspx)에서 확인하자.

새스캐처원 주

6개월 이상 체류 예정이면서 관광 비자 소지자를 제외한 학생 비자·워킹홀리데이 비자·취업 비자 등을 소지한 사람에 한하여 주 의료보험 SHSP(Saskatchewan Health Services)에 무료 가입이 가능하다. 새스캐처원 주에 도착하는 즉시 바로 가입 신청을 해야 한다. 보험은 신청 후 3개월이 되는 달의 1일부터 적용된다. 또한 보험 유효 기간은 소유한 비자 기간을 기준으로 정해진다. 새스채처원 주의 의료보험에 대한 자세한 내용은 홈페이지(www.ehealthsask.ca)에서 확인이 가능하다.

04 신용카드

신용카드는 해외생활의 필수품이니 잊지 말고 챙겨야 한다. 카드를 신청할 때 심사 기준이 엄격하기 때문에 소지하는 것만으로도 신분이 보증된다. 해외에서는 신용카드가 여권 다음으로 국제적인 신분증명서로 많이 사용된다. 호텔 예약이나 렌터카를 빌릴 때도 신용카드가 없다면 별도의 보증금 Deposit을 요구하기도 한다. 일부 렌터카 회사는 신용카드가 없을 시 아예 렌터카를 빌려 주지 않기도 한다.

신용사회에서 아무 신용도 없는 외국인의 입장에서는 신용카드를 소지했다는 것만으로도 최소한의 신용을 인정받는 셈이다. 그러나 신용카드는 자칫 과소비를 부추기는 원인이 될 수도 있다. 평소에는 최대한 사용을 자제하고, 만약을 대비한 비상용 결제 수단으로만 사용하는 게 좋다. 해외에서 사용되는 신용카드의 종류로는 비자 Visa · 마스터 Master · 아메리칸 익스프레스 American express 등이 있고, 캐나다에서는 비자와 마스터가 많이 사용된다.

한국에서 발급받기

가능하다면 한국에서 본인 명의의 신용카드를 발급해 가는 것이 좋다. 그러나 학생인 경우, 일정한 소득이 없기 때문에 카드 회사에서 카드를 발급해 주지 않는다. 그럴 때는 가족 카드를 만들어서 자신의 명의로 발급받는다. 또 다른 방법으로는 신용카드 발급하는 은행 적금 상품에 가입하여 신용카드를 발급받는 방법이 있다. 일정액을 담보로 입금하고, 담보금에서 90퍼센트에 가까운 금액을 카드 한도액으로 설정하여 사용할 수 있다. 두 번째 방법은 워홀러 당시 대학생이었던 내가 이용했던 방법이다. 발급 이전에 먼저 자신의 주거래 은행에 문의하여 신용카드 발급이 가능한지 파악하는 것이 중요하다.

현지에서 발급받기

캐나다 현지에서도 학생 비자나 워킹홀리데이 비자를 소지한 경우 신용카드 발급이 가능하다. 관광 비자를 소지한 사람은 제외된다. 은행에 따라 다르지만 특정 은행에서는 유학생의 신용 정보를 조회할 수 없기 때문에 신용카드를 발급할 때 담보카드 Security Card를 발급해 주기도 한다. 한국에서 학생일 경우에 카드를 발급받는 방법과 비슷하다. 이 카드는 한도액을 보통 C$500로 제한한다. 카드 회사는 신용카드와 연결되어 있는 현지 은행 계좌에서 한도액만큼의 금액을 출금할 수 없도록 담보를 설정해 둔다. 해당 담보 설정은 카드를 해지할 때 해제된다. 하지만 담보카드가 아닌 일반 신용카드를 발급해 주는 은행도 있으니 여러 은행에 문의를 해보도록 하자.

TIP

카드 이용 시 주의 사항

캐나다에도 신용카드 이외에 데빗카드 Debit Card가 있다. 현금 인출은 물론 결제까지 가능한 것으로 한국의 체크카드 Check Card와 동일하게 생각하면 된다. 단, 데빗카드의 비밀번호를 입력할 때 특히 주의를 기울여야 한다. 누군가 자신을 지켜보고 있는지 주의하라는 캠페인까지 벌일 정도로 최근 '스키밍 Skimming' 범죄 건수가 급속도로 증가하고 있다. 스키밍이란 제3자가 남의 카드 정보를 알아내어 완전히 동일한 데이터를 가진 카드로 복제하는 범죄 수법이다. 원본 카드는 본인이 가지고 있기 때문에 자신이 피해를 입었다는 사실도 쉽게 알지 못한다. 언제 어디서 피해자가 될지 모르기 때문에 항상 주의를 기울여야 한다. 카드 번호와 비밀번호만 알고 있다면 카드를 불법 복제하여 사용할 수 있고, 현금 인출까지 할 수 있기 때문이다. 스키밍 범죄를 조기에 발견하려면 정기적으로 명세서를 확인해야 한다. 조금이라도 의심스러운 부분이 발견된다면 즉시 신고를 해야 한다. 자신이 사용한 것이 아니라는 것을 확실하게 증명한다면, 큰 피해를 막을 수 있다.

05 환전과 송금

캐나다 생활을 위해서는 캐나다 화폐가 필요하다. 캐나다 화폐로 환전하는 방법은 크게 세 가지가 있다. 첫째, 은행이나 공항의 환전소에서 현금으로 환전하는 방법이다. 둘째는 현지에서 국제현금카드를 이용해 직접 출금하는 방법, 마지막으로 한국에서 송금을 받는 방법 등이 있다.

대부분 출국하기 전 현지 교육기관에 미리 입학 수속을 마치기 때문에 거액의 현금을 환전할 필요는 없다. 도착하자마자 바로 사용할 소액의 현금만을 환전하여 지참하는 것이 가장 안전하다. 그 밖에 필요한 돈은 인터넷 뱅킹을 통해 한국의 은행 계좌에서 캐나다 은행 계좌로 송금하면 된다.

환전 수수료란?

환전은 국내 시중 은행이나 공항 내에 있는 환전소에서 가능하다. 환율 시세도 중요하지만, 환전할 때 가장 유의해야 할 점은 '환전 수수료 우대를 어느 정도 받을 수 있는가'이다. 환전할 때는 한국 돈을 외국 돈으로 바꿔주는 서비스에 대해 수수료를 받는다. 환전 수수료는 외화를 구입하는 비용에서 매매기준율을 공제한 금액이다. 대개 매매기준율의 1.5~2퍼센트를 받는다. 예를 들어, 환율이 C$1당 1,000원이라고 가정해 보자. C$1,000를 환전한다면 환전 수수료는 매매기준율에 따라 1만 5,000원부터 2만 원이 된다. 환전 금액이 적다면 추가로 지불해야 하는 수수료가 크지 않다. 그러나 환전 금액이 커지면 이 환전 수수료도 부담이 될 수 있다. 은행 환전 창구 외에 공항에 있는 환전소나 캐나다 현지에서 환전하는 것은 되도록 피하자. 국내의 시중 은행보다 환전 수수료가 비싸고, 환전 금액 외에 많은 수수료를 지불해야 한다. 웬만하면 한국의 시중 은행을 이용하는 것이 수수료를 아낄 수 있는 방법이다.

환전 수수료 절약 방법

환전 수수료를 줄이는 방법으로 환전 수수료 할인권이나 환율 우대권이 있다. 할인권만 잘 이용한다면 환전 수수료에서 최대 약 50~70퍼센트까지 절약할 수 있다. C$1당 15~20원을 지불해야 하는 수수료를 4.5~7.5원만 지불하면 된다. 환전 수수료 할인권을 받는 방법은 간단하다. 시중 은행 홈페이지 외환 코너 또는 유학원이나 유학 관련 커뮤니티 홈페이지에 접속하여 할인권을 찾아 수령한다. 미국 달러는 수요가 높은 화폐라서 환율 우대 폭이 큰 편이다. 캐나다 달러의 경우 미국 달러보다 환율 우대 혜택이 적다. 은행을 방문하기 전에 미리 환전 할인율을 문의하는 것도 좋다.

환율 수수료 할인권인 환율 우대 쿠폰 없이도 365일 가장 높은 환율 우대를 적용해 주는 곳이 있다. 바로 서울역 역사 내에 위치한 국민은행 환전센터이다. 통화에 따라 다르지만 미국 달러는 최대 80퍼센트, 캐나다 달러의 경우 최대 40~50퍼센트까지 환율 우대를 받을 수 있다.

현금으로 환전

캐나다에 도착하면 바로 현금을 사용해야 하니 일주일 생활비로 약 C$300를 미리 준비해 가는 것이 좋다. 현지에서 많이 사용하는 C$20 지폐로 환전하는 것이 유용하다. 참고로 캐나다에 입국 시 세관 신고 없이 소지할 수 있는 현금 최고액은 C$10,000이다. 그 이상을 소지하고 입국할 때는 반드시 세관에 신고해야 한다.

국제 현금카드를 이용해 환전

국제 현금카드를 이용하는 방법은 국내 시중 은행에 있는 본인의 예금 계좌와 연결된 국제 현금카드를 발행해, 캐나다의 현금인출기에서 현금이 필요할 때마다 캐나다 화폐로 인출하는 것이다. 현금을 소지할 필요가 없기 때문에 안전하다는 장점이 있다. 현금인출기는 24시간 어디서든 사용할 수 있다. 단, 캐나다에서 현금인출기를 한 번 이용할 때마다 수수료가 굉장히 비싸고, 환율이 상당히 높다. 한국에서 미리 환전할 때 C$1당 1,000원의 비용이 든다면, 캐나다에서 현금인출기를 이용할 때엔 C$1당 1,500원에 가까운 비용이 들 수 있다. 긴급한 상황이 아니라면 국제 현금카드를 이용해 환전하는 것은 피하자. 최근에는 국내 은행이 캐나다 현지에 해외 지점을 개설한 경우도 있다. 이때 국제 현금카드를 사용할 경우 수수료 면제 등의 혜택이 있으니 캐나다로 출국 전에 정보를 파악해두자.

캐나다로 송금받기

해외 송금은 한국에 계시는 부모님이 장기간 캐나다에 체류하는 학생의 학비나 생활비를 캐나다로 보내는 수단으로 많이 이용된다. 이용 방법으로는 우선 캐나다 현지에 도착한 자녀가 캐나다 은행에 신규 계좌를 개설한 뒤 송금할 사람이 해당 계좌로 국내에서 돈을 보내면 된다.

현지 은행에서 본인의 계좌를 개설해야 하기 때문에 이용 방법이 어렵다고 느끼는 사람도 있다. 그러나 어차피 캐나다에서 생활하려면 은행 계좌는 당연히 개설해야 한다. 계좌 개설 이후에는 특별히 취해야 하는 조치가 없으니 편리하다. 송금에 필요한 정보는 현지 은행에서 계좌 개설 시 요청하면 받을 수 있다.

송금의 장점은 큰 액수를 위험 부담 없이 캐나다에서 받을 수 있다는 점과 환전에 비해 환율이 좋다는 점이다. 그러나 해외 송금을 할 때마다 지불해야 하는 해외 송금 수수료가 보통 2만 원 정도 된다. 자주 송금을 하면 송금 수수료의 부담이 커질 수 있다. 송금 수수료는 은행마다 다르게 적용되니 송금 이전에 미리 확인하는 것이 바람직하다.

또 다른 단점으로는 송금을 완료한 뒤 현지에서 바로 받아 쓸 수 있는 것이 아니라는 것. 시차나 여러 가지 이유 등으로 보통 송금 완료일로부터 3~4일 정도 지난 뒤 출금이 가능하다. 최근에는 스마트폰을 통한 인터넷 뱅킹으로 국내 은행 계좌에서 캐나다 은행 계좌로 간편하게 송금할 수 있다.

TIP

캐나다 은행에서 여행자 수표 취급 중단

기존에는 한국에서 해외 송금 외에 큰 액수를 캐나다로 가져오는 수단 중 하나가 바로 여행자 수표를 구입하는 것이었다. 여행자 수표는 현금과 동일하게 사용할 수 있다. 각 수표에는 일련번호가 있기 때문에 설령 분실을 한다 할지라도 재발급이 가능하다는 장점 덕분에 현금보다 더 안전하여 많이 사용되어왔다. 하지만 2019년 1월 31일부로 캐나다의 많은 은행들이 더이상 여행자 수표 T/C(Travel's Cheque)를 취급하지 않는다. 즉, 아무리 한국에서 여행자 수표를 구입해 왔다 할지라도 그것을 현금으로 바꿔주는 은행이 없다는 것이다. 이 점 주의하여 여행자 수표를 구입하는 일이 없도록 하자.

06 운전면허증

캐나다는 국토 면적이 광대하다. 대도시에 산다면 대중교통이 잘 발달하여 차를 운전하지 않아도 무방하지만, 시골에 살면서 차가 없다면 이동이 불편해질 수도 있다. 여행을 갈 때도 렌터카를 빌려서 차를 운전하게 될지도 모른다. 기존에는 해외에서 운전하려면 국제 운전면허증이 필요했다. 하지만 2019년 9월부터 새롭게 발급되고있는 신규 운전면허증 뒷면에는 영문 정보까지 포함되어있다. 이로 인하여 별도의 국제 운전면허증을 발급할 필요가 줄었다. 캐나다 입국 당시의 비자 종류와 각 주의 법률에 따라, 신규로 발급한 한국 운전면허증만으로 일정 기간 동안 캐나다에서 운전할 수 있다. 예를 들어 캐나다 온타리오 주에서는 관광 비자(무비자) 신분으로 입국하여 6개월 미만으로 머물 경우 6개월까지 국내 운전면허증을 인정해준다. 하지만 다른 비자를 통해 6개월 이상 머물 경우에는 입국 일자 기준으로 60일 이내까지만 인정된다. 그 이후에도 운전하고자 할 경우 반드시 온타리오 주 운전면허증으로 교환해야 한다.

이렇게 기준에 따라 한국 운전면허증을 인정해주는 유효기간이 다르다. 따라서 해당 주에서 인정하는 유효기간 이상의 운전면허증이 필요하다면 캐나다 주 운전면허증으로 교환하면 된다. 이는 캐나다에서 대한민국 국민에게 주어지는 혜택으로, 한국 운전면허증을 캐나다 주 운전면허증으로 교환해준다. 기존 한국 운전면허증을 캐나다 현지 운전면허증으로 교환하고자 할 경우 캐나다 대사관 또는 영사관을 통한 공증이 필요하다. 신규 한국 운전면허증은 번역·공증 절차를 생략할 수 있다. 교환 방법에 대한 자세한 내용은 230쪽을 참고하자.

TIP

운전면허증 관련 주의 사항

- 해외에서 운전할 때 한국 운전면허증과 여권을 지참하지 않으면 무면허 운전으로 처벌을 받을 수도 있다. 운전할 때는 반드시 여권, 한국 운전면허증을 챙기자.
- 신규 한국 운전면허증 뒷면의 영문 이름 철자와 여권의 영문 이름 철자가 일치하는지 꼭 확인하자.
- 캐나다에 체류하는 비자 종류 및 거주하는 주의 법규에 따라 한국 운전면허증 유효기간에 차이가 있을 수 있다.

07 국제 학생증

국제 학생증이란, 세계 130여 개 국 이상에서 발행되는 국제적으로 통용되는 학생 신분증이다. 정부기관에서 인정하는 교육기관인 중등·고등·대학교 및 대학원에 재학 중인 만 12세 이상의 학생과 해외 교육기관에서 입학을 승인을 받은 유학생에게 발급된다. 한국에서 발급 가능한 국제 학생증의 종류에는 ISIC(International Student Identity Card)와 ISEC(International Student & Youth Exchange Card)가 있다. 캐나다에서 유용하게 쓸 수 있는 국제 학생증은 ISIC다. 이것은 유네스코본부 ISTC와 국제학생연맹 IUS(International Student Council)에서 공동 발행한다. ISIC는 홈페이지(www.isic.co.kr)에서 신청 가능하다.

ISIC 신청 방법

❶ ISIC 한국 홈페이지(www.isic.co.kr)에 접속한다.

❷ 메뉴에서 '온라인 신청서' 클릭 후 국제 학생증 ISIC 온라인 신청서를 작성한다.

❸ 학생 신분 확인이 완료되면 승인 안내를 휴대폰이나 이메일을 통해 받는다.

❹ 승인이 완료되면 신청 시 선택한 ISIC 유효기간에 해당하는 발급 비용(1년: 1만 7,000원, 2년: 3만 4,000원)을 결제한다.

❺ 은행 카드와 연계된 국제 학생증을 신청했을 경우에는 발급 비용 결제 후 발급 확인서를 가지고 은행에 방문한다. 우편 수령을 신청했을 경우 우편으로 수령한다.

혜택

국제 학생증을 가져가면 여러 가지 장점이 있다. 먼저 해외에서 생활하다 보면, 신분증 제시를 요구 받을 때가 많다. 이럴 때 국제 학생증을 보여주자. 이 학생증은 세계 어디서나 통용되어 유용하다. 국제적인 신분증인 여권은 도난이나 분실 시 문제가 생길 수 있으므로 항상 가지고 다니기는 어려우므로 국제 학생증을 소지하자.

박물관·영화관·극장·유적지 등에 입장할 때 국제 학생증이 있다면 학생 할인을 받거나 무료로 들어갈 수 있다. 레스토랑·호텔·오페라 공연·콘서트까지도 학생 할인으로 저렴한 가격에 이용 가능하다. 학생 할인이 된다는 별도의 안내가 없더라도 학생증이 있는 사람에게 할인 혜택을 제공하기도 한다. 먼저 국제 학생증을 통한 혜택을 문의하는 것도 좋은 방법이다.

국제 학생증을 지닌 학생은 전 세계 어느 나라에서든지 24시간 연중 무휴 도우미 서비스를 받을 수 있다. 현재 체류 중인 곳에서 병원이나 의사를 소개받을 수 있다. 또한 도움을 받을 수 있는 가까운 정부기관도 안내해준다. 현지에서 도움이 되는 정보를 언제든지 얻을 수 있는 든든한 연락처인 셈이다.

국내에서도 국제 학생증은 유용하다. 항공권·국가별 교통 패스를 구입할 때, 유학생 보험에 가입할 때도 학생 할인 혜택을 받을 수 있다. 환전할 때도 학생 우대 서비스가 적용된다. 캐나다에서 받을 수 있는 국제 학생증의 혜택에 대한 정보는 ISIC 홈페이지(www.isic.org)에서 확인하자.

TIP

대학교 4학년 졸업 예정자를 위한 팁

ISIC 카드는 현재 재학 중인 학생을 대상으로 발급한다. 졸업 예정자라면 졸업 전에 국제 학생증을 발급받자. 졸업 후에도 국제 학생증의 남은 유효기간 동안 동일한 혜택을 받을 수 있다.

08 출국 전 건강관리

출국 전 자신의 건강 상태를 정확하게 파악해야 한다. 이전에 앓았던 병력이나 알레르기와 같은 특이 질환 관련 사항에 대해 의사 소견서와 같은 진단서 등을 영문으로 미리 받아두자. 복용하는 약이 있다면 약의 영문 처방전 등을 준비하는 것도 잊지 말아야 한다. 그래야 캐나다에서 재발하더라도 치료에 도움을 받을 수 있다. 학생 비자나 워킹홀리데이 비자를 신청할 때는 신체검사를 한다. 신체검사를 받은 뒤 결과에 대해 담당 의사에게 문의하는 것이 좋다.

치과 진료는 필수

국내 또는 캐나다에 도착하여 주 의료보험에 가입하더라도 의료보험이 적용되지 않는 부분이 있다. 바로 치과 진료다. 캐나다에서 치과 진료를 받으면 한국에서 받는 것보다도 훨씬 많은 비용이 든다. 충치 때문에 한국으로 조기 귀국해야 하는 어이없는 상황이 벌어질 수도 있다. 그러므로 한국에서 미리 치과 진료를 받고, 상쾌한 마음으로 출국하는 편이 현명하다. 충치 치료에는 어느 정도의 기간이 필요하므로 출국 전 여유 있게 진료를 받아 치료를 마치고 출국할 수 있도록 하자.

09 필수 준비물

한국에도 좋은 제품이 많지만 캐나다도 사람이 사는 나라라는 것을 명심 하자. 캐나다의 'C$1 숍'에는 상상도 할 수 없을 정도로 다양한 종류의 저 렴하고 괜찮은 제품들이 단돈 C$1에 판매되고 있다. 어차피 몇 년 이상 을 거주할 것이 아니라면 현지에서 저렴한 제품을 구입해 사용하는 것도 하나의 방법이다.

짐 싸기 전 확인 사항

무료 수화물 용량 확인

항공사마다 좌석 등급에 따라 무료로 가져갈 수 있는 수화물 용량에 대 한 규정이 다르다. 유학생들이 가장 많이 이용하는 이코노미 클래스를 기준으로 살펴 보자. 수화물의 무게나 부피가 초과하면 US$100 이상의 초과 수화물 운임을 추가 지불 해야 한다.

- **화물 수하물:** 가로+세로+높이 158cm 이하, 1개당 최대 23kg, 최대 2개까지 가능.
- **기내 수하물:** 가로 40cm, 세로 23cm, 높이 55cm 이하, 무게 10kg 이내 1개.
  노트북, 카메라, 핸드백 등은 별도.

반입 금지 항목 확인

캐나다 TV 프로그램 중에는 보더 시큐리티 Border Security라는 프로그램이 있다. 이 콘텐츠는 실제 공항이나 육로를 통해 캐나다로 입국하는 캐나다인과 외국인에게 세관 통과 시 어떤 일이 발생하는지에 대한 사례를 보여준다. 그리고 이를 통해 필요한 정보도 제공한다.

캐나다 입국 시 작성하는 세관 신고서의 경우 보통 자세하게 읽어보지도 않은 채 무조건 '아니요'라고 표기하기 마련이다. 세관 검사에서 많은 문제는 이렇게 무심코 '아니요'라고 표기한 대목에서 발생한다. 프로그램에 따르면 세관에 가장 많이 적발되는 항목 중 하나가 바로 음식물이다. 캐나다에서는 음식물 중 설령 사탕이라 하더라도 내용물에 고기류가 포함된 것은 반입을 금지한다. 세관 신고서에 음식 반입 여부에 '아니요'라고 체크한 뒤 세관 검사에서 적발될 경우, 음식물 불법 반입에 대한 벌금만 C$440이다. 이렇듯 아주 사소한 것 때문에 불필요한 지출이 발생할 수 있고, 세관 신고 시 적발되었다는 이력까지 남게 된다.

캐나다 출국 전 캐나다 세관 홈페이지(www.cbsa-asfc.gc.ca)에 방문해 한 번쯤 반입 금지 항목이 무엇인지 확인해보고, 내가 가져가는 물품 중 금지 품목이 포함되어 있지는 않는지 다시 한 번 체크해보자. 기내에서 세관 신고서 작성 시에도 꼼꼼히 읽어보고 신고가 필요한 항목에 대해서는 사전에 신고를 함으로써 불미스러운 일이 발생하지 않도록 주의하자.

반드시 준비해야 하는 물품

캐나다 입국 시와 현지 생활 시 필요한 물품으로 중요 서류를 비롯해 캐나다에서 구하기 힘든 것들이다.

• 여권

여권 기간 만료일을 미리 확인한다. 유효기간은 최소 6개월 이상 남아 있어야 한다. 분실을 대비해 여권 사본을 준비하자. 사본이 있다면 여권 재발급이 훨씬 쉽다.

• 여권용 사진

서류상 처리해야 할 일이 있을 때 사진이 필요하니 미리 준비해 가는 것이 좋다. 캐나다의 사진 찍는 기술이나 인화 기술은 한국보다 현저히 뒤떨어진다.

• 항공권

항공권과 여권에 기재된 자신의 이름 영문 철자가 동일한지 확인하자. 출국 전 항공사에 일정 및 예약을 재확인하자. 또한 항공권 번호·발행일·한국과 캐나다 현지의 항공사 연락처 등을 기록하여 별도로 보관하자.

• 유학 허가증·워킹홀리데이 비자 합격 레터

캐나다 대사관에서 받은 유학 허가증과 워킹홀리데이 비자 합격 레터를 꼭 챙기자. 입국 심사 시 정식 비자 발급에 필요한 중요한 서류라 반드시 필요하다. 분실을 대비해 사본을 준비한다.

• 입학 허가서

입학 허가서를 캐나다 입국 심사 때 이민관에게 제시해야 한다. 분실을 대비해 사본도 준비하자.

• 보험 증서

보험에 가입했을 때 보험 회사에서 받은 작은 책자와 보험 증서를 챙기자. 사본은 별도로 보관한다. 보험 계약일과 보험증 번호를 메모해 놓는 것도 잊지 말자.

• 현지 숙소 정보

출국 전 미리 정해둔 숙소의 주소·전화번호·교통편 등에 대한 사전 정보를 메모해 둔다. 입국 심사 때 이민관에게 받는 질문 중 하나다.

• 신용카드

카드번호와 만기일을 적어두자. 한국과 현지 발급처와 분실 신고 연락처도 따로 메모해 보관한다.

• 현금

도착 후 일주일 생활비 정도만 환전하고, 분실하지 않도록 잘 보관한다.

• 한국 운전면허증

캐나다 대부분의 주에서는 한국 운전면허증을 캐나다 현지 운전면허증으로 교환할 수 있다. 2019년 9월부터 새롭게 발급되고 있는 신규 한국 운전면허증으로 체류 비자 형태 및 각 주마다 정해진 기간에 따라 일정 기간 동안 현지에서 운전이 가능하다. 기존 한국 운전면허증을 현지 운전면허증으로 교환 시 공증이 필요하나 신규 운전면허증은 공증이 불필요하다.

• 국제 학생증

ISIC 카드로 준비한다. 캐나다에서 발급받으려면 한국보다 발급 조건이 까다롭다.

• 비상 약품

캐나다에서는 처방전 없이는 두통약 외의 전문적인 의약품을 살 수 없다. 종합 감기약·진통제·소화제·지사제·피부재생약·위장약·설사약·물파스·소염제·안약·반창고 등을 준비하자. 처방전에 따라 조제된 약을 가져간다면 세관 검사를 위해 처방전도 함께 준비한다.

• 스마트폰

한국에서 사용하던 스마트폰은 현지 유심칩으로 교환하면 캐나다에서도 그대로 사용할 수 있다. 단, 컨트리 락이 걸려 있을 경우 해외에서 사용이 불가능하므로 출국 전 미리 컨트리 락이 언락으로 되어있는지 통신사 고객센터를 통해 확인한다. 요즘 출시되는 스마트폰은 모두 컨트리 락이 해제되어 있지만 혹시 모르니 재차 확인하자. 락이 걸려있더라도 고객센터에 요청하여 해제할 수 있다.

가져가면 좋은 물품

물가의 차이로 한국에서 저렴하게 살 수 있는 물품도 캐나다에서는 몇 배의 비용을 내고 사야 할 때가 있다. 한국에는 있지만 캐나다에는 없는 물품도 있으니 다음의 목록을 참고하여 짐을 정리하자.

• 돼지코

캐나다에서 사용하는 전자제품의 전압은 120V. 한국에서 가져가는 전자제품 중 110/220V 겸용은 소켓을 110V 전용으로 바꿔 주는 돼지코를 가져가면 캐나다에서도 사용할 수 있다. 물론 캐나다에서도 구입할 수 있지만 한국에서 개당 100~200원이면 구입할 수 있는 것을 캐나다에서는 10배 이상의 가격으로 구입해야 한다.

• 노트북 및 주변 전자기기

간혹 영어 공부에 방해가 될 수 있다는 이유로 노트북을 가져가는 것이 좋지 않다는 사람들도 있다. 그런데 노트북이 없으면 일상 생활이 크게 불편하다. 노트북을 가져가지 않는 사람들은 현지 공공 도서관에서 무료 인터넷을 사용할 수 있다. 노트북과 더불어 주변 전자기기(외장하드, USB 등)도 한국에서 챙겨 가는 편이 좋다.

• 카메라

해외에서의 추억들을 담기에 가장 좋은 것은 카메라다. 디지털카메라로 찍은 사진의 현상 비용은 1장당 19~39¢ 정도다. 월마트 Walmart나 코스코 Costco 등에 있는 사진 인화소나 편의점에 있는 셀프 인화기를 통해 인화할 수 있다. 하지만 편의점 셀프 인화기는 인화 품질이 좋지 않다.

• 문법책

기본 문법책을 한두 권 정도만 가져가자. 현지 어학원을 다닐 계획이 있더라도 간혹 한국어로 된 문법책이 필요하다.

• 전기요 또는 전기장판

주마다 기후는 다르지만, 캐나다 대부분의 지역은 겨울에 매우 춥다. 다행히 실내 난방이 잘 되긴 하지만, 한국의 온돌 문화와 달라 공기가 따뜻해도 바닥은 찬 편이다. 이민자들이 유학생들로부터 중고용품을 살 때 가장 많이 찾는 것이 전기요다. 현지에서도 전기요는 구입이 가능하지만 한국보다 가격이 많이 비싸다.

• 안경

캐나다에서 안경을 새로 맞추려면 먼저 검안 의사 Optometrist에게 시력 검사 Eye exam를 받고, 처방전을 가지고 안경원에 가야 한다. 시력 검사 비용은 보통 1회에 C$100 다. 그리고 안경 렌즈와 안경테를 맞추면 C$150~400 정도로 매우 비싼 편이다. 한국에서 자주 착용하는 안경과 만약을 대비한 여분의 안경을 준비하는 것이 좋다.

• 콘택트렌즈

캐나다에서는 하드 렌즈를 잘 사용하지 않는다. 하드 렌즈 사용자라면 한국에서 여분을 가져가야 한다. 소프트 렌즈의 경우, 일회용 렌즈는 한국과 가격이 비슷하지만 오래 착용할 수 있는 렌즈의 가격은 한국의 두 배나 된다.

• 콘택트렌즈 세척액

한국보다 가격이 두 배 비싼 편이다. 수화물 공간이나 무게에 여유가 있다면 많이 챙겨가는 것이 좋다.

• 정장 또는 드레스

공식적인 행사나 좋은 레스토랑을 갈 때 남자는 정장을, 여자는 드레스를 입는 것이 관례다. 한 벌 정도 챙겨 가면 좋다.

• 속옷 · 양말 · 수건

면 종류의 제품은 한국 제품이 품질 면에서 매우 우수해 오래 입을 수 있다. 그리고 더 저렴하고 예쁜 제품이 많다. 반면 캐나다 제품은 질이 현저히 떨어지지만 가격은 훨씬 비싸다. 한국에서 충분히 챙겨오도록 하자.

• 우산

한국 우산이 캐나다 우산보다 튼튼하고 가격도 적당하다.

가져가지 않아도 되는 물품

최대한 짐의 양을 줄이기 위해 불필요하거나 현지에서도 한국과 동일한 가격으로 구할 수 있는 물품들은 굳이 가져갈 필요가 없다.

• 한국 식품(된장·고추장·김치·라면)

캐나다는 이민자의 나라다. 작은 도시를 제외하고 어디에서든지 한국 식품을 쉽게 구할 수 있다. 한국 식품점이 없더라도 중국 식품점에서 구입이 가능하다. 한 가지 팁을 말하자면, 라면은 중국 식품점에서 사는 것이 한국 식품점에서 살 때보다 더 저렴하다. 대체로 한국 식품점이 가장 비싸다.

• 학용품

일반 문구점에서 학용품을 사면 굉장히 비싸지만 캐나다 전역에 있는 'C$1 숍'에서는 다수의 제품을 C$1에 판매한다. 일부 품목은 한국보다 더 저렴한 가격에 살 수 있다. 하지만 질은 기대하지 말자.

• 젓가락

중국인 이민자가 캐나다 전역에 있기 때문에 젓가락은 손쉽게 구할 수 있다. 한국 식품점에서도 구입이 가능하다.

• 여성용품(스타킹 제외)

일부 여자 유학생들은 한국 제품이 캐나다 제품보다 품질이 더 좋다고 이야기하나 실제

써 보면 별반 차이가 없다. 피부가 예민한 경우가 아니라면 굳이 가져오지 않아도 된다. 다만, 스타킹의 경우 가격도 가격이지만 품질 면에서 차이가 커 한국에서 구입하는 것이 낫다.

• 전자제품

현지에서 유학생을 통해 웬만한 물건은 중고용품으로 C$5~30 사이에서 구입할 수 있다. 한국으로 귀국할 때 구입한 가격으로 현지에서 다시 되파는 것도 가능하다.

• 치약

캐나다에서 판매하는 치약이 강해서 한국 사람에게 적합하지 않다고 알려져 있다. 그러나 실제는 사용하는 데 전혀 지장 없으니 염려 말자.

• 선크림

캐나다의 햇볕은 굉장히 따가워서 여름뿐만 아니라 겨울이나 외출할 때 언제나 선크림이 필요하다. 그만큼 캐나다에서도 쉽게 구할 수 있고, 캐나다 상황에 맞는 현지 제품을 구입하는 것이 더 실용적일 수 있다.

• 팩 소주

주류 판매 전문점인 LCBO나 리큐어 스토어 Liquor Store에서 한국보다는 조금 비싸지만 쉽게 구할 수 있다. 일반적으로 병 소주 1병에 C$8 정도 한다.

준비물 체크 리스트

필수 준비물			
여권/사본		현금		문법책	
여권용 사진		신규 한국 운전면허증		전기요/전기장판	
항공권		국제 학생증		안경	
비자/사본		비상 약품		콘택트렌즈	
입학 허가서/사본		처방전		콘택트렌즈 세척액	
보험 증서/사본		돼지코		정장 또는 드레스	
현지 숙소 정보		노트북		속옷 · 양말 · 수건 (면제품)	
신용카드		카메라		우산	

개인 준비물			
의류		기초화장품		보디용품	
신발		색조화장품		헤어용품	
가방		미용도구		전자제품	
액세서리		미용용품		생활용품	

eDeclaration 모바일 앱으로 편리하게 캐나다 세관 신고하기

2017년부터 캐나다 세관에서는 캐나다 현지인 및 해외 여행객들이 쉽고 편리하게 세관 신고를 할 수 있도록 e데클레레이션(eDeclaration)이라는 세관 신고 전용 모바일 앱을 개발하였다. 이 모바일 앱을 통해서 한 번에 가족구성원 최대 다섯 명의 세관 신고를 처리할 수 있다. 앱은 애플스토어나 구글플레이 등을 통해 무료로 다운로드 받을 수 있고, 캐나다로 입국하기 전 미리 인천 공항에서 앱을 다운로드 받은 뒤 비행기 안에서 앱을 통해 미리 세관 신고를 하면 된다. 2019년 6월 현재 모바일 앱을 통한 세관 신고가 가능한 공항은 다음과 같다. 토론토 국제공항 제1여객터미널과 같이 모바일 앱 사용이 불가한 공항으로 입국할 경우에는 비행기 안에서 세관 신고서 종이 카드를 받게 되므로, 종이 카드를 대신 작성하면 된다.

- 밴쿠버 Vancouver (YVR – Vancouver International Airport)
- 캘거리 Calgary (YYC – Calgary International Airport)
- 에드먼턴 Edmonton (YEG – Edmonton International Airport)
- 위니펙 Winnipeg (YWG – Winnipeg James Armstrong Richardson International Airport)
- 토론토 제 3 여객터미널 (제 1 여객터미널은 해당 안됨) Toronto Terminal 3 (YYZ – Toronto Pearson International Airport)
- 토론토 빌리 비숍 Toronto Billy Bishop (YTZ – Billy Bishop Toronto City Airport)
- 오타와 Ottawa (YOW – Ottawa International Airport)
- 몬트리올 Montreal (YUL – Montréal–Pierre Elliott Trudeau International Airport)
- 퀘벡 Quebec (YQB – Québec City Jean Lesage International Airport)
- 할리팩스 Halifax (YHZ – Halifax Stanfield International Airport)

사용방법

❶ eDeclaration 앱을 다운로드 받아 실행

❷ 앱 실행 후 첫 화면에서 영어를 선택하고, 약관을 확인한 뒤 I ACCEPT 클릭

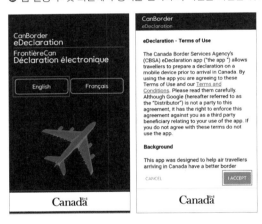

❸ 사용법에 대한 간단한 안내화면이 나오면 옆으로 넘겨가며 사용법을 확인하고 3번째 화면에서 Let's Get Started! 클릭

❹ Traveller Profile 입력 화면이 나오면 아래와 같이 입력하고 완료하면 SAVE 클릭.

Traveller Nickname은 ID나 본명 등의 개념이 아니라 앱에 등록하는 닉네임이기 때문에 기억하기 쉬운 걸로 설정한다.

캐나다 시민권자이거나 영주권자이면 "Yes", 아니면 "No"를 선택한다.

거주하고 있는 나라를 선택한다. 해외 거주중이 아니라면 "Other"을 선택한 후 "Korea, Republic of"를 선택한다.

❺ 다음 화면에서 My Declaration 클릭. Arrival airport에 현재 도착한 캐나다 공항명을 선택하고, Arriving from에 해당하는 입국 경로를 선택한 뒤 CONFIRM 클릭

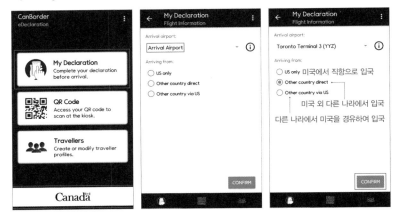

❻ 입국 신고할 사람의 닉네임이 뜨면 선택하고 CONFIRM 클릭. 다음으로 캐나다 입국 목적을 선택하고 CONFIRM 클릭.

❼ 다음의 질문에 해당하는 답변을 입력하고 CONFIRM 클릭.

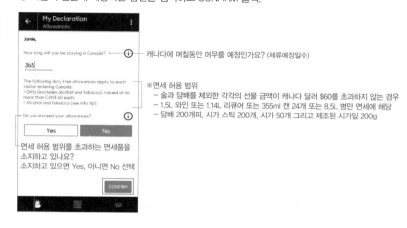

캐나다에 며칠동안 머무를 예정인가요? (체류예정일수)

※면세 허용 범위
 – 술과 담배를 제외한 각각의 선물 금액이 캐나다 달러 $60를 초과하지 않는 경우
 – 1.5L 와인 또는 1.14L 리큐어 또는 355ml 캔 24개 또는 8.5L 병만 면세에 해당
 – 담배 200개피, 시가 스틱 200개, 시가 50개 그리고 제조된 시가잎 200g

면세 허용 범위를 초과하는 면세품을 소지하고 있나요?
소지하고 있으면 Yes, 아니면 No 선택

❽ 질문을 차례차례 확인하고 알맞은 답을 선택

총기나 무기 등을 소유하고 있나요? 없다면 No 선택

재판매 목적의 상품을 소유하고 있나요? 없다면 No 선택

살아있거나 가공된 고기(라면 스프 포함), 생선, 해산물, 계란, 유제품, 과일, 야채, 씨앗, 땅콩, 꽃, 벌레, 동물 및 수산물(물고기 등), 고기, 육포, 뿌리, 식물, 나무, 살아있는 동물 또는 그 외 동물이나 식물의 일부 파생품 등을 소지하고 있나요? 없다면 No 선택

❾ 질문을 차례차례 확인하고 알맞은 답을 선택

소지하고 있는 현금이 10,000캐나다 달러를 초과하는지에 대한 질문으로 초과하면 Yes, 초과하지 않으면 No 선택

수화물 가방을 제외하고 기내 휴대용 가방 내에 반입이 금지된 품목을 소지하고 있나요? 있다면 Yes, 없다면 No 선택

캐나다에서 농장을 방문한 적이 있거나 방문할 예정인가요? 예정이라면 Yes, 계획이 없다면 No 선택

❿ 마지막으로 지금까지 답변한 내용을 검토하고 수정사항이 없다면 우측 하단의 CREATE QR CODE 클릭

❶ 개인정보 보호 관련 안내서가 나오면 읽어본 후 CONTINUE 클릭. 전자 세관 신고가 완료되었다는 안내 팝업이 나오면 생성된 QR 코드를 해당 앱 내에 저장할 수 있도록 SAVE MY QR CODE! 선택

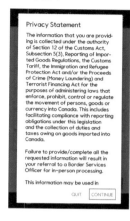

❷ 저장이 완료되면 앱 첫 화면이 나오는데 여기에서 세 가지 메뉴 중 가운데에 위치한 QR Code를 선택하면 자신의 저장된 QR 코드 확인이 가능

캐나다 세관 신고서 작성법

세관 신고서는 항목별로 상세히 읽어본 뒤 사실대로 작성해야 한다. 많은 사람이 세관 신고서 항목을 읽지 않고 대충 표기하는 경우가 많다. 세관 심사와 처벌은 입국 시 작성한 세관 신고서를 기준으로 한다. 예를 들어 고기류나 과일 등을 가져오지 않았다고 표기했는데 한국에서 주전부리로 가지고 온 스낵 재료에 이러한 것들이 포함되어 있다면 세관 직원 입장에서는 입국자가 거짓말을 했다고 간주하여 벌금을 물린다.

다음 세관 신고서 샘플을 참고하여 사실대로 작성하자. 한국에서 방문하는 경우에는 세관 신고서의 Part A All travelers와 Part B Visitors to Canada, 그리고 Part D Signatures 항목을 작성해야 한다.

❶ 총기 또는 기타 무기류(예시 맥가이버 칼, 호신용 스프레이 등)

❷ 상업용 물품 – 재판매용이 아닐 경우도 해당(예시 샘플류, 도구들, 기구들)

❸ 육류, 생선, 해산물, 달걀, 유제품, 과일, 채소, 씨앗, 땅콩, 식물, 꽃, 나무, 동물, 새, 벌레, 그리고 제품의 일부 부품 또는 그에 상응하는 제품

❹ 현재 현금 소지액이 C$10,000 또는 그 이상

❺ 항공 수하물 외 별도로 짐을 부친 별송 수하물이 있다.

❻ 캐나다에서 농장을 방문한 적이 있거나 앞으로 방문할 예정이다.

❼ 위의 Part A 리스트에 기재된 사람들 중 면세점에서 구입 가능한 한도를 초과하여 구입한 사람이 있는가? (왼쪽 설명 참고)

❽ 캐나다로 입국하는 방문자들에게 허용된 면세구매한도는 다음과 같다.
 • 선물(주류와 담배 제외): 한 명당 C$60 이하
 • 주류 및 담배

❾ 주류 및 담배 박스
 • **주류**: 1.5L 와인, 1.14L 리큐어, 355ml 캔맥주 24개(전체 8.5L)(주류 소지자는 반드시 입국하고자 하는 해당 주에서 주류반입이 허용된 나이 이상이어야 한다.)
 • **담배**: 담배 200개비(한 보루), 시가 50개, 특별한 면세가 적용된 200g의 생산 가공된 담배

❿ 16세 또는 그 이상의 경우 서명: "나는 세금 신고를 정확하고 확실하게 했다고 인정한다."

세관 신고서 양식

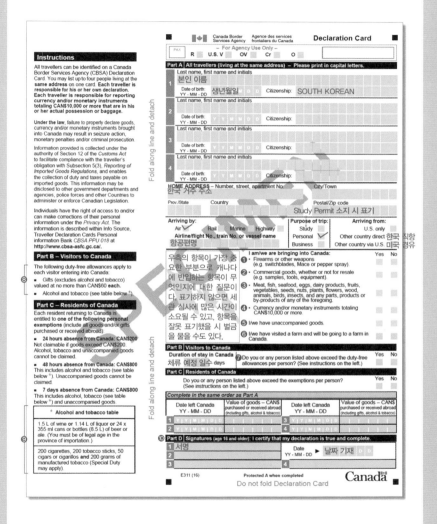

175

1차 입국 심사인 키오스크 사용법

캐나다 주요 공항에 도착하면 이민관과의 대면 입국 심사 전 키오스크 기계를 통한 1차 입국심 사를 진행한다. 키오스크의 정식 명칭은 PIK(Primary Inspection Kiosk)로 캐나다에 방문한 관광 객을 위한 여권 및 비자 1차 검증 및 세관 신고를 할 수 있는 기능을 탑재하고 있다.

키오스크 앞에 서서 화면을 보면 가장 먼저 언어 선택을 할 수 있다. 언어 선택 리스트에는 한 국어도 있으니 한국어를 선택하면 된다. 키오스크 사용 전 e데클레레이션 앱을 통해 세관 신고 를 완료했다면, 키오스크 QR 코드 스캐너에 앱에서 생성한 QR 코드를 스캔하고 여권과 비자를 차례로 스캔하면 1차 입국 심사가 끝난다. e데클레레이션 앱을 통해 세관 신고를 하지 않았다 면, 여권, 비자를 차례로 키오스크에 스캔한 후, 이후 키오스크 화면에 나오는 질문을 확인하고 알맞은 답변을 입력하여 세관 신고 및 1차 입국 심사를 진행한다.

키오스크를 사용하는 공항에서는 무비자 입국을 하는 사람들에게 여권에 입국 도장을 찍어주 지 않는다. 이 경우 특별히 이민관으로 하여금 별도로 추가 요청을 받지 않는 한 입국한 날로부 터 6개월까지가 자동적으로 허가된 무비자 체류 기간이라고 보면 된다.

만약 입국 도장을 받기를 원할 경우 키오스크를 통한 1차 입국 심사 완료 후 출력되는 종이를 이민관에게 제출하고, 입국 도장을 받고 싶다고 요청하자. 입국 도장을 받을 수 있도록 안내해 준다.

키오스크 사용법

❶ e데클레레이션 앱을 통해 세관 신고를 완료했다면 발급한 QR 코드를 키오스크 스캐너에 먼저 스캔한다.

❷ 언어 선택 목록에서 한국어를 선택한 후 여권을 스캐너에 스캔한다.

❸ 키오스크 앞에 서서 카메라를 바라보며 사진을 찍는다. 카메라를 바라보고 있으면 키오스크가 자동으로 눈의 위치를 인식하여 상하로 움직인 후 카메라를 찍는다.

❹ 필요한 경우 지문 인식을 요청하는데 요청을 받을 경우 지문을 찍는다.

❺ e데클레레이션 앱을 통해 세관 신고를 하지 않은 상황이면 화면에 나오는 질문에 답변하여 세관 신고를 완료한다.

❻ 키오스크에서 출력된 종이를 받아서 통로에서 대기중인 이민관 직원에게 제출하면 펜으로 표시하고 간략히 질문한 뒤 종이를 다시 돌려준다.

❼ 다시 돌려받은 종이는 최종적으로 짐을 찾아서 나가는 곳에 대기중인 세관 담당자에게 제출한다.

04

캐나다 생활 시작

본격적으로 시작된 캐나다 생활은 모든 것이 그저 신기하기만 하다. 어색하고 낯선 이곳에서 살아남기 위한 필수 정보만을 모았다. 하나하나 정독하며 자신의 캐나다 생활을 미리 그려보자.

01 휴대폰 개통

캐나다에서는 휴대폰을 셀폰 Cellphone이라고 한다. 캐나다 방문자들이 가장 많이 궁금해하는 부분이 한국에서 사용하던 스마트폰을 캐나다에서도 사용할 수 있는지다. 답변은 가능하다. 단, 한국에서 출국하기 이전에 통신사를 통해 캐나다에서 사용할 예정이니 휴대폰이 컨트리 락 Country Lock 되어 있다면 언락 Unlock 해 줄 것을 요청해야 한다. 최근 출시되는 휴대폰들은 대부분 언락되어 출시하는 경우가 많지만, 만약을 대비해 통신사에 확인하도록 한다.

일부 현지 통신사(Fido 등)에서는 소지한 스마트폰으로 신규 가입할 경우 매달 지불해야 하는 요금제에서 10퍼센트 요금 할인 혜택을 제공하기도 한다.

통신사 종류

캐나다 대표 통신사로 로저스 Rogers · 벨 Bell · 텔러스 Telus가 있고, 그 외 파이도 Fido · 쿠도 모바일 Koodo Mobile · 프리덤 모바일 Freedom Mobile · 버진 모

Rogers 통신사

바일 Virgin Mobile · 퍼블릭 모바일 Public Mobile · 차터 모바일 Chatr Mobile · 럭키 모바일 Lucky Mobile · 서스크텔 SaskTel 등이 있다.

TIP

캐나다 통신사 웹사이트

- 로저스 Rogers www.rogers.com
- 벨 Bell www.bell.ca
- 텔러스 TELUS www.telus.com
- 파이도 Fido www.fido.ca
- 쿠도 모바일 Koodo Mobile koodomobile.com
- 프리덤 모바일 Freedom Mobile www.freedommobile.ca
- 버진 모바일 Virgin Mobile www.virginmobile.ca
- 퍼블릭 모바일 Public Mobile www.publicmobile.ca
- 차터 모바일 Chatr Mobile www.chatrwireless.com
- 럭키 모바일 Lucky Mobile www.luckymobile.ca
- 서스크텔 SaskTel www.sasktel.com

CHAPTER 04 캐나다 생활 시작

CHAPTER 04 캐나다 생활 시작   181

파이도와 차터 모바일은 로저스와 공동 통신망을 사용하기 때문에 로저스보다 대체로 요금제가 저렴하지만 동일한 품질의 서비스를 받을 수 있다는 장점이 있다. 쿠도 모바일과 퍼블릭 모바일 또한 텔러스에서 설립한 저가형 통신사로 텔러스와 동일한 통신망을 사용한다. 프리덤 모바일 역시 저가형 통신사로서 타 회사에 비해 최상의 요금제를 제공하지만 대도시가 아닌 곳으로 이동 시 연결이 되지 않는 단점도 존재한다. 프리덤 모바일의 경우 무제한 데이터 요금제를 저렴한 비용으로 사용 가능하다. 대도시에만 머물 예정이라면 이러한 저가형 통신사를 사용해도 무방하다.

요금제(플랜) 선택

현지 통신사에 가입하려면 사용할 요금제를 선택해야 한다. 캐나다에서는 요금제를 플랜 Plan이라고 한다. 플랜의 종류는 다양하고, 스마트폰은 데이터 플랜이 포함된 것을 사용해야 하므로 통신사별 플랜 내용을 꼼꼼히 따져보고 본인에게 가장 유리한 통신사의 플랜을 선택해 가입하면 된다.

캐나다와 한국의 가장 큰 차이점으로는 캐나다에서는 본인이 거는 전화 외에 개인 셀폰으로 받는 전화에 대해서도 요금을 지불해야 한다. 그러므로 플랜을 선택할 때 받는 전화 요금에 대한 내용 또한 함께 확인할 필요가 있다. 일반적으로 데이터가 포함된 플랜에는 거는 전화와 받는 전화 모두 자유롭게 사용할 수 있는 경우가 많다.

이때 유의할 점은 유학생의 경우 캐나다에 입국한 지 얼마 되지 않아 신용이 없기 때문에 일부 통신사에서는 가입이 제한되기도 한다. 또는 정규 플랜이 아닌 선불 플랜인 프리페이드 Prepaid 플랜으로만 사용하도록 되어 있기도 하다.

신규 가입

가입하고자 하는 통신사 대리점에 직접 찾아가 신청하면 된다. 신규 가입 시 필요한 서류는 여권, 비자 등이다. 이때 기존에 한국에서 사용하던 스마트폰을 사용할 계획이라면 기존 스마트폰도 함께 가져간다. 만약 신규 휴대폰을 구입할 예정이라면 대리점에 전시된 것 중 구입하면 되지만, 한국과 마찬가지로 휴대폰을 구입하면 약정 기간을 설정해야 하고 저렴한 플랜을 이용하기 어렵다. 또한 약정 기간 내에 해지할 경우 위약금이 발생한다. 따라서 가장 좋은 방법으로는 약정 기간도 없고 매달 플랜도 할인받을 수 있도록 한국에서 사용하던 스마트폰을 가져와 현지에서 사용하는 것이다.

국제전화

한국이나 해외에 있는 지인들과는 애플리케이션을 이용한 인터넷 통화가 가능하지만, 꼭 국제전화를 사용해야 할 때는 국제전화 카드를 구입해서 이용하는 것이 가장 경제적이다. 요즘에는 인터넷을 통해 국제전화 카드를 구입할 수 있고, 요금을 쉽게 비교할 수 있어 더더욱 편리하다.

　국제전화 카드를 온라인으로 구입하면 핀 PIN 번호가 부여된다. 그리

고 자신이 거주하는 지역에 따라 가장 먼저 전화해야 하는 전화번호가 나와 있다. 그 번호로 전화를 건 뒤 국제전화가 연결되기 전까지는 기본 시내 전화 요금이 부과된다. 보통 데이터가 포함된 스마트폰 플랜을 사용한다면 발신 전화는 자유롭게 이용할 수 있으므로 요금은 크게 신경 쓰지 않아도 된다. 국제 전화가 연결되면 통화 비용은 시간에 따라 카드 잔액이나 잔여 시간에서 차감된다.

한 가지 주의할 점, 국제전화를 할 때는 전화 받는 상대방이 있는 나라나 지역의 시차를 고려하자. 상대를 배려하는 마음이다.

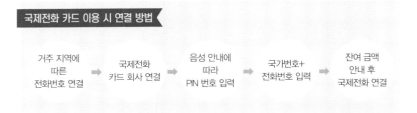

국제전화 카드 이용 시 연결 방법

거주 지역에 따른 전화번호 연결 ⇒ 국제전화 카드 회사 연결 ⇒ 음성 안내에 따라 PIN 번호 입력 ⇒ 국가번호+ 전화번호 입력 ⇒ 잔여 금액 안내 후 국제전화 연결

알파벳이 있는 전화번호?

버스나 지하철을 타고 가다 상단에 부착된 광고판을 자세히 보자. 전화번호에 숫자와 알파벳이 혼합된 것을 볼 수 있다. 전화번호에 뜬금없이 왜 알파벳이 있는 것일까? 사실 이 알파벳에는 숨겨진 숫자가 있다. 우리가 이전에 일반적으로 사용했던 피처폰의 키패드를 보면 알파벳의 숨겨진 숫자를 금방 알 수 있다. 숫자마다 해당하는 알파벳은 2=ABC, 3=DEF, 4=GHI, 5=JKL, 6=MNO, 7=PQR, 8=STU, 9=VWXYZ이다. 예를 들어 전화번호가 416 TORONTO인 경우 실제 전화번호는 T=8, O=6, R=7, O=6, N=6, T=8, O=6으로 416 867 6686이 되는 것이다. 한 가지 예를 더 보자. 전화번호가 1 800 LOVE인 경우 실제 전화번호는L=5, O=6, V=9, E=3으로 1 800 5693이 된다. 여기에서 맨 앞의 1은 미국이나 캐나다의 지역 코드 Area Code이고, 800은 무료 전화 Toll Free를 뜻한다.

02 현지 은행 계좌 개설

캐나다의 주요 6대 은행으로는 티디 뱅크 TD Canada Trust · 씨아이비씨 CIBC · 알비씨 RBC Royal Bank · 비모 BMO Bank of Montreal · 스코샤 뱅크 Scotia bank · 내셔날 뱅크 National Bank of Canada가 있다. 각각의 은행에서 제공되는 서비스가 다른 만큼 여러 은행을 비교하여 본인에게 맞는 은행을 선택해 계좌를 개설하면 된다.

한국인 고객을 유치하기 위해 노력하는 은행은 티디 뱅크로 한국인 직

캐나다 주요 6대 은행

캐나다 상업은행인 씨아이비씨와 토론토에 가장 많은 지점을 가지고 있는 티디 뱅크

원이 많다. 티디 뱅크는 도시 어느 곳에서든지 지점을 쉽게 찾을 수 있어서 이용이 편리하다. 씨아이비씨도 쉽게 지점을 찾을 수 있다. 국내 은행인 KEB하나은행과 신한은행도 현재 캐나다에 진출해 한인을 위한 서비스를 제공하고 있다.

가끔 계좌 신설 시 이벤트 프로모션을 진행한다. 계좌 신설 전 은행에 방문하여 현재 진행하는 이벤트가 무엇이 있는지 문의하고, 받을 수 있는 혜택은 모두 받도록 한다. 티디 뱅크에서는 신규 계좌 개설자에게 아이패드를 제공한 적도 있었다.

계좌 종류
체킹 계좌 Chequing Account
한국의 자유 입출금 예금과 동일한 개념의 계좌로 수시로 입출금을 하는

용도로 사용된다. 이율은 굉장히 낮고, 유학생들이 주로 사용하는 계좌다. 계좌와 연결된 자신의 개인 수표 Personal Cheque를 사용할 수 있다.

세이빙 계좌 Saving Account

체킹 계좌보다 이율이 높고, 정기 적금·예금과 같은 개념이나 별도의 출금제한 기간이 설정되어 있지 않은 한 수시 입출금이 자유롭다는 특징이 있다. 하지만 인출을 할 경우 수수료가 C$5 등으로 굉장히 비싸다. 세이빙 계좌에서 동일 은행 내 체킹 계좌로 이체 후 체킹 계좌에서 인출할 경우 수수료가 부과되지 않는다.

계좌 개설

처음 캐나다에 도착해 신규 계좌를 개설하려면 여권 외에 신용카드 등의 신분증이 하나 더 필요하다. 또한 거주하고 있는 캐나다 주소도 있어야 한다. 두 개의 신분증과 캐나다 주소를 증명할 수 있는 우편물 등을 가지고 은행에 방문하면 바로 신규 계좌를 개설할 수 있다.

보통 처음 계좌를 신설할 때는 체킹 계좌와 세이빙 계좌를 한 번에 개설하게 된다. 한 번에 많은 돈을 가지고 온 상황이라면 큰 금액은 조금이나마 이율이 높은 세이빙 계좌에 입금해두고, 출금해야 할 경우에는 세이빙 계좌에서 체킹 계좌로 돈을 이체한 뒤 체킹 계좌에서 돈을 출금해야 한다. 동일한 은행의 세이빙 계좌에서 체킹 계좌로 이체할 경우에는 별도의 수수료가 발생하지 않는다. 스마트폰을 통해 인터넷 뱅킹을 편리하게 할 수 있기 때문에 사용에 불편함도 적다.

신규 계좌를 개설하더라도 한국처럼 통장을 주는 일은 없다. 통장 대신 매달 자신의 계좌 내역이 담긴 우편물이 계좌 개설 당시 등록한 주소로 발송된다. 계좌 개설과 동시에 계좌에 연결된 카드를 발급받을 수 있는데, 한국의 체크카드와 동일한 개념이다. 캐나다에서는 데빗카드 Debit Card라고 한다.

계좌 개설을 할 때 유의할 점이 있다. 한국과는 다르게 현금입출금기를 이용할 때, 은행 직원을 통해 업무를 보거나 데빗카드를 이용할 때 수수료가 발생한다. 또 계좌에 일정 잔액이 계속 남아 있지 않다면 계좌를 이용하는 데도 수수료를 지불해야 한다. 계좌 종류에 따라서 10회나 20회

현금입출금기(ATM) 이용 수수료

캐나다 은행의 ATM 이용 수수료는 은행마다 부과하는 방식이 다르다. 현지 계좌를 개설할 경우 일부 은행에서는 일정 금액 만큼 디파짓 Deposit을 입금해야 하는데 이 경우 디파짓 금액에 따라 매월 수수료 없이 무료로 ATM을 이용할 수 있는 횟수가 달라  진다. 이 밖에 개설하는 계좌 종류에 따라 수수료 체계가 달라지기도 한다. 체킹 계좌를 개설할 경우 은행 영업시간과 관계없이 매월 25회까지 무료로 ATM을 이용할 수 있고 26회부터는 C\$1 정도의 수수료가 부과된다. 또한 타행 기기에서 인출할 경우 C\$3 정도의 수수료가 부과되니 이 점을 참고하여 동일 은행 기기에서만 이용하면 불필요한 수수료 지출을 방지할 수 있다.

등 일정 이용 횟수에 대하여 수수료 면제 혜택을 제공하기도 한다. 계좌를 개설하기 전에 서비스 범위와 이용료를 꼼꼼히 비교하자.

통장 Passbook

인터넷 뱅킹이 활성화된 요즘엔 통장을 발급할 필요가 없지만, 굳이 원한다면 은행 창구의 직원에게 요청하자. 즉시 통장을 발급해준다. 단, 자신이 사용하고 있는 계좌의 종류에 따라 수수료를 지불해야 하는 경우가 있다. 통장 정리는 은행 직원을 통해 하거나 현금입출금기의 '통장 정리 Passbook Update' 기능을 통해 할 수 있다.

데빗카드 Debit Card

데빗카드는 한국의 체크카드와 동일한 개념으로 어디서든지 사용하여 결제할 수 있다. 다른 점이라면, 한국에서는 체크카드로 결제하면, 일정 금액 이상 결제 시 서명이 필요하다. 하지만 캐나다에서는 서명하지 않고 핀패드 PIN·Pad를 이용해 데빗카드 연결 계좌의 비밀번호를 입력한다.

비밀번호를 입력할 때에는 반드시 한 손으로는 입력하고, 다른 손으로

TIP

데빗카드를 분실했다면

데빗카드를 잃어버렸더라도 당황하지 말자. 여권을 가지고 은행에 방문해 안내데스크에서 개인 정보를 확인하고 나면 즉시 재발급을 받을 수 있다.

는 입력하는 손을 완전히 가려 다른 사람이 보지 못하도록 해야 한다. 앞에서 설명했던 스키밍 범죄(p.144)는 이때 일어난다. 결제할 때 상점 직원에게 카드가 전달되고, 직원이 카드를 정상 기계가 아닌 불법 기계에 사용하면, 순식간에 카드 정보가 불법 기계에 입력된다. 자신도 모르는 사이에 자신이 소지한 것과 동일한 카드가 발급되는 것이다. 이때 직원이나 다른 사람이 비밀번호를 알고 있다면 불법으로 만들어진 카드를 사용하여 출금과 결제를 할 수 있다. 최근 유학생 사이에서 이런 사고로 피해자가 계속 증가하는 추세다. 조심 또 조심하자!

나만의 개인 수표 Personal Cheque

체킹 계좌를 개설하면 본인 명의의 개인 수표를 발급받을 수 있는데, 백지 수표와 같은 것이다. 다만 수표를 사용할 수 있는 액수의 범위는 수표와 연결된 체킹 계좌의 잔액 이내다. 개인 수표는 렌트비 등 큰 액수의 비용을 지불할 때 사용할 수 있어서 편리하다.

당행 수표를 은행에 입금한 경우에는 입금 당일 바로 수표와 연결된 계좌 잔액을 확인할 수 있다. 현금화가 가능한지 바로 확인되는 것이다. 하지만 타행 수표를 은행에 입금하면 처리되는 데만 7~10일이 걸려, 이 기간이 지나야 비로소 실제 출금이 가능한 현금으로 전환된다. 이런 이유로 개인 수표를 발행했는데 기록된 금액보다 계좌의 잔액이 적으면, 해당 개인 수표는 바로 부도 수표가 되는 문제가 생길 수 있으니 주의하자.

보통 계좌를 신규 개설할 때 사용할 수 있는 여분의 개인 수표를 10장

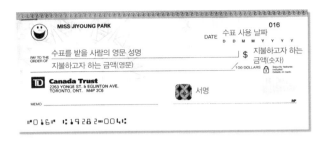

정도 제공해준다. 추가로 사용을 원할 경우 은행이나 혹은 인터넷 뱅킹을 통해 별도로 신청해야 한다. 이때 본인이 원하는 디자인으로 신청이 가능하며 비용은 대부분 유료이다.

머니 오더 Money Order

머니 오더는 일종의 우편환으로, 신용카드 결제가 되지 않을 때나 우편으로 학원 등록이나 물건을 구입할 때 현금처럼 사용할 수 있다. 간단히 설명하자면 이렇다. 은행과 우체국 같은 머니 오더 발행 기관에서 발행하고자 하는 금액만큼 돈을 지불하고 머니 오더를 발행하는 것이다. 이는 개인 수표와는 다르게 신뢰할 수 있는 기관에서 보증을 서는 지불 보증서와도 같다. 따라서 머니 오더는 개인 수표와 달리 즉시 현금으로 바꿔 사용할 수 있다.

　머니 오더를 발행할 때는 머니 오더를 받을 수취인을 지정해야 한다. 설령 분실한다 할지라도 지정된 수취인 외에는 사용할 수 없으니까 안전하다는 장점도 있다. 머니 오더 대신 개인 수표로도 결제할 수 있을 텐데

하는 의문이 생길 수도 있다. 하지만 그렇지 않다. 우편 발송으로 대금을 결제할 때 개인 수표를 받으면 자칫 부도 수표를 받을 수도 있게 된다. 이 위험을 방지하려고 머니 오더를 발행하여 사용하는 것이다.

　머니 오더는 신분증과 머니 오더를 발행하고자 하는 금액을 가지고 은행이나 우체국에 가서 발행을 신청하면 된다. 발행 시 별도의 수수료가 부과된다. 반대로 머니 오더를 현금으로 환전할 때는 신분증을 지참하고 머니 오더 발행 우체국이나 은행에 가면 된다.

보증 수표 Certified Cheque

보증 수표는 머니 오더와 비슷한 방식의 지불 수단이다. 보증 수표에 기재되어있는 금액이 발행 요청인의 계좌에 충분히 입금되어있다는 것을 계좌가 개설된 은행에서 보증해 준다. 일종의 은행에서 발행하는 서면 확인서라고 볼 수도 있다. 머니 오더와 다른 점은 머니 오더는 필요한 금액만큼 선불로 지불하고 구입하는 반면, 보증 수표는 계좌가 개설된 은행에서 해당 계좌로부터 필요한 금액만큼을 담보로 잡아두는 형식이다.

　보증 수표를 발행 후 해당 계좌를 조회해보면 실제 계좌 잔액과 다르게 인출 가능한 금액은 보증 수표 발행한 금액을 제외한 금액만이 보여

지게 된다. 은행에 담보로 잡혀있기 때문이다. 보증 수표 발행 시 별도 수수료가 부과된다. 대신 분실 시 보증 수표의 번호를 토대로 기존 수표를 파기하고 신규 수표 재발행이 가능하다.

현금입출금기 ATM

현금을 인출하는 방법은 한국과 거의 비슷하다. 우선, 인출을 하려면 화면에서 'Withdraw'를 누르고, 원하는 금액을 선택하면 된다. 단, 하루 출금 한도액이 계좌마다 한정되어 있다. 출금 한도액은 계좌 신설 시 은행에서 받은 안내서에서 확인이 가능하다. 따라서 거액의 현금이 필요하다면 며칠에 나누어 출금하거나 혹은 은행 창구에서 직접 출금해야 한다. 굳이 현금을 사용할 필요가 없다면 개인 수표를 이용하는 것도 방법이다.

현금입출금기를 사용할 때 한국과 다른 점은 바로 현금이나 수표를 입금할 때다. 입금 방법과 몇 가지 주의 사항에 대해 알아보자. 은행에 따라

다르지만 일부 은행은 입금 시 마련된 봉투에 현금 또는 체크를 넣어야 한다. 이때, 현금입출금기에 입금한 금액과 다른 액수를 입력했다 해도 크게 걱정하지 말자. 캐나다에서 현금입출금기를 통한 입금 전산 처리는 은행 직원들이 수작업으로 처리한다. 따라서 입력한 금액과 실제 입금된 금액을 비교하여 처리

한다. 두 금액이 다를 경우 보고서를 작성해서 고객 주소로 보낸다.

내가 워홀러로 캐나다 현지 은행인 씨아이비씨에서 근무할 때 이 업무를 했었다. 티디 뱅크나 비모 BMO 같은 경우 현금입출금기에서는 봉투 사용을 최소화하기 위해 현금입출금기 기계 자체에 바로 수표를 입금할 수 있게 되어있다. 수표 입금 시 현금입출금기에서 수표 이미지를 바로 스캔해 보여주고, 해당 금액에 대해서도 자동 인식하여 스캔된 이미지와 함께 금액도 보여준다.

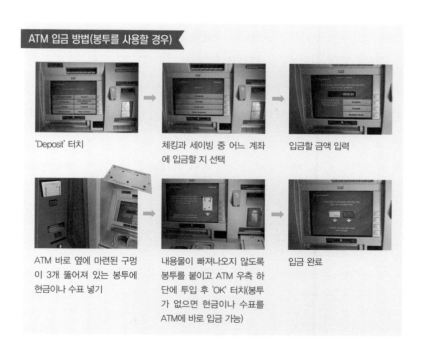

ATM 입금 방법(봉투를 사용할 경우)

'Deposit' 터치

체킹과 세이빙 중 어느 계좌에 입금할 지 선택

입금할 금액 입력

ATM 바로 옆에 마련된 구멍이 3개 뚫어져 있는 봉투에 현금이나 수표 넣기

내용물이 빠져나오지 않도록 봉투를 붙이고 ATM 우측 하단에 투입 후 'OK' 터치(봉투가 없으면 현금이나 수표를 ATM에 바로 입금 가능)

입금 완료

수표를 입금하면 해당 금액을 바로 출금할 수 있는 것은 아니다. 전산처리가 완료되어 출금이 가능할 때까지는 7~10일 정도 걸린다. 또한, 동전을 봉투에 넣으면 은행 직원은 동전을 입금 처리하지 않는다. 동전 입금은 피하자.

고지서 납부

휴대폰을 사용하는 사람은 매달 휴대폰 요금의 고지서를 받는다. 그러나 요즘에는 휴대폰 신청 당시 이메일로 고지서를 받을 것인지 선택할 수 있다. 매번 직접 은행에서 고지서 납부를 결제하고자 할 경우 받은 고지서를 지참하고 자신의 계좌가 있는 은행에 방문하여 창구 직원에게 직접 수납하면 된다. 만약 현지 신용카드를 통한 자동납부를 원한다면 해당 통신사 홈페이지에 접속해 신청하면 된다. 그럼 정해진 일자에 자동납부가 된다. 이외에도 은행 인터넷 뱅킹으로 납부가 가능하다. 이때 주의할 점은 앞서 설명한 것과 같이 납부 계좌를 세이빙 계좌가 아니라 체킹 계좌로 설정해야 한다. 세이빙 계좌에서 직접 이체가 진행될 경우 매번 이체수수료 C$5가 발생한다.

단, 실수로 처음 세이빙 계좌에서 이체했을 때 해당 은행 콜센터에 전화해 '수수료가 발생하는지 모르고 이체를 진행했는데 나도 모르게 수수료가 빠져나갔다. 혹시 면제해줄 수 없나'라고 문의하면 최초 발생 건에 대해서는 충분히 실수할 수도 있다는 가정하에 면제해 주기도 한다. 캐나다는 신뢰를 기반으로 모든 거래가 이루어지기 때문에 가능한 일이다.

03 집 구하기

집을 구할 때는 자신의 체류 목적과 전반적인 입지 조건을 파악해 최소 세 군데는 직접 방문한 뒤 선택하는 것이 바람직하다. 방을 보려고 집을 방문할 때는 혼자 가기보다는 친구와 동행을 하는 것이 안전하다.

어떤 집에서 거주할까?

캐나다의 집 종류로는 하우스·베이스먼트 아파트먼트·콘도미니엄·아파트먼트·타운 하우스가 있다. 각각의 특징을 고려하여 자신이 선호하는 집을 선택하면 된다.

캐나다 국기로 외부 인테리어를 한 하우스

하우스 House

영화에서 가장 많이 볼 수 있는 북미의 거주지다. 집을 중심으로 앞마당
과 뒷마당이 있는 일종의 전원주택. 일반적으로 1층이나 2·3층으로 이
루어져 있고, 나무로 지어진 아담한 집이다. 물론 부유한 동네에 있는 하
우스는 한국 호화 전원주택보다도 더 크다. 형태에 따라 문 입구 옆에 일
체형 주차장인 Attached garage가 있거나 하우스 뒤편에 분리형 주차
장인 Detached garage가 있다. 캐나다인은 앞마당과 뒷마당에 꽃이나
나무를 가꾸고, 여름에는 뒷마당에서 바비큐 파티를 하곤 한다.

베이스먼트 아파트먼트 Basement Apartment

캐나다에서는 하우스의 지하를 베이스먼트 아파트먼트라고 말한다. 지하라 하더라도 방 1개, 개별 화장실 1개, 주방 겸 거실 등이 모두 구비된 경우가 많다. 간혹 집 주인이 지하에는 무조건 세입자를 받기 위해 하우스 메인 문 외에 외부에서 지하로 바로 향할 수 있는 별도 문을 만들어 놓기도 한다. 비록 지하이지만 하우스 내의 한 층을 혼자서 사용할 수 있다는 장점이 있는 형태이다. 보통 집을 구하기 위해 인터넷 검색을 하면 아파트먼트 카테고리에 함께 속해 있지만 실제로는 하우스 지하라는 것을 참고하도록 하자.

콘도미니엄/콘도 Condominium/Condo

한국 아파트와 비슷하다. 대부분 전용 수영장이나 헬스장 등 각종 운동시설이 갖춰져 있고, 콘도 거주자에 한해 무료(혹은 유료) 이용이 가능하다. 입구에는 경비원이 상주하고, 매달 전기세·수도세 등의 관리비를 유닛(호수)마다 별도 지불해야 하는 경우가 많다. 유닛마다 세탁기와 건조기가 설치되어 있거나 콘도 1층 혹은 지하에 코인 세탁실이 별도로 마련되어 있다.

아파트먼트 Apartment

한국의 빌라 형태와 가까운 거주지다. 주로 4~5층이고, 콘도와는 다르게 건물 내부에 전용 운동시설은 없다. 별도의 공용 세탁실이 마련되어 있다.

TIP

코인 세탁실 Coin Laundry

아파트먼트 같은 곳을 렌트할 경우 간혹 세탁기와 건조기가 없는 곳이 있다. 이럴 때는 거주지 주변이나 건물 내에 설치된 코인 세탁실에서 동전을 넣고 사용해야 한다. 보통 1회 사용료로 세탁기는 C\$2, 건조기는 C\$1.50이다. 세탁기 사용 후 건조기까지 사용한다면 1회 세탁비에 약 C\$4를 지출해야 한다. 코인 세탁실 이용 시에는 세탁실 관리인이 계속 그곳에 있지 않기 때문에 자신의 빨래가 끝날 때까지 직접 지켜야 한다. 그렇지 않을 경우 빨래를 잃어버릴 수도 있다.

배수구가 없는 캐나다 화장실

한국에는 화장실 바닥에 물이 빠져나갈 수 있는 배수구가 있다. 그래서 쉽게 화장실 바닥에 물을 부어 청소하거나 화장실 내부 어디에서든 샤워가 가능하다. 하지만 캐나다의 경우 화장실에 배수구가 존재하지 않기 때문에 물이 흘러나갈 수 있는 곳은 욕조 혹은 샤워부스 안 뿐이다. 그래서 모든 샤워는 욕조나 샤워부스 안에서만 행해야 하고, 물이 욕조 바깥으로 새어나가는 것을 방지하기 위해 물에 젖지 않는 샤워커튼을 사용해야 한다.

타운 하우스 Town House

외형은 하우스 같지만 한 채의 하우스가 아닌 여러 채의 하우스가 붙어 있는 다가구 주택이다. 콘도나 아파트는 세입자가 한 호수를 임대한다면, 타운 하우스는 하우스 한 곳을 임대한다고 생각하면 된다. 기본적인 특징은 하우스와 비슷하다. 대부분 대표 관리 업체가 있어서 본인 소유의 타운 하우스라 할지라도 매달 관리비를 지불해야 한다. 단, 프리홀드 Freehold 타운 하우스의 경우 일반 하우스와 비슷한 개념으로 별도 관리비를 지불하지 않아도 된다.

캐나다에서 집을 빌리는 방식

한국에서 집을 구할 때 월세·전세·임대 및 매매 등의 방법이 있듯이 캐나다에도 렌트·테이크 오버·서블렛 등이 있다. 캐나다에는 전세라는 개념이 없다. 보통 한국의 월세와 비슷한 렌트로 집을 구한다.

룸 렌트 Room Rent

렌트는 일종의 월세다. '룸 렌트'란 매달 렌트비를 지불하고 방 하나를 빌려서 생활하는 것이다. 독자적인 방 이외 거실·주방·화장실 등은 다른 사람들과 공용으로 이용한다. 룸 렌트 광고에 'Furnished'라고 적혀 있다면 방에 침대나 책상 등의 기본적인 가구가 배치되어 있다는 뜻. 'Unfurnished'는 가구 없이 방만 제공된다는 의미이다.

하우스나 콘도, 아파트먼트를 소유한 사람이 여분의 방이 있을 때 룸 렌트를 주기도 한다. 자신이 선호하는 집 종류를 중심으로 룸 렌트를 구하면 좋다. 룸 렌트의 렌트비는 보통 C$300~700으로 폭이 넓다. 유학생들이 저렴하게 집을 구할 수 있어 가장 선호하는 방법이다. 캐나다인과 한 집에서 생활할 기회이기도 하다.

집 전체 렌트 House Rent

유학생 신분에서 가능한 집 전체 렌트는 콘도나 아파트먼트의 한 호수를 빌리는 방법이다. 한인 부동산 업자나 한인 이민자를 통해 구할 수 있다. 캐나다인에게 직접 집 전체 렌트를 하고 싶어도 대부분의 유학생들은 캐나다에 입국한 지 얼마 되지 않아 신용이 없기 때문에 대부분 불가능하다. 하지만 6개월분의 렌트비를 일시 납부할 경우 가능하기도 하다.

집 전체 렌트 비용은 방의 개수에 따라 달라진다. 평균 방이 2개가 있는 콘도는 보통 한 달에 C$1,200~1,500다. 유학생 여러 명이 함께 돈을 절약하자는 차원에서 집 전체를 렌트해 공동생활을 하는 경우가 있다. 그러나 한국 유학생들끼리만 생활한다면 일상생활 속에서 영어를 사용할 기회가 적어지므로 자신의 목적을 잘 생각하고 결정하는 것이 좋다.

테이크 오버 Take Over

이사할 때 전에 살던 사람이 사용했던 가구와 생활용품을 그대로 받는 방법을 말한다. 별도로 구입할 물품이 거의 없고, 이사를 할 때 짐을 옮겨야 하는 불편함도 없다. 이런 이유로 단기 체류자들 사이에서 주로 행해지는 일종의 이어받기 방법이다. 비용은 일반 집이나 룸 렌트 비용보다 C$100~500 정도의 추가 비용이 발생한다. 간혹 비용이 상당히 높은 경우도 있는데, 새로 가구를 구입할 때보다 더 비쌀 수도 있다. 가격이 높게 책정되는 곳은 미리 찾아가 가구의 상태나 종류들을 미리 살피고 결정하자.

테이크 오버는 보통 집 주인과의 계약이 아닌, 개인 대 개인 사이에 이뤄진 비합법적 계약이 대부분이다. 그만큼 계약할 때 집 주인과 직접 만나 정확한 사실을 서로 확인하고, 계약서를 작성해야 한다. 또한 모든 명의는 자신의 명의로 변경하는 것도 기억하자. 때로 전에 거주하던 사람이 마치 계약 기간이 많이 남은 것처럼 가장해 새로 이사 오는 사람에게 돈을 많이 받고 달아나는 일도 있다. 그런데 정작 사기를 당하더라도 비합법적인 계약이기 때문에 법적 보호를 받을 수 없다.

서블렛 Sublet

기존에 렌트하던 사람이 장기간 집을 비울 경우, 해당 기간 동안 다른 사람에게 대여해주는 방법이다. 단기 체류를 한다면 본래 살던 사람의 가구나 전반적인 생활용품을 사용할 수 있어서 호텔이나 임시 숙소보다 더 효율이 높다. 그러나 서블렛 역시 비합법적인 개인 대 개인의 계약이다. 타국에서 사기를 당하지 않도록 집 주인과 대여자가 만나 계약 내용을 정확히 확인하자. 서블렛 비용은 일반 렌트 비용보다 조금 더 저렴하다.

집 구하는 방법

인터넷 거래 사이트 키지지(www.kijiji.ca)나 캐나다 신문의 〈Classified〉, 관련 전문 잡지인 〈Rentals〉를 이용한다. 한인 타운에서 얻을 수 있는 〈벼룩시장〉과 〈교차로〉 같은 무료 생활정보지에도 있다. 또 슈퍼마켓이나 유학원 게시판을 살펴보면 관련 정보가 많다. 길거리에 있는 전봇대에도 많이 붙어 있고, 하우스 같은 경우 집 앞에 'Room for Rent'라는 푯말이 있다. 이것은 룸 렌트가 가능하다는 의미다.

부동산 업자를 통해 집을 구하는 방법도 있다. 이때 세입자는 별도의 서비스 비용을 지불하지 않는다. 모든 서비스 비용은 집 주인이 부동산 업자에게 지불하도록 되어있다.

일반적으로 집을 계약하면 첫 달의 렌트비와 마지막 달의 렌트비에 해당하는 보증금 Deposit을 함께 지불한다. 이 보증금은 이사 가기 전 마지막 달에 렌트비를 지불하지 않는 방식으로 사용된다. 결국 렌트하면 최소 2개월 이상 거주를 해야 한다는 의미이다.

계약을 할 때는 계약서를 반드시 작성하자. 계약서에는 집 주인과 계약하는 당사자의 서명이 포함되어야 법적 효력이 생긴다. 반드시 집 주인의 서명을 받고, 본인도 그 자리에서 서명한다. 또한 매달 렌트비를 지불할 때는 영수증 발급을 요구해야 한다. 이 영수증은 나중에 세금 환급 Tax Refund을 받을 경우 1년에 최소 C$300은 받을 수 있는 중요한 서류다. 만약에 집 주인과 분쟁이 생겼을 때 계약서를 대신할 수 있는 문서로도 사용된다.

TIP

집을 구할 때 유용한 웹사이트

- kijiji www.kijiji.ca
- SUBLET www.sublet.com
- REALTOR www.realtor.ca
- 4Rent 4rent.ca
- Craigslist www.craigslist.ca
- APARTMENTLOVE apartmentlove.com
- gottarent www.gottarent.com
- 247apartments www.247apartments.com

집 계약 전 확인 사항

렌트비 포함 사항

렌트비에 포함된 것들이 무엇인지 확인하자. 전기세·수도세·난방비와 같은 관리비를 보통 유틸리티 Utility라고 표현한다. 광고지에 'Utility not included'라고 적혀 있다면 유틸리티 비용을 별도로 내야 한다. 'Utility included'라고 적혀 있다면 렌트비에 유틸리티 비용이 포함된 것이다.

세탁기와 건조기의 유무

세탁기나 건조기가 있는지 반드시 확인해야 한다. 세탁기와 건조기가 있더라도 건물 지하 같은 세탁실에서 코인을 넣고 공용으로 사용하는 것도 있다. 그러니 개인 가정용으로 마련되어 무료로 사용 가능한지 확실하게 확인하자.

집에 세탁기와 건조기가 없다면 근처에 있는 코인 세탁실에 가야 한다. 코인 세탁실이 처음에는 신기하고, 비용도 그리 비싸지 않다고 여겨질 수 있다. 하지만 티끌 모아 태산이 되는 법. 빨래를 자주 하는 사람이라면 렌트비 외 별도 비용도 부담이 된다.

집 주인과의 문제 발생 시 해결 방법

집이나 방을 렌트할 때 집 주인과 렌트한 사람 사이에는 여러 가지 분쟁이 발생할 수 있다. 계약 조건을 위반하거나 부당하게 이사를 통지하기도 하고, 렌트비를 과잉 징수하거나 비용을 반환하지 않는 경우도 있다. 심지어 망가뜨리지 않은 집을 고쳐내라고 우기기까지 한다. 캐나다에서는 렌트 관련 보호법이 있어 분쟁 발생 시 소송을 제기할 수 있다. 소송을 제기하려면 신청서를 써서 우편으로 발송하거나 관련 기관에 직접 방문해야 한다. 신청서 작성에 도움이 필요하다면 가까운 한인 단체나 변호사를 찾아가면 된다. 소송을 제기할 때 발생하는 비용은 본인 부담이다. 하지만 소송에서 승소하면 소송 청구 비용을 돌려받을 수도 있으니 참고하자.

나 또한 워홀러 당시 불쾌한 경험을 한 적이 있다. 처음 방을 렌트했을 때의 주인은 방문 손잡이의 열쇠고리가 고장이 났다며 열쇠를 주지 않았다. 또 이사하라는 통보도 일주일 전에야 받았다. 게다가 이 집 주인은 불법 행위도 서슴지 않았다. 내가 자리를 비우면 몰래 내 방에 무단 침입을 했던 것! 나의 물건을 만지는 행동도 서슴지 않았다. 또 이사하라고 요구했을 때 이미 지불한 렌트비에서 아직 거주하지 않은 비용까지 떼어먹을 심산으로 방에 있던 멀쩡한 가구를 망가뜨렸다고 우기기 시작했다. 정말 산 넘어 산이었지만 포기할 수는 없었다. 일단 집 주인이 내 방에 무단 침입하는 것에 대한 증거를 획득하기 위해 한국에서 가져온 웹캠으로 몰래 카메라를 설치했다. 그리고 집 주인이 무단으로 방에 들어와 몰래 물건을 만지는 현장을 찍어서 증거물로 보존했다. 이를 집 주인에게 보여주면서 관련 법규를 거론하였고, 렌트비를 돌려주지 않는다면 이런 불법 행위를 법정에서 밝히겠다고 말했다. 소송 이야기가 나오자 집 주인은 겁을 먹었다. 한 시간 동안이나 승강이를 벌인 끝에 렌트비를 돌려주겠다는 각서를 받았다. 결국 렌트비는 이사하는 날 전액 현금으로 돌려받았다.

　소송하거나 분쟁이 일어났을 때 꼭 챙겨야 할 게 있다. 계약 조건을 담은 계약서나 렌트비를 지불할 때마다 받은 영수증이다. 이 영수증은 세금 환급을 받을 때도 필요하니까 반드시 챙기자.

집 주인과의 분쟁에 대해 정보를 확인하거나 도움을 받을 수 있는 곳

- British Columbia Courthouse Library Society www.courthouselibrary.ca
- TRAC(Tenant Resource & Advisory Centre) tenants.bc.ca
- Law for Landlords and Tenants in Alberta www.landlordandtenant.org
- Social Justice Tribunals Ontario www.sjto.gov.on.ca/ltb
- Residential Tenancies in Nova Scotia novascotia.ca/sns/access/land/residential-tenancies.asp
- Residential Tenancies Branch in Manitoba www.gov.mb.ca/cca/rtb

04 대중교통 이용

캐나다도 대도시를 중심으로 대중교통이 발달해 있다. 이 대중교통은 모든 대중교통을 한 번에 이용할 수 있는 충전식 통합 카드나 한 달 정액권 Monthly Pass을 구입하면 더욱 편리하게 이용할 수 있다. 최근 대도시에서는 충전식 통합 카드 사용을 권장하고 있으며, 월 정액권을 사용했을 때보다 많은 할인 혜택을 누릴 수 있다. 이 충전식 통합 카드를 밴쿠버에서는 컴패스 카드 Compass Card, 토론토에서는 프레스토 카드 Presto Card라고 한다. 밴쿠버와 토론토의 대중교통 시스템에 대해 알아보자.

밴쿠버

트랜스링크 TransLink

미니 페리와 택시를 제외한 나머지 밴쿠버의 대중교통은 트랜스링크라는 교통기관에서 운영한다. 트랜스링크에 속해 있는 대중교통의 종류로는 지하철·버스·해상 버스·웨스트 코스트 익스프레스(서해안 고속 기차) 등이 있다. 웨스트 코스트 익스프레스는 별도로 구분된다. 지하철과 버스, 해상 버스 중 버스를 빼고는 각각 다른 이름으로 불린다. 지하철은 '스카이트레인', 해상 버스는 '시버스'다.

밴쿠버의 대중교통은 시내부터 시외 지역까지 연결하는데, 심야에도 운행하므로 편리하고 안전하게 이용할 수 있다. 요금은 밴쿠버 지역을 세 개의 존 Zone으로 구분하여 각 존에 따라 다르게 책정한다. 각 존 요금으로 버스와 스카이트레인, 시버스를 모두 이용할 수 있다. 요금을 내고 90분 이내에는 세 가지를 모두 갈아탈 수 있다. 또, 주중·주말·공휴일에 따라서도 요금은 다르게 책정된다.

스카이트레인 SkyTrain

컴퓨터로 작동하는 대중교통 중 세계에서 가장 오래된 것으로 운전기사나 역무원이 없는 무인운행 시스템이다. 현재는 밴쿠버 다운타운의 워터프론트 역부터 킹 조지 역과 프로덕션 웨이-유니버시티 역까지 약 40분에 걸쳐 왕복하는 엑스포 라인 Expo Line과 VCC 클라크 역부터 라파지-레이크-더글라스 역까지 운행하는 밀레니엄 라인 Millennium Line,

스카이트레인

그리고 워터프론트 역부터 밴쿠버 국제공항과 리치먼드 브릭하우스 역
까지 운행하는 캐나다 라인 Canada Line이 있다.

버스 Bus

한국과 마찬가지로 하나의 버스
정류장에 여러 노선의 버스가 정
차한다. 버스 운행 시간은 노선에
따라 다르므로 항상 시간표를 확
인한다. 앞문으로 승차하며, 현금
을 낼 때는 운전기사 자리 옆에 있

밴쿠버 버스

는 요금통에 직접 돈을 넣는다. 이때 주의할 점은 운전기사가 거스름돈을

주지 않기 때문에 반드시 정확한 요금에 맞춰서 현금을 지불해야 한다. 월 정액권이나 데이 패스, 페어 세이버 티켓을 가지고 있을 때는 운전기사에게 보여준다. 내릴 때는 버스 내부의 양쪽 끝에 약간 늘어져 있는 끈을 잡아당긴다. 이것이 하차벨을 대신한다. 뒷문에는 'To open door, step down on top step'이라고 적혀 있다. 버스가 정차했을 때 버스 계단으로 한 칸 내려가면 문이 열린다. 'Push the bar when the light is green'이라고 적혀 있으면 뒷문 위의 전등에 녹색 불이 들어왔을 때 문에 설치된 'Push'라고 적힌 손잡이를 밀면 된다.

버스 환승 시 현금을 내고 탔다면 트랜스퍼 Transfer라는 환승권을 운전 기사에게 제시해야 한다. 맨 처음 버스 탑승 시 요금을 내면서 "Transfer, Please"라고 운전기사에게 요구해 트랜스퍼를 받는다. 월 정액권이나 페어 세이버 티켓으로 환승 시에는 해당 티켓을 제시하면 된다. 단, 현금이나 페어 세이버 티켓으로 버스에서 스카이트레인이나 시버스로 갈아타고자 할 때는 추가 요금이 부과된다.

밤 9시부터 새벽 5시까지 다운타운에서 출발하는 심야 버스 NightBus 10개 노선이 약 30분 간격으로 운행된다. 심야 버스는 일반 버스와 다르게 안전한 귀가를 위해 정류장과 정류장 사이 어디든지 원하는 곳에서 정차를 요청할 수 있다.

시버스 SeaBus

다운타운의 워터프론트 역에서 론즈데일 퀴까지 왕복하는 시버스는 최대 385명까지 태울 수 있는 페리다. 휠체어나 자전거도 모두 승차할 수 있다. 평일 오전 6시, 토요일 오

벤쿠버 시버스

전 7시, 일요일 오전 8시부터 출발하여 오후 9시까지는 15분 단위로 운행한다. 오후 9시부터 새벽 1시까지는 30분 간격으로 운행한다. 다운타운의 워터프론트 역에서는 버스, 스카이트레인, 웨스트코스트 익스프레스로의 환승이 가능하고, 론즈데일 퀴에서는 노스 쇼어 버스로의 환승이 가능하다. 시버스를 타면 주변 구경도 할 수 있어 미니 크루즈 체험을 하는 듯한 기분도 든다.

스마트폰으로 대중교통 도착 시간 확인하기

현재 공식적으로 개발된 트랜스링크 앱은 존재하지 않는다. 그러나 스마트폰으로 트랜스링크 홈페이지(new.translink.ca)를 방문하면 버스 도착 시간을 확인할 수 있다.

메인 화면에서 'Find your Next Bus' 아래 'Bus Route/Stop number'에 정류장 번호를 입력하거나 'Current location'을 클릭 후 'Find my next bus'를 클릭하면 해당 정류장이나 현재 위치한 곳에서 가장 가까운 정류장에 버스가 언제 도착하는지 확인할 수 있다. 'Google Trip Planner'에서 출발 시간과 출발 장소와 도착 장소를 설정한 뒤 검색하면 출발 시간 기준으로 도착 장소까지 소요되는 시간, 대중교통 요금 등 정보를 알 수 있다.

SMS를 통해서도 버스 도착 정보를 확인할 수 있다. 받는 번호란에 33333을 입력하고 문자메시지 내용에 다섯 자리 버스 정류장 번호와 버스 노선 번호를 입력 후 전송하면 버스 도착 예정 시간에 대한 정보를 받을 수 있다. 한 번에 최대 두 가지 노선에 대한 정보 요청을 할 수 있다. 예를 들어 버스 정류장 번호가 50585 이고 알고자 하는 버스 노선 번호가 240번과 246번이면 50585 240 246이라고 입력하고 33333으로 문자를 전송하면 된다. 모든 번호를 띄어쓰기 없이 입력할 경우 정보 요청이 제대로 되지 않으니 띄어쓰기를 반드시 확인하자. 같은 번호에 'HELP'라고 메시지 입력 후 전송하면 버스관련 안내 정보도 문자메시지로 받아볼 수 있다.

컴패스 카드 Compass Card

캐나다도 모든 시스템이 전산화·자동화되기 시작하면서 교통카드 시스템 또한 변화하고 있다. 2016년부터 새로운 교통카드 시스템인 컴패스 카드가 도입되었다. 이 카드 하나로 웨스트 코스트 익스프레스를 포함한 밴쿠버 내 모든 대중교통을 이용할 수 있다.

컴패스 카드는 한국에서 사용하는 충전식 교통카드와 비슷하다. 기존 월 정액권 사용자가 스카이트레인을 이용하는 경우 총 세 개 존으로 나뉜 밴쿠버에서는 다른 존으로 이동할 때마다 별도의 추가 요금을 따로 지불해야 하는 불편한 경우가 발생했다. 하지만 이 컴패스 카드를 이용하면 어떤 존으로 이동하던지 따로 추가 요금을 낼 필요 없이 충전 금액 내에서 자동 차감된다.

버스를 제외한 스카이트레인이나 시버스에 승·하차 시 단말기에 카드를 탭 Tap하여 사용한다. 만약 하차 시 카드 단말기에 탭을 하지 않으면 시스템은 사용자가 가장 멀리 이동한 것으로 간주하여 가장 비싼 추가 비용이 차감된다. 참고로 한 번 카드를 탭 한 후 90분 동안 같은 존 내에서 환승이 가능하다(웨스트 코스트 익스프레스는 120분 이내). 별도의 존 구분이 없는 버스의 경우 승차 시에만 탭을 하고 하차 시에는 탭을 하지 않아도 무방하다.

컴패스 카드는 컴패스 카드 홈페이지(www.compasscard.ca)나 역에 설치된 컴패스 자판기 Compass Vending Machines 등을 통해 구입과 충전 모두 가능하다. 구입 시 보증금 C$6이 필요하며, 충전해 사용하면 된다. 컴패스 카드를 더 이상 사용하지 않을 경우 컴패스 고객센터나 웨스트 코스트 익스프레스 사무실로 방문하면 카드를 반납하고 보증금을 돌려받을 수 있다.

카드 구입 후 컴패스 카드 홈페이지에 해당 카드를 등록하면, 분실이나 도난 시 컴패스 고객센터에 연락해 해당 카드에 남아있던 잔여 금액을 보호받을 수 있다. 단, 카드 구입을 위한 보증금 C$6은 다시 지불해야 한다. 카드를 등록하면, 사용 내역도 온라인에서 확인 가능하다. 원하는 금액만큼 충전도 할 수 있고, 월정액 패스, 일일 패스, 웨스트코스트 익스프레스 패스 등과 같은 각기 다른 패스를 컴패스 카드 하나에 합쳐서 충전할 수도 있다. 충전이 불필요한 1회권 컴패스도 판매한다. 기존에는 매년 4월에 있는 세금 환급 신고 시 해당 사용 내역에 대한 영수증을 제출하면 세금 환급도 받을 수 있었으나 2017년 7월 1일부터 이러한 혜택이 중단되어 월 정액 패스에 대한 세금 환급은 불가능하다.

밴쿠버 공공 자전거 셰어 – 모비(Mobi)

서울에서도 시행하는 공공 자전거 셰어 시스템은 곳곳에 설치된 공공 자전거 대여소에서 직접 자전거를 대여하고 같은 대여소가 아닌 다른 대여소 어느 곳에든 반납할 수 있다. 이러한 공공 자전거 셰어 시스템이 밴쿠버에도 2016년 여름부터 선보이고 있다. 밴쿠버 전역 125여곳에 설치된 자전거 대여소에서 1,200대의 자전거 대여 및 반납이 가능하다.

브리티시컬럼비아 주 특성상 자전거 탑승 시 의무 착용해야 하는 헬멧도 자전거와 함께 무상으로 대여할 수 있다. 패스 종류는 24시간 패스 24 HOUR PASS, 30일 패스 30DAY PASS, 365일 스텐대드 패스 365DAY PASS STANDARD 혹은 365일 플러스 패스 365DAY PASS PLUS 등이 있다. 24시간 패스의 등록 비용은 C$12이고 이후 30분당 C$6씩 추가 부과된다. 30일 패스 등록 비용은 C$25, 365일 스탠다드 패스의 등록 비용은 C$129이다. 두 패스는 30분 초과 시 C$3씩 추가 부과된다. 365일 플러스 패스의 등록 비용은 C$159로, 다른 패스와는 다르게 한번에 최대 60분까지 이용할 수 있고, 60분을 초과할 경우 30분마다 C$3씩 추가 부과된다.

  여기서 주의할 점은 한국의 시스템처럼 자전거 분실 방지를 위해 한 번 이용 시 30분(356일 플러스 패스의 경우 60분)이라는 이용 시간 제한이 있다. 그러므로 한 번 대여 후 기본으로 정해진 시간(30분 혹은 60분)이 지나기 전 가까운 자전거 대여소에 방문하여 구입한 패스로 재대여 신청을 하면 별도 추가 비용 없이 이용이 가능하다. 2016년 새롭게 시행된 이 서비스는 밴쿠버 2040년 대중교통 계획에도 포함되어있는 만큼 앞으로 이후 점차 더더욱 확대해 나갈 전망이다. 밴쿠버 공공 셰어 자전거 모비에 대한 자세한 정보는 모비 웹사이트(www.mobibikes.ca)에서 확인 가능하다.

토론토

TTC(Toronto Transit Commission)

TTC는 토론토의 전체 대중교통을 운영하는 토론토 교통위원회로 대중교통은 지하철·버스·스트리트 카로 구성된다. 버스와 스트리트 카는 대부분의 지하철역과 연결되어 있다. 길을 잃었거나 헤매게 되었을 때 버스나 스트리트 카 운전기사에게 "Do you go to the subway station?"이라고 물어보자.

지하철 내에서 소지품을 잃어버렸다면 베이 Bay 역의 분실물센터를 방문하자. 분실한 일시·분실물 색상이나 크기·모양 등을 설명하면 분실물로 신고된 물품에 한해서는 다시 찾을 수 있다.

각 지하철역 요금 창구에서는 무료로 배포하는 TTC Map을 받을 수 있다. 이 지도는 TTC 운행 지역을 표시하면서 토론토 전체 지도도 첨부하고 있어 실생활에 유용하다. 지도를 받으려면 요금 창구 직원에게 "Can I have a free map, please?"라고 말해보자.

지하철 Subway

DUPONT 역

TTC 지하철 노선은 매우 단순해 한국에서 생활한 사람이라면 굉장히 쉽게 적응할 수 있다. 지하철 노선은 크게 두 가지로 나뉘고 이에 추가로 작은 노선 두 개가 있다. 큰 노선은 TTC

지도에 녹색으로 표시된 블루어 댄포스 라인 Bloor-Danforth Line과 노란색으로 표시한 영 유니버시티 라인 Yonge-University Line이다. 작은 노선은 파란색 선의 스카버러 라인 Scarborough Line과 보라색으로 표시되어 있는 셰퍼드 라인 Sheppard Line이다.

지하철역 이름은 길 이름과도 같다. 길 찾기도 매우 쉽고, 지하철 내부에 붙어 있는 지하철 지도를 자세히 보면 역 이름 옆에 숫자가 있다. 이것은 주소상의 번지수다. 브로드뷰 Broadview 역 아래 '90'이란 숫자가 써 있다면, 이는 Broadview 역 주소가 '90 Broadview Ave.'라는 뜻이다.

블루어 댄포스 라인은 토론토의 서쪽 끝부터 동쪽 끝의 스카버러 라인으로 연결된다. 블루어 댄포스 라인과 영 유니버시티 라인이 만나는 역은 한국의 신도림역과도 같은 Bloor-Yonge 역으로 다운타운의 시작이라고 할 수 있다. 영 유니버시티 라인은 한국의 서울역에 해당하는 Union 역에서 영 라인과 유니버시티 라인으로 나뉜다.

버스 Bus

일반 버스 정류장은 한국과 마찬가지로 하나의 버스 정류장에 여러 노선의 버스가 정차한다. 버스가 오면 타야 할 버스 번호를 확인하고 앞문으로 탄다. 현금을 내고 탈 때는 운전기사 옆에 있는 요금통에 넣고, 패스를 가지고 있다면 한국처럼 운전기사 옆에 설치되어 있는 카드 단말기에 패스를 탭하면 된다.

내릴 때는 버스 내부의 양쪽 끝에 약간 늘어져 있는 노란 끈을 잡아당

기거나 긴 손잡이에 있는 빨간 하차벨을 누른다. 뒷문에 'To open door, step down on top step'라고 적혀 있다. 버스가 섰을 때 버스 계단으로 한 칸 내려가면 문이 열린다. 'Push the bar when the light is green'라고 적혀 있으면 뒷문 위 전등에 녹색 불이 들어온다. 문에 설치된 'Push'라고 적힌 손잡이를 밀면 된다.

지하철역과 연결된 버스 정류장에서는 무료 환승이 가능하며, 밴쿠버와 마찬가지로 환승 시 트랜스퍼를 제시하거나 패스를 운전기사에게 보여주면 된다.

버스 운행 시간은 대부분 규칙적이니 TTC 홈페이지에 방문하여 미리 확인하거나 정류장에 적혀 있는 시간표를 확인한다. 버스는 24시간 운행

버스 앞에 자전거를 실을 수 있는 토론토 TTC

한다. 보통 TTC 버스의 색상은 빨간색이다. 새벽 2시부터는 파란색 심야 버스인 Blue Night가 운행된다. 본래 버스 노선과는 조금 다른 노선으로 운행되며, 버스 번호는 300번부터 시작한다.

안전한 귀가를 위한 TTC 서비스가 있으니 꼭 기억하자. 밤 9시부터 새벽 5시 사이에는 누구든지 안전을 위해 버스 정류장이 아니더라도 버스 노선 내에서 승객이 원하는 곳에 버스 정차를 요청할 수 있다. 정차 요청은 최소 한 정거장 전에 요청되어야 하고, 하차할 때는 반드시 앞문으로 하차하도록 한다.

스트리트 카 Street Car

스트리트 카는 거리에 철길처럼 깔린 스트리트 카 전용 도로를 이용하여 운행된다. 자동차는 스트리트 카를 추월할 수 없고, 스트리트 카가 지나가면 앞길을 비켜줘야 한다. 스트리트 카가 정지하면 뒤따라오던 차도 멈춰서 스트리트 카가 출발할 때까지 기다려야 한다. 스트리트 카를 이용하는 법은 버스와 같고, 전용 도로를 이용하기 때문에 다운타운에서 달릴 때를 제외하고는 속도가 빠른 편이다.

프레스토 카드 Presto Card

토론토 역시 밴쿠버와 마찬가지로 현금, 토큰, 버스 티켓, 위클리·먼슬리 패스를 대체할 수 있는 대중교통 요금 통합 지불 카드인 프레스토 카드 Presto Card가 있다. 프레스토 카드는 한국의 충전식 교통카드, 밴쿠버의 컴패스 카드와 유사하다.

대도시인 토론토의 물가가 외곽 지역에 비해 비싸기 때문에 외곽 지역에 거주하면서 고 버스 Go Bus나 고 트레인 Go Train을 타고 토론토 다운타운으로 출근한다. 그래서 이 시스템은 TTC 외 시외버스와 시외 기차를 운행하는 고 트랜싯 Go Transit을 기점으로 시행되었다. 토론토 외에 외곽 지역인 브램튼 Brampton, 벌링턴 Burlington, 더럼 Durham, 해밀턴 Hamilton, 미시사가 Mississauga, 옥빌 Oakville, 요크 York, 오타와 Ottawa, 그리고 고 트레인과 공항 고속철도인 업 익스프레스 UP Express(Union Pearson Express)에서 사용이 가능하다.

토론토 내에서는 전역의 모든 TTC에서 사용 가능한 것이 아니고, 사용이 가능한 역이 정해져 있다. 앞으로는 밴쿠버처럼 모든 지하철역과 버스 정류장, 새롭게 변경된 스트리트 카에서도 사용이 가능하도록 지속해서 시스템을 설치하는 중이다.

요금 적용 기준은 각기 다르나 1회 이용 시 지역에 따라 약 C$3.1이 차감된다. 또한 한 달 기준으로 사용한 횟수에 따라 받을 수 있는 할인율이 달라져 대중교통을 자주 이용하는 사람에게 유리한 요금이 적용된다. 요금에 대한 자세한 정보는 프레스토 카드 홈페이지(www.prestocard.ca)를 방문하면 확인할 수 있다.

처음 카드 구매 시에는 보증금 C$6를 지불하고 이후 카드를 반납하면 보증금을 돌려받을 수 있다. 대중교통 승·하차 시 단말기에 카드를 탭하면 이동한 거리에 따라 해당 금액이 차감되고 현재 남은 잔액을 알려준다. 프레스토 카드는 정해진 역마다 설치된 자판기와 온라인 혹은 버스 티켓 판매소 등에서 쉽게 구매 및 충전이 가능하며, 원하는 금액만큼 충전하거나 혹은 월정액 패스, 12개월 패스 등을 프레스토 카드 내에 충전하여 사용할 수 있다.

프레스토 카드 홈페이지 또는 프레스토 공식 앱을 통해 카드를 등록할 수 있고, 등록한 카드의 사용 내역과 잔액까지 조회할 수 있다. 또, 분실 혹은 도난 시에는 시스템 기록에 따라 남은 잔액을 보호받을 수 있다. 단, 카드 구입 보증금 C$6은 다시 지불해야 한다. 기존에는 매년 4월에 있는 세금 환급 신고 시 해당 사용 내역에 대한 영수증을 제출하면 세금 환급도 받을 수 있었으나 2017년 7월 1일부터 이러한 혜택이 중단되어 월정액 패스에 대한 세금 환급은 불가능하다.

택시 Taxi

대도시의 경우에는 우리나라처럼 빈 차로 다니는 택시를 손을 흔들어 쉽게 세운 후 이용하면 된다. 하지만 중소도시의 경우, 일반적으로 콜택시 시스템으로 운영되기 때문에 택시 회사에 전화를 걸어 요청한 주소지로 방문한 택시를 이용해야 한다. 이때 택시 회사 전화번호는 캐나다 옐로우 페이지(www.canada411.ca)를 통해 확인이 가능하다. 택시 요금은 C$3 정도가 기본으로 시작하며, 킬로미터당 추가 요금이 부과된다. 현금이나

신용카드로 결제할 수 있다. 이때 전체 요금의 10퍼센트에 해당하는 팁을 함께 지불해야 한다는 점을 잊지 말자.

우버 Uber / 리프트 Lyft

최근 토론토에서 우버 및 리프트가 합법화되면서 이용객이 급격히 증가하고 있다. 우버나 리프트를 이용할 경우, 본인이 탑승할 차량의 기사, 차종, 차량 번호 등을 사전에 숙지할 수 있다. 또한 이동하는 경로를 주변 사람들에게도 알릴 수 있어 밤 늦은 시간에도 안전하게 이용 가능하다. 가장 큰 장점으로는 캐나다 현지에서도 영어 외에 한국어 지원이 된다. 우버나 리프트는 스마트폰 앱 Uber 또는 Lyft를 통해 이용 가능하다.

바이크 셰어 토론토 Bike Share Toronto

앞서 설명한 밴쿠버의 공공 자전거 셰어 시스템과 동일한
개념으로 토론토 다운타운 내에서 공공 자전거를 대여할
수 있는 시스템이다. 토론토에서는 2010년 5월에 처음 시
행했다. 토론토 시내의 총 360곳의 자전거 대여소(도킹 포
인트 Docking points)에서 자전거를 대여하거나 반납할
수 있다.

　하루 이용권은 C$7이고, 분실 방지를 위해 한 번 대여 시 30분간 이용
이 가능하다. 30분 이내에 근처 대여소에서 재대여하는 방식으로 별도
추가 요금 없이 하루 동안 무제한으로 이용 가능하다. 만약 30분을 초
과할 경우 30분마다 C$4씩 추가 요금이 발생한다. 그 밖에 편도 이용권
(C$3.25), 3일 이용권(C$15) 혹은 연간 이용권(C$99)이 있다. 이용권 종
류에 따라 이용 기간은 다르지만 이용 방법은 하루 이용권과 모두 동일
하다.

　바이크 셰어 토론토
시스템에 대한 자세한
정보는 해당 홈페이지
(bikesharetoronto.com)
에 방문하면 확인 가능
하다.

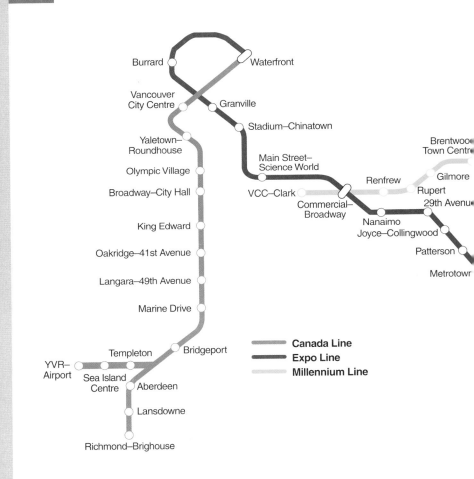

Burrard
Waterfront
Vancouver City Centre
Granville
Yaletown–Roundhouse
Stadium–Chinatown
Brentwood Town Centre
Olympic Village
Main Street–Science World
Gilmore
Broadway–City Hall
VCC–Clark
Renfrew
Rupert
King Edward
Commercial–Broadway
29th Avenue
Nanaimo
Oakridge–41st Avenue
Joyce–Collingwood
Langara–49th Avenue
Patterson
Marine Drive
Metrotown
Templeton
Bridgeport
YVR–Airport
Sea Island Centre
Aberdeen
Lansdowne
Richmond–Brighouse

— Canada Line
— Expo Line
— Millennium Line

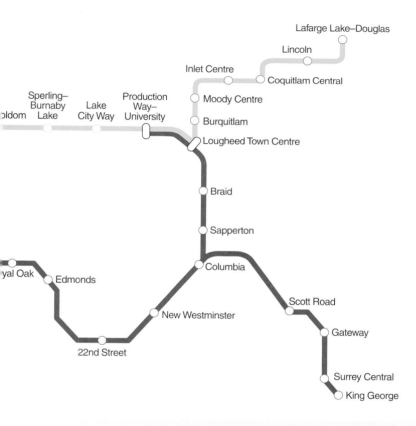

Lafarge Lake–Douglas
Lincoln
Inlet Centre
Coquitlam Central
Sperling–
Burnaby
oldom Lake
Lake
City Way
Production
Way–
University
Moody Centre
Burquitlam
Lougheed Town Centre
Braid
Sapperton
yal Oak
Edmonds
Columbia
Scott Road
New Westminster
Gateway
22nd Street
Surrey Central
King George

대중교통으로 밴쿠버 국제 공항 가는 방법

- 스카이트레인을 타고 캐나다 라인 YVR–Airport 역에서 하차. 요금은 C$10 이하. 다운타운에서 20~25분 소요.
- 택시로 이동할 경우 다운타운에서 공항까지 C$40~50.

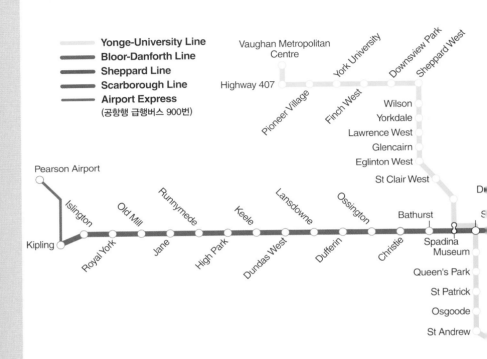

Yonge-University Line
Bloor-Danforth Line
Sheppard Line
Scarborough Line
Airport Express
(공항행 급행버스 900번)

Vaughan Metropolitan Centre
Highway 407
Pioneer Village
York University
Finch West
Downsview Park
Sheppard West
Wilson
Yorkdale
Lawrence West
Glencairn
Eglinton West
St Clair West

Pearson Airport
Islington
Old Mill
Runnymede
Keele
Lansdowne
Ossington
Bathurst
Kipling
Royal York
Jane
High Park
Dundas West
Dufferin
Christie
Spadina
Museum
Queen's Park
St Patrick
Osgoode
St Andrew

대중교통으로 토론토 국제 공항 가는 방법

• 업 익스프레스 기차 이용 시 다운타운 Union 역에서 공항까지 25분 소요. 요금은 C$12.35. 프레스토 카드 이용 가능.
• 지하철 블루어 댄포스 라인 Kipling 역에서 하차 후 공항 급행 버스 900번 탑승. 다운타운에서 공항까지 20-25분 소요.

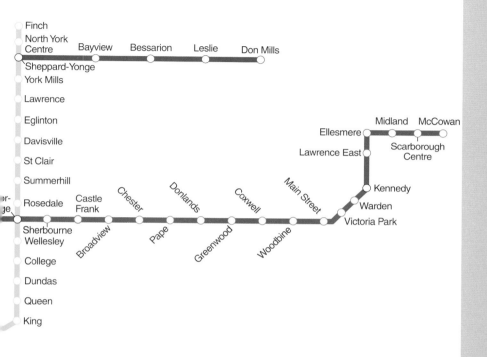

Finch
North York Centre
Bayview   Bessarion   Leslie   Don Mills
Sheppard-Yonge
York Mills
Lawrence
Eglinton   Midland McCowan
Davisville   Ellesmere
                                          Lawrence East   Scarborough
St Clair   Centre
Summerhill
Rosedale   Castle   Chester   Donlands   Coxwell   Main Street   Kennedy
           Frank   Warden
Sherbourne   Broadview   Pape   Greenwood   Woodbine   Victoria Park
Wellesley
College
Dundas
Queen
King

• 지하철 유니버시티 라인 Lawrence 역 또는 Lawrence West 역에서 하차 후 공항행 52A 버스 탑승. 역부터 공항까지 70분 소요.
• 새벽 02:00~05:00 사이에 이동할 경우 Danforth Avenue와 Bloor Street 정류장에서 파란색 심야 버스인 TTC Blue Night 300A번 탑승. Bloor-Yonge에서 공항까지 45분 소요.
• 새벽 01:30~05:00 사이에 이동할 경우 영 라인 Eglinton 역 버스 정류장에서 파란색 심야버스인TTC Blue Night 332번 탑승. Eglinton에서 공항까지 45분 소요.

05 캐나다에서 운전하기

운전면허증 발급

유학생이 캐나다에서 운전할 때는 보통 여행을 가려고 렌터카를 빌리거나 중고차를 산 경우이다. 운전하기 위해 필요한 것은 당연히 운전면허증. 2019년 9월부터 새롭게 발급되고 있는 신규 한국 운전면허증 뒷면에는 영문 정보가 포함되어 있다. 새 운전면허증 소지 시 해외 운전을 위한 국제 운전면허증 발급없이 캐나다에서 운전이 가능하다. 단, 주마다 한국 운전면허증의 유효기간이 다르다. 한국 운전면허증으로 캐나다에서 운전을 할 경우 여권도 동시에 소지하고 있어야 한다. 운전 부주의 등으로 경찰로부터 신분 확인을 요구받을 시 제시해야 한다.

한국 운전면허증의 경우 캐나다 현지 운전면허증으로 교환이 가능하다. 그러니 반드시 체류 예정인 주의 운전면허증 정보를 사전에 확인하자. 현지 운전면허증으로 교환하려면 기존 한국 운전면허증과 신규 운전면허증 중 어떤 것을 소지하고 있는지에 따라 필요한 서류가 달라진다. 만약 기존 운전면허증을 소지한 상태로 캐나다 운전면허증으로 교환하길 원한다면 대사관이나 총영사관을 통해 한국 운전면허증을 영문으로 번역하여 공증받아야 한다. 이렇게 번역된 공증 문서와 한국 운전면허증·여권·비자를 가지고 현지 면허시험장에 간다. 일정의 수수료를 내고 간단한 시력 검사 등을 시행한 후 현지 운전면허증으로 교환할 수 있다.

신규 한국 운전면허증을 소지하고 있을 경우 번역·공증 절차없이 교환이 가능하다. 가급적 캐나다 입국 전 기존 한국 운전면허증을 새 운전면허증으로 재발급 받자. 캐나다 운전면허증은 우리나라와 같이 캐나다의 신분증으로 사용할 수 있어서 소지하면 유용하다.

주별 운전면허증 관련 정보

주/준주명	신규 한국 운전면허증	한국 운전면허증 → 캐나다 운전면허증 교환	
	유효기간	공증 (기존 한국 운전면허증 소지 만)	현지 운전면허증 교환을 위한 필요 서류 및 공관 정보
브리티시컬럼비아	6개월 미만 체류 시 6개월, 그 이상 체류 시 3개월	필요	여권 · 체류 비자 · 한국 운전면허증 · 영문 운전 경력증명서 원본 (운전경력 2년이상 필요)
			주 밴쿠버 총영사관 overseas.mofa.go.kr/ca-vancouver-ko/index.do
앨버타	1년	불필요	여권 · 체류 비자 · 한국 운전면허증 · 국제 운전면허증(기존 한국 면허증 소지 시) · 현재 앨버타 내 거주 주소 증빙 서류 (은행이나 공공기관 발송 우편물 등) · 영문 운전 경력증명서 원본 (운전경력 2년이상 필요) ※국제 운전면허증이 없는 경우 주 밴쿠버 총영사관을 통해 한국 운전면허증 영문 번역 공증 필요
			아래 웹사이트에서 운전면허증 교환 장소 검색 후 해당 Registry Office 방문 www.alberta.ca/service-alberta.aspx 또는 주 밴쿠버 총영사관 overseas.mofa.go.kr/ca-vancouver-ko/index.do
서스캐처원	3개월	필요	여권 · 체류 비자 · 한국 운전면허증 · 영문 운전 경력증명서 원본 · 차 보험 사고 접수 내역서(옵션)
			주 밴쿠버 총영사관 overseas.mofa.go.kr/ca-vancouver-ko/index.do

매니토바	3개월	필요	여권 · 체류 비자 · 한국 운전면허증 · 국제 운전면허증(기존 한국 면허증 소지 시) · 매니토바 주 운전면허증 신청 날짜 기준으로 90일 이내의 영문 운전경력증명서 원본(옵션) · 차 보험 사고 접수 내역서(옵션) ※국제 운전면허증이 없는 경우 주 토론토 총영사관을 통해 한국 운전면허증 영문 번역 공증 필요
			아래 웹사이트에서 운전면허증 교환 장소 검색 후 방문 www.mpi.mb.ca/en/Contact/Locations/Pages/StoreLocator.aspx 주 토론토 총영사관 overseas.mofa.go.kr/ca-toronto-ko/index.do
온타리오	2개월	필요	여권 · 체류 비자 · 한국 운전면허증 · 영문 운전경력증명서 원본
			주 토론토 총영사관 can-toronto.mofa.go.kr overseas.mofa.go.kr/ca-toronto-ko/index.do 주 캐나다 대사관 overseas.mofa.go.kr/ca-ko/index.do
퀘벡	6개월	필요	여권 · 체류 비자 · 한국 운전면허증 · 현재 퀘벡 거주 주소 증빙 서류 (은행이나 공공기관 발송 우편물 등) · 영문 운전경력증명서 원본 ※ 한국 운전면허증 발행일이 3년 전일 경우 한국에서 거주했다는 증빙서류 제출 필요
			주 몬트리올 총영사관 overseas.mofa.go.kr/ca-montreal-ko/index.do

뉴펀들랜드	3개월	필요	여권 · 체류 비자 · 한국 운전면허증
			주 몬트리올 총영사관 overseas.mofa.go.kr/ca-montreal-ko/index.do
뉴브런즈윅	– 뉴브런즈윅 내 대학교 재학생 신분일 경우 최대 1년 – 재학생 신분이 아닐 경우 반드시 현지 면허로 교환 후 운전 가능	필요	여권 · 체류 비자 · 한국 운전면허증 · 영사관에서 구비해주는 공증 패키지 서류 (기존 한국 면허증 소지 시) · 현재 뉴브런즈윅 내 거주 주소 증빙 서류 2개 (은행이나 공공기관 발송 우편물 등) ※ 공증 패키지 서류에는 1) 커버 페이지 2) 영문 번역 운전면허증 서류 3) 한국 운전면허증 4) 공관장 날인이 포함된 증명 페이지 포함
			주 몬트리올 총영사관 overseas.mofa.go.kr/ca-montreal-ko/index.do
프린스에드워드아일랜드	– 프린스에드워드아일랜드 내 대학교 재학생 신분일 경우 최대 1년 – 그 외에는 4개월	필요	여권 · 체류 비자 · 한국 운전면허증 · 현재 프린스웨드워드아일랜드 내 거주 주소 증빙 서류 2개 (은행이나 공공기관 발송 우편물 등) · 영문 운전경력증명서 원본
			주 몬트리올 총영사관 overseas.mofa.go.kr/ca-montreal-ko/index.do
노바스코샤	3개월	필요	여권 · 체류 비자 · 한국 운전면허증 · 노바스코샤내 거주 주소 증빙 서류 2개 (은행이나 공공기관 발송 우편물 등) · 영문 운전경력증명서 원본
			주 몬트리올 총영사관 overseas.mofa.go.kr/ca-montreal-ko/index.do

반드시 지켜야 할 교통 법규

긴급 차량은 반드시 비켜준다.

도로에서 사이렌 소리를 크게 울리며 달리는 소방차나 구급차 같은 긴급 차량을 볼 수 있다. 도로 운전의 우선순위는 긴급 차량이다. 운전 도중에 사이렌 소리를 들으면 차를 우측 보도 방향이나 도로 가장자리로 움직여 긴급 차량이 지나갈 때 방해가 되지 않도록 비켜줘야 한다. 이때만은 신호등도 무시하고 이 긴급 차량이 지나갈 때까지 잠시 멈추고 기다린다. 사거리에서 신호등이 바뀌어서 좌회전하고 있는데, 긴급 차량도 좌회전을 시도하며 경적을 울린다면 어떻게 할까? 운전자는 긴급 차량이 먼저 지나갈 수 있도록 비켜줘야 한다. 그렇지 않으면 거액의 벌금을 물게 된다.

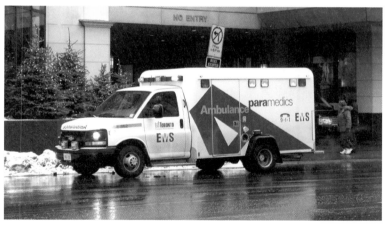

토론토 구급차

토론토에서는 스트리트 카가 정차하면 반드시 정차한다.

토론토에서 운전할 때는 스트리트 카가 정차하면 반드시 정차하고, 추월하려 해선 안 된다. 스트리트 카가 멈추면 승객이 타거나 내린다는 뜻이기 때문이다.

도로별로 지정된 제한속도를 준수한다.

도로마다 제한속도가 지정되어 있다. 제한속도를 지키지 않을 시 벌금이 부과되므로, 주행 중 제한속도 표지판 등을 보고 숙지해야 한다.

- **일반 국도:** 40–60km/h(+10km/h 허용), 근처에 학교가 있는 경우 40km/h(허용 속도 없음)
- **고속도로:** 100km/h(+20km/h 허용)

'Stop' 표지판을 보면 일단 완전히 정차한다.

교차로 근처에서 'Stop' 도로 표지판을 보았다면 무조건 완전히 정차해야 한다. 완전히 정차하지 않았을 때 경찰에게 적발되면 벌금이 부과된다. 'Stop' 도로 표지판을 확인하고 정차한 뒤 다음과 같이 운전하면 된다. 네 군데 길 중 교차로에 가장 먼저 진입한 차량이 첫번째로 지나간다. 그다음 도착한 순서에 맞춰 한 대씩 차례대로 지나가면 된다.

스쿨버스가 정지 신호를 보내면 반드시 정차한다.

전방 또는 맞은편에서 오던 스쿨버스가 빨간 등을 깜박이며 정지 신호를
보낸다면 반드시 정차하자. 빨간 등이 깜박이는 것을 멈추면 출발한다.

경찰차가 불을 깜빡이며 뒤따라오면 갓길에 차를 댄 뒤 대응한다.

운전 중 자신의 차량 뒤에서 경찰차가 불을 깜박이며 따라온다면 당황하
지 말고 천천히 속도를 줄여 갓길에 차를 주차한다. 그리고 경찰이 다가
올 때까지 문을 열거나 벨트를 풀지 말고 기다려야 한다. 경찰이 다가와
서 창문을 두드리면 그때 창문을 열고, 요구 사항에 맞춰 대응하면 된다.

길거리에 주차 시 주차 가능 구역인지 확인한다.

길거리에 주차해야 할 때는 우선 주차가 가능한 구역인지를 먼저 살펴본
다. 차를 주차한 뒤 근처에 있는 주차 티켓 기계로 가서 원하는 시간에 해

당하는 주차권을 구매한다. 구매한
주차권은 차 내부에 놓되, 앞 유리창
에서 잘 보이도록 놓는다.

　주차권을 구입하고도
보이지 않게 뒤집어
놓으면 벌금이 부과된다. 주차권을 구입하지 않은 경우에
도 당연히 벌금이 부과된다. 구입한 주차권의 주차 시간은
엄격하게 지키자. 만약 5분이라도 시간이 초과했을 때 주차
단속원이 보았다면 벌금을 부과한다. 간혹 주차 시간이 한참
지났을 경우 차를 견인해 가는 일도 있다.

교차로가 아닌 신호등의 주황색 불이 깜박이면 정차한다.

교차로가 아닌 곳에 있는 신호등에서 주황색 불이 깜박일 때가 있다. 보
행자가 길을 건너기 위해 보행 버튼을 눌렀다는 의미이다. 길을 건너는
사람이 지나갈 때까지는 반드시 정차해야 한다. 또한 신호등이 없는 횡
단보도라도 우선권은 길을 건너는 사람에게 있으므로 반드시 정차한다.

뒷좌석에서도 안전벨트를 한다.

캐나다에서 안전벨트 착용은 의무화되어 있다. 뒷좌석에 승차하더라도
반드시 착용해야 한다. 뒷좌석에서 안전벨트 미착용 시 벌금이 부과된다.

교통경찰의 부당한 벌금 징수에 대한 대처 방법

때론 교통경찰이 측정기도 없이
육안으로 속도위반을 짐작해 벌
금을 부과하기도 한다. 이 경우
캐나다에서 받는 벌금 딱지(캐
나다에서는 티켓이라고 한다)는

경찰관이 기계를 통해 즉석에서 발부한다. 티켓 뒷면에는 벌금 지불과 재
판 신청에 관한 내용이 나와 있다. 그리고 위반자는 반드시 이 벌금 티켓
에 서명해야 한다.

부당하게 징수된 벌금에 대해서는 티켓 뒷면 기재된 지정 관할 법원으
로 가서 재판 신청서를 작성하면 된다. 재판 신청서를 보면 통역사 요구
에 대한 사항도 있으니 영어 실력이 부족하다고 생각된다면 통역을 부른
다. 재판 비용이나 통역사 비용은 100퍼센트 모두 정부에서 부담한다.
변호사를 선임한다면 그 비용은 위반자 본인 부담인데, 통역사를 무료로
고용할 수 있으니 변호사까지 선임할 필요는 없다.

재판 신청을 했다면 재판일까지 자신이 속도를 위반하지 않았다는 증
거 자료를 준비한다. 이 자료는 재판부에서 납득할 타당성을 갖춰야 한
다. 예를 들어 오르막길에서 티켓을 받았다면 지형도를 준비해 판사에게
이런 오르막길에서는 속도위반이 불가능하다는 점을 설명한다. '경찰이
뒤에서 바짝 따라오면서 차를 세우도록 했고, 속도위반 티켓을 발부했다.
어떻게 경찰이 뒤에 있는데 속도를 위반할 수 있겠는가. 만약 내가 속도

를 위반했다면 경찰차 역시 속도를 위반한 것이 아닌가'라는 식으로 대응하면 된다.

재판일이 되면 단정한 옷차림으로 재판에 참석한다. 준비한 자료는 반드시 가져가 재판장이 증거 자료 제출을 요구하면 제출한다. 또 자신의 의견을 말하라고 하면 증거 자료와 더불어 변호하면 된다. 이때 주의할 점이 있다. 아무리 교통경찰이 부당한 대우를 했다 해도 경찰은 정부 소속의 사람이다. 의견은 정확하게 밝히되 절대적으로 경찰을 존중하는 의사 표시는 해야 한다.

승소하지 못할 것 같다면 법정에 도착하자마자 검사에게 티켓을 발부한 경찰의 참석 여부를 묻는다. 경찰이 법정에 불참했다면, 해당 경찰이 재판을 포기한 것으로 간주하여 경찰이 발부한 티켓, 벌점과 벌금이 모두 무효화된다. 해당 경찰이 참석했다면 본인의 죄를 인정하겠다는 뜻을 표현하고, 벌점과 벌금을 낮춰 달라고 이야기하는 게 낫다. 그렇게 하면 대부분 낮춰 주는 게 캐나다의 재판이다. 과속으로 잡혔던 사람이 재판 신청을 한 일이 있는데, 과속한 이유는 배가 너무 고파 밥을 먹으러 빨리 가려 했다고 한다. 그러자 재판부가 성실한 답변이라며 벌점과 벌금을 낮춰 준 사례도 있다.

주유소

캐나다는 굉장히 넓다. 주행 거리도 생각보다 금방 증가하므로, 기름도 그만큼 많이 쓴다. 여행지 특성에 따라서 주유소가 드문 곳도 있는데, 미처 주유를 못해 자동차가 멈춘다면 즐거워야 할 여행이 악몽이 될 수 있다. 그러므로 주유소가 보인다면 기름을 미리미리 채워 둘 필요가 있다.

캐나다 주유소에서 주유하는 방법은 두 가지다. 한국과 같이 주유소 직원이 주유를 해주는 풀서비스 Full Service와 운전자가 직접 주유를 하는 셀프서비스 Self Service이다. 대부분의 사람이 비용이 저렴한 셀프서비스를 이용하는 만큼, 일반적인 주유소는 모두 셀프서비스 주유가 구비되어 있다.

셀프서비스로 주유하는 방법은 보통 두 가지로 나뉜다. 신용카드를 삽입하고 주유하고자 하는 기름 종류를 경유/일반휘발유/고급휘발유 중에서 선택한다. 또는 기름 종류를 고르고 주유를 먼저 한 뒤 카운터에서 계산을 하는 방법이다. 사용 방법을 잘 모르겠다면 주유소 직원에게 문의하면 된다. 주유기에 사용 방법이 적혀 있으니 참고하는 것도 좋다. 셀프서비스라 하더라도 한국처럼 위생 장갑이 준비되어 있지는 않다. 기름값은 한국에 비해 저렴한 편이다.

공항 내 렌터카 업체들

렌터카 이용

캐나다에서 여행할 때 이용할 수 있는 대중교통에는 고속버스나 기차가
있다. 하지만 이 넓은 캐나다 전역에서 내가 가고 싶은 곳을 자유롭게 여
행을 하기 위해서는 역시 렌터카 이용이 가장 좋은 대안이다. 렌터카 회
사별 이용 방법이 다르므로 사전 정보 파악은 필수이다.

연령 제한

만 21세 이상부터 렌터카를 빌릴 수 있다. 그러나 렌터카 회사나 빌리고
자 하는 차종에 따라 만 25세 이상으로 규정하는 회사도 있다. 렌트 전
렌터카 회사에 미리 확인하도록 한다.

필요 서류

기본적인 구비 서류는 한국 운전면허증(기존 운전면허증을 소지한다면 국제 운전면허증, 혹은 영사관 또는 대사관에서 받은 공증문서도 함께 구비, 현지 운전면허증으로 교환했다면 현지 운전면허증)·신용카드다.

여기서 주의할 점은 이 모든 서류가 자동차 대여자 한 명의 명의로 발급되어 있어야 한다는 것. 또 신용카드는 본인의 신원 증명 및 자동차 렌트에 대한 보증이라 할 수 있다. 렌트 대금을 현금으로 지불하려고 해도 신용카드가 없으면 렌트를 거절당하게 되므로 반드시 지참해야 한다.

렌터카 회사와 차종 선정

캐나다에 있는 대표적인 렌터카 회사 로는 알라모 Alamo · 아비스 Avis · 버젯 Budget · 디스카운트 Discount · 엔터프라이즈 Enterprise · 허츠 Herts · 내셔날 National · 스리프티

Thrifty 등이 있다. 각 렌터카 회사 홈페이지를 방문해 동일한 조건에 가장 저렴하고 혜택이 좋은 회사로 정하면 된다.

차종을 정할 때는 운전할 때 부담이 없는 배기량과 크기를 고르는 것이 중요하다. 장거리 운행에 적합한지 여부와 탑승하게 될 인원이나 여행 가방, 짐의 양을 모두 고려하자. 웬만하면 큰 차를 고르는 것이 기름값 등을 생각했을 때 사실상 더 이득일 수 있다. 옵션에 따라 내비게이션이 장

착된 것을 선택할 수도 있다.

이용 요금

보통 24시간 단위로 대여할 수 있다. 요금 체계는 기간 단위의 정액 요금이나 주행 거리에 따른 마일리지 요금으로 나뉜다. 캐나다에서 자동차를 빌리면 땅이 매우 넓으니 주행 거리가 순식간에 올라간다. 주행 거리에 따른 마일리지 요금 방식은 상당히 불리하다. 허츠나 아비스는 4일 이상, 7일 이상으로 장기간 렌트하는 사람에게 유리한 요금 상품을 제공한다.

자신의 여행 일정에 맞춰서 유리한 요금 상품이 있는 회사와 요금제를 선택하자. 렌트하는 장소와 차를 반납하는 장소가 다르면 추가 요금을 내야 하는 회사도 있다. 렌트하기 전에 이런 부분도 미리 문의하자.

보험 가입

렌터카에는 기본적으로 대인과 대물 보상에 해당하는 보험이 적용된다. 하지만 만약의 사태를 대비하여 렌터카 회사를 통해 보험에 가입하자. 하루에 부과되는 비용이 부담스러울 수도 있다. 그러나 언제 어디에서 사고가 일어날지는 아무도 모른다. 그러니 보험 가입을 아까워하지 말자. 여러 명이 돌아가며 운전할 계획이라면 렌트하는 사람 외에 운전할 사람 앞으로도 보험에 가입해야 한다. 보험 가입 방법을 모른다면 간단하게 "Full coverage insurance, please"라고 말하면 된다.

렌터카 회사 홈페이지

- 알라모 Alamo www.alamo.ca
- 아비스 Avis www.avis.ca
- 버젯 Budget www.budget.ca
- 디스카운트 Discount www.discountcar.com
- 엔터프라이즈 Enterprise www.enterprise.ca
- 허츠 Hertz www.hertz.ca
- 내셔널 National www.nationalcar.ca
- 스리프티 Thrifty www.thrifty.com

렌트 전 확인 사항

계약서에 기입된 반환 일시 · 장소 · 보험 내용 등을 확인하고 지정란에 서명하면, 렌트할 자동차의 키를 받는다. 그 후 자동차가 주차된 장소로 렌터카 회사 직원과 이동한다. 이때 확인할 사항이 있다.

- 주행 거리 숫자와 계약서에 기재된 주행 거리 마일리지 숫자 일치 여부
- 외부의 파손 상태, 타이어의 마모 상태, 안전벨트 · 도어락 등의 안전장치 상태

외부 파손 상태는 렌터카 회사 직원과 반드시 함께 확인해야 한다. 나중에 반납할 때 이전 사용자가 낸 파손을 억울하게 물어주는 일이 없도록 주의하자.

렌터카 반환

렌터카를 반환할 때는 처음 렌트했을 때처럼 기름을 가득 채워 정해진 반환 일시와 장소에 반환한다. 기름을 채우지 않고 반납했다면 기름값에 해당하는 비용을 추가 지불해야 한다. 렌터카 반환 시 렌터카 회사 직원이 자동차의 파손 여부·기름량·주행 거리를 확인한다. 특별한 이상이 없으면 렌터카 반환이 종료된다. 파손이나 고장이 있는 경우, 반환할 때 데미지 리포트를 제출하고 그에 해당하는 비용을 지불한다. 이때 나중에 책임 문제가 발생할 수도 있으니 숨김없이 솔직하게 신고하도록 한다.

렌터카 이용 시 주의 사항

① 심야에는 렌터카를 노린 범죄가 성행한다. 추돌 사고나 기능적 문제를 발견했다면, 그 자리에 바로 정차하지 말고 주유소처럼 불빛이 환한 곳으로 가서 멈추도록 한다.

② 외부에서 보이는 곳에 가방이나 귀중품을 보관하지 말자. 유리창을 깨고 가방이나 귀중품을 훔쳐가는 범죄가 빈번하게 일어난다. 주차 시 개인 물품은 육안으로 보이지 않는 트렁크에 보관하는 게 좋다.

③ 렌터카는 대부분 새 차량이라는 이유로 절도 행각의 대상이 된다. 주차할 때는 옥내형 호텔 주차장이나 인적이 많은 곳 또는 유료 주차장에 주차하자. 길가에 주차해야 한다면 도난을 방지하기 위해 운전대와 창문 사이에 운전대가 돌아가지 않도록 고정하는 도난 방지 장치 등을 설치할 필요가 있다.

이사할 때 짐이 많다면, 밴(봉고차)이나 픽업트럭을 렌트하자

처음 캐나다에 입성해 정착한 숙소에서 계속 거주할 수도 있지만, 대부분의 사람이 이사를 많이 다닌다. 이사할 때 가지고 있는 짐이 적다면 친구의 도움을 받아 대중교통을 타고 이동할 수도 있다. 하지만 장기간 생활하다 보면 조금씩 늘어나는 살림살이 때문에 간혹 굉장히 많은 짐을 한 번에 옮겨야 하는 경우도 있다. 이럴 때는 유하울 U-Haul 업체를 통해 소형 픽업트럭이나 봉고차 형태의 카고밴을 대여하자. 제일 작은 소형 픽

업트럭이나 카고밴은 8피트 정도로 한국의 1톤 트럭 사이즈이다. 동일한 시내에서 이사할 경우 세금 포함 C$40 정도면 이용 가능하다. 일반 렌터카 대여 방법과 동일하며, 예약은 유하울 홈페이지(www.uhaul.com)에서 가능하다.

④ 속도 위반, 주차 위반 혹은 신호 위반은 절대 하지 말아야 한다. 위반했을 때 벌금은 렌트한 사람이 지불해야 한다. 참고로 신호 위반 벌금은 세금 포함 C$350 정도이다.

⑤ 사고가 났다면 당황하지 말고 렌터카 회사로 연락하여 조치를 취한다.

⑥ 캐나다에서 렌터카를 이용하여 미국으로 여행을 간다면 미국으로의 통행이 가능한지 렌터카 회사에 미리 확인해야 한다.

중고차 구입

자동차 산업은 캐나다의 경제에 큰 역할을 차지한다. 넓은 대지를 자랑하는 만큼 캐나다에서 편리한 이동을 위한 자동차는 필수품이다. 캐나다에서는 만 16세 이상이면 운전면허증 취득이 가능하고, 바로 운전할 수 있다. 그래서 어린 운전자가 굉장히 많고 이러한 운전자가 새 차를 사는 것이 사실상 불가능하므로 주로 중고차를 많이 구입한다. 이런 이유들로 중고차 시장 또한 굉장히 활발하고 실제 중고차 구입 비용도 같은 차종일지라도 한국보다 많이 저렴한 편이다. 여유 자금이 있고, 캐나다에 머무는 동안 캐나다 대륙을 이곳저곳 많이 다닐 계획이라면 중고차를 사는 것도 하나의 방법이다.

브랜드

캐나다에는 자국 자동차 브랜드가 존재하지 않기 때문에 모든 자동차가 수입차다. 캐나다 자동차 시장에서 일본 자동차 브랜드 토요타 Toyata와 혼다 Honda가 통상적으로 가장 많은 판매량을 보인다. 최근들어 우리나라 브랜드인 현대 Hyundai 차량의 판매량 또한 빠른 속도로 증가하는 추세이다. 포드 Ford, 지엠 GM, 피아트 크라이슬러 오토모빌스 FCA(Fiat Chrysler Automobiles) 등 미국 브랜드들의 판매가 그 뒤를 잇고 있다. 판매량이 많다는 것은 중고차 시장에서 중고 매물 또한 많다는 의미다. 그 외 유럽 브랜드인 메르세데즈 벤츠 Mercedes-Benz, 비엠더블유 BMW, 아우디 Audi 등 고급 브랜드 차량의 중고 거래도 매우 활발히 이루어지고 있다.

가격

중고차 가격은 차량의 브랜드와 모델, 주행 마일리지, 오토 또는 수동인 트랜스미션 방식, 그리고 외관 상태와 사고 여부, 기술적 결함 여부 및 기존 차량 주인이 몇 명이었는지 등에 따라 달라진다. 1년 정도 탈 예정이라면 주행 마일리지가 다소 높더라도 기술적 결함이 없고, 빠른 시일 내에 수리해야 하는 상태가 아닌 차량을 200~300만 원 내에서 구입할 수 있다. 만약 한국에서는 너무 비싸서 일반인들이 타기 어려운 벤츠나 BMW 등의 독일 브랜드 차량도 연식이 좀 오래되고 주행 마일리지가 높다면 300~400만 원 내에서 구입 가능하다.

구매 방법

중고차를 구입할 때는 거래가 가장 활발히 이루어지는 온라인 사이트를 통해 광고 매물을 확인하거나 직접 중고차 딜러십에 방문할 수도 있다. 온라인을 통해 광고 매물을 봤다면, 그곳에 나와 있는 개인 판매자 혹은 딜러에게 연락해 해당 매물의 판매 여부를 먼저 확인한다. 그 뒤 예약을 잡고 방문해 외관이나 기본적인 사항을 확인한다.

차량이 마음에 들면 시험 운전(테스트 드라이브)을 해볼 수 있는데, 보통 방문 당일에는 불가능하고, 재방문 예약 후에 가능하다. 테스트 드라이브를 통해서는 차량의 기술적 결함 여부를 확인해야 한다. 아래 사항을 빠짐없이 체크하자.

- 주행 시의 서스펜션 밸런스
- 엔진 교체 여부
- 에어컨과 히터 작동 여부
- 크루즈 컨트롤, 오토 도어락, 창문 버튼 작동 여부
- 와이퍼와 워셔액 작동 여부
- 외관 코스메틱 상처 여부

일부 중고차 딜러는 빠른 판매만을 목적으로 둔다. 그래서 외관 코스메틱 부분에 있어서 보닛에 장착된 그릴 연결 클립이 부러지는 등 문제가 있다면 본드 부착을 하거나 보닛 안쪽에 테이핑 등으로 임시 대처를

중고차 구입 과정

매물 확인 → 차량 확인 → 시험 운전 → 비용 협상 ↓

잔금 결제 후 차량 픽업 ← 차량 등록 / 명의 이전 ← 보험 가입 ← 계약서 서명 및 계약금 지불

해 놓는 경우도 많다. 이런 부분을 확인하지 않고 구입하면 나중에 액세서리 교체 비용이 많이 발생한다. 테스트 드라이브 시 이런 부분이 발견되었을 경우 심각한 상황이 아니라면 딜러와 협상하면서 가격을 흥정하는 것도 하나의 방법이다.

이렇게 마음에 드는 차량을 결정했다면 중고차 구입 가격에 자동차 등록에 필요한 세금, 차량 등록비, 차량 번호판 등록비, 안전 테스트, 그리고 배기량 테스트 비용이 포함되었는지도 확인해야 한다. 중고차 등록 시 필수적으로 이루어져야 하는 테스트가 바로 안전 테스트 Safety Test와 배기량 테스트 Emission Test인데 두 가지 테스트 비용은 보통 C$200 정도 발생한다. 그리고 중고차 등록에 대한 세금은 중고차 거래 값에서 해당 주에서 부과하는 세율을 적용하여 부과한다(온타리오 주의 경우 13퍼센트).

모든 협상이 이루어졌다면 중고차 거래 계약서에 서명하고 계약금을 지불한다. 이때 차량 등록과 오너십 명의를 이전하려면 반드시 자동차 보험에 가입되어 있어야 한다. 차량 등록 전 미리 보험 회사를 통해 보험에 가입하자. 보험 가입은 차량 번호판이 아니라 모든 차량에 부여된 차량 고유번호인 VIN (Vehicle Identification Number)만으로도 가능하다. 딜러십에서 차량 등록과 오너십 명의 이전을 완료한 날 방문해 잔금을 결제하고 차량을 픽업하면 중고차 구입이 완료된다.

중고차 거래가 가장 활발한 웹사이트

- Kijiji www.kijiji.ca
- Autotrader www.autotrader.ca

06 포토 아이디 발급

캐나다에서 방문자 신분으로 생활하려면 타 국가 사
람들에 비해 현저히 어려 보이는 동양인의 외모 특징
때문에 언제나 사진이 들어있는 포토 아이디 카드를
소지해야 한다.

　사진이 있는 아이디 카드란 여권이나 앞서 설명한 현지 운전면허증 등
이 있는데, 여권은 소지하고 다니기엔 크고, 혹여 분실하기라도 하면 재
발급받아야 하는 불편함이 있다. 그 외 한국 운전면허증을 현지 운전면
허증으로 교환한 상황이라면 현지 운전면허증을 아이디 대용으로 사용
할 수 있어 큰 걱정이 없다. 만약, 운전면허증이 없는 경우 사용할 수 있
는 것이 바로 포토 아이디다. 포토 아이디를 발급받으면 캐나다 현지에

서 신분증 대용으로 사용 가능하고 발급 또한 신속·간단하다.

포토 아이디 발급 신청 시 현장에서 바로 즉석 사진을 촬영하기 때문에 단정한 옷차림으로 가는 것이 좋다. 사진은 카드에 흑백으로 표시되기 때문에 무표정으로 찍을 경우 인상이 상당히 안 좋게 나오는 경우가 있다. 최대한 자연스럽게 웃으며 찍자.

포토아이디 발급 정보

	밴쿠버	토론토
정식 명칭	포토 BC 서비스 카드 Photo BC Services Card	온타리오 포토 카드 Ontario Photo Card
필요 서류	여권, 비자 + 국제 학생증, 신용카드, 현지 은행 데빗카드 중 1개	여권, 비자
발급처	ICBC 드라이버 라이센싱 오피스 ICBC driver licensing office	서비스 온타리오 Service Ontario
발급 비용	무료	C$35
발급 기간	신청한 날로부터 4~6주 이내 작성 시 기재한 주소로 우편 발송	신청한 날로부터 4~6주 이내 작성 시 기재한 주소로 우편 발송
관련 홈페이지	www.icbc.com	www.ontario.ca/page/ontario-photo-card

캐나다 체류 사실에 대한 증명, 어떻게 해야 할까?

한국에서 출국 후 해외의 일정 지역에 90일 이상 거주·체류하는 사람은 캐나다에 있는 한국 재외공관에 내방하여 신청하거나 외교통상부 홈페이지(www.mofa.go.kr)를 통해 반드시 재외국민 등록을 해야 한다.

재외국민 등록을 하면 캐나다에서 긴급 상황 발생 시 한국 공관으로부터 신변안전 보호를 위한 긴급 연락을 받을 수 있다. 또한, 한국 정부에서 재외국민 현황을 파악할 때 근거 자료로도 활용된다. 재외국민 등록 후에는 향후 금융 업무를 보거나 캐나다에 거주했다는 체류 사실에 대한 확인이 필요할 때 재외국민 등록부 등본을 발급 받음으로써 증빙이 가능하다. 또한, 대통령 선거 및 국회의원 선거에서의 선거권 획득을 위한 가장 기본이 되는 행정 절차이기도 하다.

등록이 복잡하거나 어려운 과정이 아니므로 반드시 등록하자. 온라인으로 신청한 경우 등록 후 30일 이내에 여권 개인정보면 사본, 체류 비자 사본 및 캐나다 최초 입국일 스탬프 날인면 사본을 대사관이나 영사관으로 제출해야 등록이 완료된다. 제출은 우편이나 관할 공관의 이메일을 통해서도 가능하다.

07 병원 및 약국 이용

캐나다의 의료 체계는 한국과 엄연히 다르다. 한국에서는 몸이 아프면 아무 병원이나 찾아가서 의사에게 진찰을 받는다. 그 후 의사에게 받은 처방전을 가지고 약국에 가서 약을 사면 끝. 그러나 캐나다에서는 병이 나면 각 가정마다 지정된 가정의 Family Doctor에게 먼저 진찰을 받는다. 다음 단계의 치료가 필요하다고 판단되면, 담당 가정의가 해당 질병의 전문의 Specialist에게 치료를 받도록 소견서를 작성해 준다. 해당 소견서를 바탕으로 전문의의 진찰을 예약하고 방문할 수 있다.

가정의는 이미 지정된 자신의 환자를 우선으로 돌본다. 유학생은 정해진 가정의가 없기 때문에 몸이 아프면 정말 난감하다. 다행히도 캐나다에서는 이렇게 가정의가 없는 사람들이 이용할 수 있는 병원인 워크인 클리닉 Walk in Clinic이 있다. 단, 워크인 클리닉의 경우 말그대로 직접 내방하는 환자들이 있는 곳이기 때문에 대기 시간이 최소 한 시간으로 상당히 길다.

일부 한인 병원에서는 한국에서 가입해 온 유학생 보험의 '지불 보증'을 활용하여 추가 비용 없이 진료하기도 한다. 지불 보증이란 병원에서 먼저 치료를 해주고, 그 치료비에 해당하는 금액은 병원에서 유학생이 가입한 보험 회사에 직접 청구를 하는 것이다. 실제 환자가 지갑에서 돈을 꺼내 지불할 일은 없으나 주의할 점이 있다. 병원에서 이런 점을 악용하는 수가 있다는 것. 유학생 보험으로 받을 수 있는 최대한도 보험금을 받으려고 정확한 치료비를 알려주지 않거나, 치료비 영수증을 발부하지 않는 경우가 바로 그런 예다. 따라서 치료 내역과 치료비에 대한 영수증은 반드시 챙기도록 하고, 부당하게 청구되는 비용은 없는지 확인할 필요가 있다.

워크인 클리닉 Walk in Clinic

지정된 가정의가 없는 사람들이 이용할 수 있는 병원. 예약 없이 진찰을 받을 수 있다. 가정의와 비교했을 때 차이점은 있다. 가정의는 각 가정의 진료 내역 및 그 가족이 가지고 있는 내력 등에 대해 처음부터 추적 관리한다. 워크인 클리닉의 경우 일회성으로 방문하는 곳이기 때문에 기존에 내가 어떤 질병들이 있었는지에 대하여 본인이 먼저 의사에게 밝히지 않는 한 그 부분까지 케어를 해 주지는 않는다. 또한 의사가 여럿 있는 워크

워크인 클리닉 입구 모습

인 클리닉의 경우 방문할 때마다 담당 의사가 바뀐다. 병원마다 차이가 있지만 캐나다에는 의사가 부족해서 최소 한 시간, 기본 두세 시간을 기다리는 것을 당연하게 여긴다. 게다가 진찰은 병이 심각한 사람부터 먼저 받기 때문에 가벼운 감기로 병원을 찾았다가는 시간만 낭비할 수 있다. 그러나 한인 의사가 있는 병원에서는 한인과 유학생을 우선 진료해주기도 한다. 진찰을 받게 되면 진단과 함께 약 처방전을 준다. 자세한 검사나 전문의의 세밀한 진료가 필요하다면, 가정의처럼 소견서를 주고 전문의의 치료를 받을 수 있도록 한다.

가정의 Family Doctor

캐나다에는 가정마다 담당 가정의가 지정되어 있다. 이들은 자신의 환자를 대상으로 정기적으로 건강검진을 하며 전반적인 건강관리를 도맡는다. 대부분의 가정의는 자신에게 지정된 환자를 위주로 진료한다. 따라서 캐나다에 1년 이상 장기 체류를 할 사람이라면 신규 환자를 접수하는 가정의를 찾아 등록하면 좋다. 반드시 가정의를 등록할 필요는 없지만, 담당 가정의가 없다면 병원 가는 일이 기다림의 연속이 된다. 가정의를 찾기 어려울 때는 한국에서 가입한 보험 회사에 연락해 도움을 요청하자. 현재 체류 중인 지역에서 가장 근접한 곳의 가정의를 소개해 준다.

가정의가 거주하는 집

전문의 Specialist

가정의에게 진찰을 받은 결과, 특별한 검사나 정밀한 진료가 필요할 수 있다. 이때는 가정의에게 소견서를 받아 전문의의 진료를 받게 된다. 전문의는 한국에서 특정 과목을 진료하는 안과, 산부인과 등과 같이 특정 과목을 전문적으로 공부한 의사라고 보면 된다.

약국 Pharmacy

캐나다에서 의약품을 구입하는 방법은 한국과 비슷하다. 의약 분업으로 캐나다 약국에서 구입할 수 있는 것은 처방전이 필요 없는 감기약·진통제·알레르기약·소화제·반창고 등이다. 이런 기본적인 약은 편의점에서도 구입할 수 있다. 그 외의 항생제 같은 의약품을 구입하려면 반드시 병

원에서 받은 처방전 Prescription 을 가지고 있어야 한다.

캐나다에서 가장 규모가 큰 약 국은 샤퍼스 드러그 마트 Shoppers Drug mart, 퀘벡 주 에서는 파마프리 Pharmaprix다. 캐

처방전이 필요 없는 약들이 진열되어 있는 모습

나다 전역에 1,000여 개의 체인점이 있다. 여기서는 의약품 외에도 채소 나 과일을 제외한 기본적으로 편의점에서 구입할 수 있는 제품과 화장품 등을 다양하게 판매한다. 샤퍼스 드러그 마트 외의 약국 체인으로는 렉솔 드러그 스토어 Rexall Drug Stores · 파마 플러스 Pharma Plus · 가디안 Guardian · I.D.A 등이 있다.

가정의가 없을 때 누구나 이용할 수 있는 일반 병원

의사에게 처방받은 약을 구입하려면 샤퍼스 드러그 마트 등에 들어가서 'Pharmacy'라고 써 있는 곳으로 간다. 그리고 카운터 위에 'Prescription Drop off' 라고 써있는 곳으로 가서 처방전을 약사에게 전달한다. 약사가 처방전 내용을 확인한 뒤 몇 분 뒤에 다시 오라고 알려준다. 그러면 그 시간에 맞춰서 다시 방문한다. 약을 가지러 왔을 때는 'Pick Up'이라고 써 있는 카운터로 가서 자신의 이름을 말하면 된다. 캐나다의 약국에서는 약값 외에 약사들의 제조비를 별도로 청구하고 있다. 약국마다 다르지만 적게는 $9.99 부터 많게는 $15까지도 청구한다.

08 생활용품 쇼핑

식료품 구입

홈스테이를 한다면 호스트가 식사를 준비하니 직접 장을 보거나 요리하지 않아도 된다. 하지만 본격적인 자취 생활에 돌입했다면 알뜰하게 살림을 꾸려야 한다. 캐나다에는 장을 보기 좋은 대형 마트가 많다. 사람들이 많이 이용하는 곳으로는 노블로스 Loblaws · 노프릴스 No Frills · 푸드베이식 Food Basics · 월마트 Walmart · 티앤티 슈퍼마켓 T&T Supermarket · 코스코 Costco 등이 있다. 마트별 특징을 소개한다.

노블로스 Loblaws

중상급 이상 품질의 과일이나 채소를 원한다면 이곳에서 쇼핑하자. 매장

정돈이 잘 되어 있는 노블로스

이 전체적으로 청결하고 잘 정돈되어 있다. 브랜드 상품 위주로 판매하는 고급형 슈퍼마켓이다. 그런 만큼 가격대는 다른 대형 마트보다 비싼 편. 또한 노블로스에는 업체에서 개발한 독자적인 아이템인 노 네임 NN(No Name)으로 표기하는 것과 프레지덴츠 초이스 PC(President's Choice)로 표기하는 것이 있다. 기존에 판매되는 브랜드 상품과 비슷한 품질을 갖추고 있지만, 가격은 브랜드 상품보다 최고 50퍼센트까지 저렴하다. 직접 사용해보고 브랜드 상품과 특별한 차이를 느끼지 못한다면, 노 네임과 프레지덴츠 초이스를 구입하는 것이 지출을 줄이는 방법이다.

노프릴스 No Frills

노블로스와 동일한 회사 소속인 대형 마트. 가격은 전체적으로 노블로스보다 저렴한 편이다. 식료품과 생활용품의 품질은 중·저급 정도에 해당한다. 특별히 고품질의 상품에 구애받지 않는 사람들이 이곳에서 쇼핑을 많이 한다. 노프릴스에서도 노블로스와 마찬가지로 노 네임과 프레지던츠 초이스 제품을 판매하는데, 분명 동일한 상품인데도 노블로스보다 노프릴스에서 구입하는 게 훨씬 싸다. 예를 들면, 노블로스에서 프레시던츠 초이스 콜라 한 병이 C$0.99라면, 같은 콜라를 노프릴스에서는 C$0.87에 판다. 캐나다의 한 조사 결과에서도 노프릴스가 노블로스보다 최대 16퍼센트까지 저렴한 값에 상품을 판매하는 것으로 확인됐다.

그러므로 품질을 고려해 구입해야 하는 식료품이나 생활용품은 노블로스에서 구입하고, 품질과 상관없는 포장제품 등은 노프릴스에서 구입하는게 이득이다.

푸드 베이식 Food basics

중·저급 품질의 제품과 잘 알려지지 않은 브랜드 제품을 판매하는 식료품점. 가격과 품질 등이 노프릴스와 비슷하다. 푸드 베이식과 노프릴스의 가격을 본격적으로 비교해보면 전반적으로 노프릴스가 더 저렴하다. 캐나다인은 노프릴스를 더 선호한다.

월마트 Walmart

북미에서 가장 성공한 대형 할인 마트다. 식료품 외에도 다양한 제품을 판매하는 한국의 롯데마트나 이마트 같은 곳이다. 대체로 품질이 아주 좋지는 않지만 타 마트 대비 가격은 다소 저렴한 편이다.

티앤티 슈퍼마켓 T&T Supermarket

한국·중국·일본·필리핀 등 아시아 식품 위주로 판매하는 곳. 중국인이 세운 슈퍼마켓이다. 그러나 2009년 노블로스에서 인수하여 현재는 노블로스와 동일한 운영 주체가 운영하고 있다. 가격은 노프릴스와 푸드 베이식보다 조금 비싸고, 노블로스보다는 저렴하다. 중국인이 많이 사는 지역

아시아 식품을 구입할 수 있는 티앤티 슈퍼마켓

에는 반드시 있다. 주변에 한국 식품점이 없다면 이곳에서 스낵·음료·라면·김치·된장 등의 한국 식품을 구할 수 있다. 가장 큰 장점은 영업시간이 무척 길다는 것. 오전 9시부터 밤 9~10시까지 영업하고 대도시에 있는 지점은 새벽 1시까지도 영업한다.

코스코 Costco

한국에서는 '코스트코'라고 발음하지만 캐나다에서는 '코스코'라고 부른다. 한국과 마찬가지로 언제나 대량으로 구입해야 한다. 대량 판매인 탓에 가격은 매우 저렴하다. 고기나 생선의 품질이 상당히 좋다. 노블로스의 자체 브랜드 노 네임이나 프레시던츠 초이스처럼 코스코에도 자체 브랜드 커클랜드 Kirkland가 있다. 커클랜드는 유명 브랜드 상품보다 품질이 결코 떨어지지 않는데도 가격이 저렴하다. 코스코에서 판매되는 제품 중 가장 저렴한 것은 비타민제와 같은 영양제다. 단, 회원제로 운영되어서 반드시 회원카드가 있어야 매장에 들어갈 수 있다.

여기서 한 가지 팁! 코스코 회원카드는 국제회원카드라서 전 세계에 있는 코스코에서 사용이 가능하다. 만약 한국 회원카드가 있다면 캐나다에서도 이용할 수 있다. 고객센터에 요청하면 한국 회원카드의 남은 기간만큼 캐나다 코스코 회원카드를 무료로 재발급해주기도 한다.

차이나타운 Chinatown

가격은 가장 저렴하고, 품질은 보통이지만 가장 싱싱한 채소와 과일을 구입할 수 있다. 차이나타운에는 식료품을 판매하는 상점이 몇 군데 있다. 이곳에서는 티앤티 슈퍼마켓같이 아시아 식품 위주로 판매한다. 분위기는 한국의 재래시장과 비슷하다. 평일부터 주말까지 여러 인종으로 항상 붐빈다. 물건을 찾는 사람이 많은 만큼 물건 공급 또한 지속적으로 이루어져, 항상 가장 싱싱한 제품을 살 수 있다. 일반 대형 마트에서 큰 사과를 구입할 경우 보통 '1lb(파운드)당 C$0.99'식으로 판매된다. 차이나타운에서는 한국과 마찬가지로 '3개 C$1'처럼 묶어서 판다. 그러나 중국인의 특성상 식료품점이 깔끔하지는 않다. 또 냉동장치 없이 판매되는 생선

차이나타운 내에 위치한 상점

때문에 비린내가 난다. 자주 다니다 보면 익숙해져서 큰 문제가 되지는 않는다.

한국 식품점

한국인 이민자들이 많이 거주하는 곳에 있다. 한국에서 판매되는 거의 모든 제품을 판매한다. 밑반찬이나 양념 고기 등을 사면 그리운 한국의 맛을 손쉽게 차려 먹을 수 있다. 단, 가격이 비싼 편이다.

주류 구입

기존에 주류는 오직 주류 전문점에서만 구입할 수 있었다. 주류 전문점이란 온타리오 주에서는 엘시비오 LCBO와 비어 스토어 Beer Store, 브리

토론토에서 가장 큰 한국 식품점

티시컬럼비아 주에서는 리큐어 스토어 liquor store를 말한다. 그러다 현행법이 개방적으로 개방됨에 따라 예전보다 주류를 구입할 수 있는 구매처가 다양해졌다. 식료품 매장에 와인 전문 매장이 입주하거나 허가를 받고 맥주를 판매하는 곳도 늘었다. 주류 전문점에서는 병 단위와 캔 단위로 주류를 판매한다. 빈 병이나 빈 캔을 반납하면 용량에 따라 10~20¢를 환불해준다.

술을 마실 때 기억해야 할 사실! 실외에서는 술을 마시면 안 된다. 이것은 캐나다의 법이다. 실외에서 술을 마시다 경찰에게 적발된다면 한 병당 C$100 정도의 벌금을 내야 하니 각별히 주의하자. 단, 실외 행사가 있을 때 주 정부의 허가를 받았다면 실외라도 특정 구역에서는 술을 마실 수 있다.

엘시비오 LCBO

맥주·양주·와인·칵테일 리큐르 등 모든 종류의 주류를 판매한다. 한국의 소주나 백세주, 막걸리 등을 이곳에서 구입할 수 있다. 한국 주류 제품 외에 양주나 리큐어 등은 한국보다 저렴하다.

비어 스토어 Beer Store

맥주 전문 판매점으로 종류가 다양하다. 세계 맥주의 가격은 한국과 큰 차이는 없지만 캐나다에서 생산되는 맥주는 저렴한 편이다.

리큐르 스토어 liquor store

엘시비오처럼 모든 종류의 주류를 판매한다.

의류 및 잡화 구입

도시마다 쇼핑을 할 수 있는 대형 쇼핑몰이 있다. 이곳에서 의류나 잡화를 구입하거나 백화점 또는 유명 브랜드 제품 중 일부 제품을 모아 판매하는 매장 위너스 Winners에서 쇼핑하면 된다. 위너스에서는 폴로나 나이키 등의 브랜드 제품을 주로 판매한다. 가격은 정가보다 저렴하지만 일종의 아웃렛과 같은 곳이라 제품의 질이 그다지 좋지 않거나 시즌이 지난 상품이 많다. 캐나다의 대표적인 백화점으로는 더 베이 The Bay가 있다. 예전에는 시어스 Sears라는 백화점도 있었으나 운영에 어려움을 겪다가 결국 2018년 1월 캐나다 전 매장이 폐점했다.

의류 및 잡화 구입의 팁을 소개하자면, 시간 여유가 있을 때, 미국 국경 근처에 있는 아웃렛 몰에 가자. 아웃렛에서 쇼핑하면 정가보다 최고 70퍼센트까지 할인된 가격으로 물건을 구입할 수 있다. 그러나 쇼핑하고 캐나다로 돌아올 때 캐나다 세관에 구입 금액을 신고한 뒤 캐나다 세금을 부담해야 한다는 맹점이 있다.

캐나다에서는 공휴일이 있는 주에 상점들이 약 일주일간 공휴일 행사를 한다. 대중교통이나 길거리의 무료 신문을 잘 살펴보면 광고가 많다. 광고 중에는 아웃렛 정보도 많이 있으니 놓치지 말고 한번 찾아가 보길 추천한다.

문구류 구입

캐나다에는 학교 앞에 문구점이 없다. 그래서 문구를 사려면 스태플스 Staples나 그랜드앤토이 Grand&Toy 또는 오피스 디포 Office Depot 에 가야 한다. 스태플스는 주 고객 대상이 회사 단위라 낱개로 구입할 수 있는 물건이 조금씩 줄어들고 있다. 가격대는 모두 비슷하므로 자신이 원 하는 제품이 있는 곳에서 구입하면 된다.

전자제품 구입

전자제품을 전문으로 판매하는 상점은 베스 트 바이 Best Buy · 더 소스 The Source 등 이 있다. 그 외 월마트 Walmart · 코스코 Costco · 홈 디포 Home Depot · 캐나디안 타이어 Canadian Tier 등에서도 구입할 수 있다. 같은 제품이더라도 가격 차이가 크게 나는 경우가 있다. 온라인을 통해 사전 가격 비교 후 구입하는 것이 현명하다.

전자제품 매장인 베스트 바이

가구 구입

가장 대표적으로 가구를 판매하는 상점은 아이키아 IKEA다. 한국에서는 '이케아'라고 발음하지만 캐나다에서는 '아이키아'라고 한다. 조립 가구 라 다른 상점보다 저렴한 편이다. 조립에 익숙하지 않다면 번거로울 수

조립가구 전문 매장 아이키아

있다. 아이키아 직원에게 조립을 의뢰하면 추가 비용을 내야 한다.

물건 구입 방법은 한국 이케아와 같다. 조립이 완성된 견본을 눈으로 확인한 뒤 마음에 드는 물건이 있다면 견본 전시장 곳곳에 있는 메모지와 몽당연필로 견본 아래 붙어 있는 번호를 메모한다. 사려는 물건을 모두 골랐다면 물건이 쌓여있는 창고로 가서 견본 번호를 찾아간다. 그곳에는 조립되지 않은 포장된 물건이 준비되어 있다. 이것을 카트에 싣고 나와서 계산하면 된다. 다른 가구 상점으로는 브릭 The Brick과 레온스 Leon's 등이 있다.

주택 관련 제품 구입

철물점에서 판매되는 제품을 전문적으로 세분화해서 판매하는 매장이 있다. 캐나디안 타이어 Canadian Tire · 로나 Rona · 홈 디포 Home Depot · 로위스 Lowe's 등이다. 주로 공구 · 전기용품 · 주방용품 등 주택 관련 용품을 판매한다. 캐나디안 타이어에서는 자동차용품을 팔고, 자동차 정비도 한다.

달러 숍

캐나다에는 물건을 C$1에 판매하는 상점이 있다. 가장 대표적인 곳은 달러라마 Dollarama · 달러 트리 Dollar Tree · 애브리팅 포 어 달러 스토어 Everything for a dollar store · 달러 자이언트 Dollar Giant이다. 대부분의 상품이 C$1이고, 그 가격대 이상의 제품도 있다. 이곳에서는 속옷 · 양말 · 신발 같은 잡화 그리고 주방용품 · 사무용품 · 유아용품 · 애완용품 · 파티용품 · 식료품 · 공구 등을 판매한다. 즉, 일반 대형 마트에서 판매하는 품목을 대부분 C$1에 구입할 수 있다. 물품은 모두 'Made in China'. 딱 C$1 값어치를 하는 제품부터 C$1에 구입하기엔 너무 잘 샀다고 감탄하게 만드는 제품까지 다양하다. 제품을 잘 고를수록 돈을 벌어가는 기분이다.

예를 들어 전기 콘센트를 연결해 쓰는 멀티탭은 캐나디안 타이어나 홈

디포에서 구입하면 C$10 가까이 내야 하지만, 이곳에서는 C$1에 살 수 있다. 학용품도 굳이 한국에서 사올 필요가 없는 것이 달러 숍에서 노트·연습장·펜 등을 C$1에 구입할 수 있기 때문. 이런 문구류를 스테플스나 그랜드앤토이에서 구입한다면 펜과 노트 구입에 개당 C$5 이상을 써야 한다.

달러 숍과 대형 마트에서 판매하는 제품을 비교했을 때 달러 숍의 값이 조금 더 비싼 품목은 바로 식료품이다. 여기서 중요한 쇼핑 팁 한 가지! 생활에 필요한 제품은 달러 숍을 이용하고, 식료품은 가격이 저렴한 노프릴스나 푸드 베이식을 이용하자. 최고로 알뜰하게 쇼핑하는 방법이다.

달러 숍에서 물건 구매 시 유의해야 할 사항이 있다. 달러 숍에서 판매하는 C$1라는 가격에는 세금이 포함되어 있지 않다. 실제로 계산할 때는 한 개당 C$1 외에 달러 숍이 위치한 주의 세율에 맞는 세금을 추가로 계산해야 한다. 토론토가 속해 있는 온타리오 주의 경우 통합소비세 HST 13퍼센트를 물품의 정가 외에 세금으로 지불해야 한다. 곧 C$1 물품 한 개를 사면, 실제 계산해야 하는 금액은 C$1.13이다.

중고 제품 구입

생활비용를 절약할 수 있는 가장 좋은 방법은 역시 중고 제품을 사는 것. 구입해서 쓰다 보면 저렴한 가격에 잘 샀다는 감탄이 저절로 나는 게 바로 캐나다에서 구입하는 중고 제품들이다.

캐나다인이 가라지 세일이나 야드 세일을 할 때는 홍보 전단을 만들어

가라지 세일

거주지 근처 전봇대나 벽에 붙여 알리고, 주로 주말이나 공휴일에 물품을 판매한다. 이때 파는 물품은 보통 C$1~20 정도에 거래된다. 물론 굉장히 좋은 제품이라면 가격은 그 이상으로 올라간다. 교회 같은 단체에서도 이런 가라지 세일을 한다.

우리나라의 아름다운가게와 같이 중고 제품만 전문적으로 판매하는 비영리 단체도 있다. 바로 벨류빌리지 Value Village · 트리프트 스토어 Thrift Store 등이다. 이들은 사람들이 기부한 물품을 판매하고, 얻은 수익금은 장애인을 돕는 곳에 사용한다. 이곳에서 판매되는 물품 종류는 다양하다. 의류가 많고, 전자제품 · 도서 · 음반도 있다.

여기서 알아 두어야 할 팁! 이들 단체에 기부되는 물품 중 대부분이 중고 제품이다. 하지만 옷이나 신발 가게에서 재고로 남은 새 제품을 기부하는 경우도 있어, 잘만 고르면 새 제품을 굉장히 싼 가격에 구입할 수 있다. 의류의 경우 일반 티셔츠는 C$1.99~2.99 정도이고, 남방이나 블라우스는 C$4.99, 청바지는 C$7.99 등으로 매우 저렴하다.

유학생의 경우 캐나다에서 산 옷을 한국으로 모두 가져가긴 어렵다. 일부는 버리고 가야 하는 상황도 벌어진다. 그러니 몇 개월 입고 버려도 아깝지 않을 옷을 구입하자. 이럴 때 이러한 중고 상점에서 예쁘고 저렴한 옷을 구입하면 비용을 절약할 수 있다.

무빙 세일 Moving Sale

깨끗하고 새것 같은 전자제품이나 생활용품을 싼값에 살 방법이 있다. 바로 유학생을 통해 구입하는 것. 유학생들은 이사하거나 한국으로 귀국하

TIP

중고 물품 판매 웹사이트
- **캐나다 한국인 스토리 모음** cafe.daum.net/skc67
- **키지지** www.kijiji.ca

기 전에 자신이 사용하던 물건을 또 다른 유학생에게 판매한다. 이것이 바로 무빙 세일 Moving Sale!

무빙 세일에서는 20인치 TV가 C$50 정도의 가격으로 거래된다. 6단 책꽂이는 운이 좋으면 C$5~10에도 구입할 수 있다. 비슷한 6단 책꽂이를 아이키아에서 새 제품으로 산다면 최소 C$70는 내야 한다. 무빙 세일의 좋은 점은 이곳에서 구입했던 물품을 나중에 되팔 때도 구입했던 가격 그대로 판매할 수 있다는 점. 가격 산정 기준은 어차피 현재 동일 품목이 거래되는 시세에 맞추어져 있다. 몇 년이 지나도 항상 같은 가격을 유지하므로 사용한 기간에 따른 감가상각이 이루어지지 않는다.

유학생이 쇼핑할 때 항상 기억해야 할 것! 캐나다에서 한시적으로 머문다는 사실이다. 그래서 한국으로 돌아갈 때는 일부만을 되가져간다. 결국 나머지는 중고 물품으로 판매하거나 버린다. 이 말은 곧 굳이 비싼 비용을 들여 좋은 물품을 구입할 필요는 없다는 것이다.

TIP

쇼핑할 때 유용한 웹사이트

• 세이브 save www.save.ca

대형 마트에서 판매되는 다양한 제품의 할인 및 무료 쿠폰을 구할 수 있는 곳. 매주 업데이트되니 자주 방문하여 유용한 쿠폰을 구하면 된다.

• 레드 플래그 딜 Red Flag Deals www.redflagdeals.com

캐나다에서 사용할 수 있는 각종 할인 쿠폰 정보와 캐나다인들의 쇼핑 정보를 주고받는 커뮤니티.

09 도서관 이용

캐나다 도서관을 이용하는 것도 좋은 경험이 된다. 도서관에서는 영어 공부에 필요한 도서뿐만 아니라 소설책부터 전공 도서까지 모두 대여할 수 있다. 또한 각종 DVD나 비디오 및 음악 CD도 빌려준다.

캐나다에는 지역마다 공공 도서관이 굉장히 많다. 밴쿠버의 경우 21군데가 있고, 토론토에는 100군데가 있다. 도서관을 이용하는 방법도 매우 쉽다. 도서관에서 자료를 대여하려면 도서관 카드가 있어야 하는데, 도서

관 카드를 만들려면 여권이나 캐나다 운전면허증 등의 신분증 1개와 자신의 거주지 증명을 위해 은행이나 공공기관에서 자신의 앞으로 온 우편물 봉투가 있으면 그 자리에서 바

로 도서관 카드를 발
급 받을 수 있다.

대출 기간은 대부분
3주다. DVD나 비디오
의 경우 7일간 대여가
가능하다. 대출 기간을
연장하려면 도서관 홈페이지에서 도서관 카드번호를 입력한 뒤 신청한
다. 전화나 도서관 내에 있는 컴퓨터를 이용해도 된다.

도서관 이용할 때 주의할 점은 대여 기간을 꼭 지키는 것. 도서를 연체
하면 연체 기간에 따라 벌금이 부과되는데, 최고 C$14까지도 부과된다.
일단 벌금이 C$10가 넘으면 도서관에서 더는 책을 빌릴 수 없도록 도서
관 카드 이용이 정지된다. 15권 이상, 6주 이상 연체되어도 도서관 카드
이용이 정지되니 유의하자.

도서관은 보통 평일에는 오전 9시부터 오후 6시 또는 8시까지 운영한
다. 주말에는 오후 5시에 문을 닫는다. 도서관마다 운영시간이 조금씩 다
르므로 방문 전 미리 확인하자.

TIP

공공 도서관 웹사이트
- **밴쿠버 공공 도서관** www.vpl.ca
- **토론토 공공 도서관** www.torontopubliclibrary.ca

10 레스토랑에서의 외식

캐나다에서 생활하면서 최대한 식비를 아끼기 위해 주로 집에서 요리를 해먹지만 가끔은 기분 전환 겸 외식하고 싶을 때가 있다. 시내에 나가면 굉장히 많은 레스토랑이 있는데 어디에서 어떤 음식을 먹을 수 있는지에 대한 정보가 없다면 레스토랑 입구조차 발 디디기가 힘들어진다.

　캐나다에서는 어떤 체인 레스토랑을 쉽게 찾아볼 수 있고, 어떤 종류의 음식들을 맛볼 수 있는지 알아보자. 그리고 한국에는 존재하지 않지만 캐나다에는 있는 팁 문화에 대해서도 알아보자.

캐나다 레스토랑 종류

스위스 샬레 Swiss Chalet

특별한 격식을 차리지 않은 편안한
분위기에서 식사할 수 있는 캐주얼
다이닝 Casual Dining 레스토랑.
북미 사람들이 일반적으로 즐겨 먹
는 오븐구이 소고기나 치킨, 바비

큐 립, 버펄로 윙, 버거나 샌드위치 등을 맛볼 수 있다. 대표적인 메뉴로
는 로티서리 치킨 Rotisserie Chicken이 있다. 가로로 긴 꼬챙이에 치킨
을 통째로 꽂은 뒤 90분간 구우며 황갈색으로 맛있어질 때까지 요리하는
방식이다. 치킨 일부 조각과 빵, 샐러드, 그리고 본인 선택에 따라 감자
튀김이나 립, 또는 해산물 요리 등이 함께 제공된다. 가격대는 C$9.99~
14.09이다.

홈페이지 | www.swisschalet.com

더 케그 스테이크하우스+바 The Keg Steakhouse+Bar

한국에서도 쉽게 볼 수 있는 아웃
백 스테이크하우스와 같은 스테이
크 전문 레스토랑이다. 캐나다 특
유의 고급 소고기 스테이크를 맛
볼 수 있는 곳으로 소고기 스테이

크 외에도 치킨, 생선 스테이크, 바비큐 립 등의 메뉴가 있다. 가격대는 C$28~45.

홈페이지 | www.kegsteakhouse.com

에이앤더블유 A&W

버거킹이나 맥도날드같이 버거를 판매하는 캐나다 대표 패스트푸드점이다. 에이앤더블유의 대표 메뉴는 더 버거 패밀리 The Burger Family로 버거 이름이 베이비 Baby, 마마 Mama, 틴 Teen, 파파 Papa 등으로 재미있다. 다른 패스트푸드점에 비해 소고기 패티가 굉장히 두껍고 담백하다는 특징이 있다. 소고기 패티 대신 닭가슴살로 패티를 만든 처비 치킨 Chubby Chicken 버거와 무알콜 음료인 루트비어 Root Beer도 유명하다. 루트비어는 캐나다인이 버거를 먹을 때 콜라처럼 마시는 음료로 나무의 뿌리에서 추출해 낸 즙이나 생강 뿌리 등에 시럽을 섞어서 만든 음료이다. 그 맛을 표현할 때 일부 사람들은 '파스 맛' 혹은 '박카스 맛'이라는 표현을 사용하는데, 이는 박하 향이 나면서도 달콤한 탄산음료라고 설명할 수 있다. 가격대는 단품 버거 C$1.75부터, 콤보 C$10.70부터 시작한다.

홈페이지 | www.aw.ca

이스트 사이드 마리오 East Side Mario's

로고에서도 토마토 그림을
볼 수 있듯이 이탈리안-아
메리칸 스타일의 캐주얼 다
이닝 레스토랑이다. 피자와
파스타가 주메뉴이고 그 밖
에 그릴 치킨, 그릴 연어, 샌

드위치 등을 맛 볼 수 있다. 이곳에서는 메인 메뉴를 주문하면 샐러드와
수프를 무한 리필해 준다. 가격대는 C$10~30 정도이다.

홈페이지 | www.eastsidemarios.com

마일스톤 그릴+바 Milestones Grill+Bar

북미의 전형적인 음식을 무
난하게 맛볼 수 있는 캐주얼
다이닝 레스토랑이다. 주메
뉴는 포토벨로 머시룸 치킨
Portobello Mushroom
Chicken과 슬로우 로스트

프라임 립 Slow Roasted Prime Rib이다. 포토벨로 머시룸 치킨은 닭가
슴 살에 슬라이스 버섯, 카펠리니 파스타가 주 구성이고 캐나다에서 쉽게
접할 수 있는 향신료인 바질 Basil과 구운 마늘이 함유된 크림 소스를 위

에 얹은 메뉴이다. 프라임 립은 꽃등심을 의미한다. 큰 소고기 덩어리를 자르지 않은 상태에서 겉을 천천히 익히는 방식이다. 다 구워진 소고기를 썰면 담백하게 구워진 겉 부분과 함께 내부는 레어 Rare 상태의 소고기를 맛볼 수 있다. 그 외에는 버거, 파스타, 샌드위치 등의 메뉴가 있다. 가격대는 C$7~30.

홈페이지 | www.milestonesrestaurants.com

캐나다의 뷔페

많은 종류의 음식을 한 자리에서 다양하게 맛볼 수 있는 매력이 있는 뷔페. 캐나다에도 다양한 종류의 뷔페가 있다. 캐나다에서는 뷔페라는 표현보다는 'All You Can Eat' 또는 'AYCE'라고 표기한다. 일식 뷔페인 Sushi

All You Can Eat 레스토랑이 대표적이다. 그 밖에 중국인이 운영하는 중식 뷔페도 많다. 중식 뷔페 중 대형 체인으로 운영되는 곳은 만다린 Mandarin이다. 만다린은 현재 총 26개의 체인으로 운영되고, 온타리오 주에만 위치한다. 나이아가라 폭포를 방문할 예정이라면 나이아가라 폭포 지점도 있으니 한번 방문해보자.

한국인들은 한국의 고기 뷔페 개념으로 레스토랑 운영을 많이 하는데 큰 체인으로 운영되는 곳은 없다. 'Korean BBQ Grill All You Can Eat'이라고 표기되어있으면 그곳이 바로 고기 뷔페이다. 고기 뷔페에서는 삼겹살·목살 외 양념된 소고기·돼지고기를 맛볼 수 있다.

고기 뷔페를 제외한 일식·중식 뷔페는 점심과 저녁 메뉴가 다르게 운영되는데 보통 점심 메뉴가 기본 메뉴이고 저녁에 특별한 메뉴들이 추가되는 방식이다. 일반적으로 점심 뷔페 가격은 C$13.99~18.99, 저녁 뷔페 가격은 C$24.99~35.99이다. 저녁 뷔페 메뉴에 정말 특별한 것이 포함된 것이 아니라면 대개 점심에 이용하는 것이 훨씬 유리하다.

뷔페마다 가격이 같더라도 제공하는 음식 메뉴는 모두 각양각색이다. 특히 초밥 뷔페는 주로 중국인과 한국인이 많이 운영한다. 오너가 어느 나라 사람인지에 따라 같은 가격의 초밥 뷔페라 하더라도 일식 외 중식 또는 한식 메뉴가 포함된 곳들도 있으니 레스토랑 방문 전 인터넷으로 해당 레스토랑 홈페이지에 방문해 미리 메뉴를 살펴보자. 대부분의 뷔페에서는 탄산 음료를 유료로 제공하지만, 음료를 무료로 양껏 제공하는 곳도 있다.

한국에는 존재하지 않는 팁 문화

고객이 좋은 서비스에 대한 답례로 주는 팁. 팁은 캐나다인뿐만 아니라 서양인에게는 생활화되어 있는 문화다. 서비스 업종에 일하는 분들에게 감사하는 마음을 팁으로 표현할 수 있다. 하지만 연방세 GST와 주정부세 PST로 세금이 13퍼센트에서 15퍼센트 정도 더 부과되고, 팁까지 내야 한다는 데 부담을 느낄 수도 있다. 가장 일반적으로 식당에서 주는 팁의 금액은 전체 요금의 10~15퍼센트가 적당하다. 그러나 이 정도의 팁을 반드시 줘야 하는 것은 아니다.

만약 식당의 서비스가 만족스럽지 않았다면 10퍼센트 미만의 적은 팁을 주기도 한다. 또 캐나다에서 '최악의 서비스'라는 의미로 팁 1센트를 주는 경우도 있다. 하지만 팁으로 1센트를 주는 것은 굉장히 안 좋은 뜻이 될 수 있다. 서비스나 품질, 모든 것에 불만족했다 하더라도 25센트 정도의 액수를 예의상 건네는 것이 좋다.

식당 이외에 미용실이나 네일 숍, 택시 등을 이용한 뒤에도 요금의 10~15퍼센트를 팁으로 주는 것이 적당하다. 또 호텔의 도어맨이나 포터 또는 룸서비스 직원에게는 C$1~3 정도를 팁으로 주면 무난하다. 푸드코트나 패스트푸드점 같은 곳은 선불로 요금을 지불하기 때문에 요금을 계산할 때 따로 팁을 지불하지 않아도 된다. 대신, 'TIP'이라고 써진 상자가 계산대 앞에 있다. 이것은 강제성을 띠는 것이 아니므로 손님의 기분에 따라 결정하면 된다.

캐나다의 커피 체인점

캐나다인들은 하루의 시작과 마감을 커피로 한다. 어디에 가도 커피 전문점을 쉽게 찾을 수 있다. 여기서 말하는 커피 전문점은 스타벅스나 커피 빈 같은 체인점을 말한다. 캐나다의 대표 커피 전문점으로는 팀홀튼 Timhortons과 전 세계에서 유명한 스타벅스 Starbucks, 그리고 세컨드 컵 Second Cup, 티모시 Timothy's, 커피 타임 Coffee Time 등이 있다.

팀홀튼은 저렴한 가격의 맛있는 커피를 판매해서 유학생과 캐나다인이 가장 많이 이용한다. 아침 출근길에 팀홀튼에서 커피를 사려면 기본 5~10분은 줄을 서고 기다려야할 정도다. 팀홀튼에서 잊지 못할 커피는 바로 여름에 마실 수 있는 아이스 카푸치노 Iced Cappuccino! 이것은 한국의 다방 커피를 얼려 슬러시로 만든 듯한 맛이다. 캐나다에 왔다면 꼭 마셔야 할 커피! 세컨드 컵에서 판매하는 패션프루트 그린티 Passion Fruit Green Tea는 녹차맛 슬러시다. 한번 맛보면 푹 빠져든다.

11 위기 상황 대처법

여권 재발급

국제적인 신분증인 여권을 분실했다면 재발급이 가능하니 당황하지 말자. 대한민국 공관인 영사관이나 대사관을 통해 재발급받을 수 있다. 우선 여권 사본을 별도로 보관 중이라면 여권 사본을 가지고 가까운 캐나다 경찰서로 가서 여권 분실 신고를 한다. 분실 여권이 범죄에 사용되는 것을 방지하기 위함이다. 경찰서 신고 후 가까운 공관에 방문하여 여권 재발급을 신청한다. 신원 조회에 이상이 없는 한 재발급 소요 기간은 약 3주다. 분실로 재발급 신청을 했다면 기존 분실 여권은 효력을 상실하기 때문에 되찾았다 하더라도 사용이 불가하다.

만약 5년 이내에 2회 이상 여권을 분실했다면, 경찰청 분실 신고 여부

조회 후 여권 발급이 가능하다. 이런 경우, 여권 상습 분실자로 분류되어 여권 발급일에 3~4개월 정도가 소요되고 재발급 시 더 까다로운 심사를 받게 되므로 가능하면 잃어버리지 않는 것이 최선이다.

여권 재발급은 반드시 본인이 신청해야 하고, 질병 등의 부득이한 사유로 대리인이 신청해야 할 경우 본인 신청이 어려운 사유서와 함께 진단서 등의 증빙 자료를 첨부하여 제출해야 한다.

이때 주의할 점은 분실 여권에 함께 부착되어 있던 캐나다 비자도 캐나다 이민국을 통해 재발급을 신청해야 한다. 만약 미국 비자까지 함께 부착되어 있었다면 이는 미국 영사관에 문의해야 한다.

여권 재발급 시 필요한 서류

• 여권 발급 신청서 1부 (공관에서 작성)

• 여권 분실 신고서 1부 (공관에서 작성)

• 여권용 사진 1매 (6개월 이내 촬영한 사진, 전자여권이 아닌 경우 2매 필요)

• 신분증 원본 1부

• 여권 분실자의 이름으로 발급된 가족관계증명서 1부

• 체류 비자 원본 및 사본 각 1부

• 체류 비자 원본 분실 시 주재국 체류 허가서 미제출 사유서 및 서약서 각 1부(공관에서 작성)

• 학생 비자 분실 시 캐나다 현지 재학 증명서, 취업 비자 분실 시 캐나다 현지 재직 증명서 1부

- 방문자의 경우 출국일이 확정된 비행기 귀국 항공권
- 만 25~37세 병역 의무자의 경우 병역 관련 증빙 서류
- 수수료 C$65/68.90(10년 기준 사증 면수 24/48면)

신속해외송금제도 이용

해외여행을 하다 보면 예기치 못한 상황이 발생하기도 한다. 특히 금전을 도난 혹은 분실했을 때가 가장 당혹스러운 순간일 것이다. 예를 들어, 캐나다 워킹홀리데이에 합격한 뒤 캐나다에서 현지 계좌를 만들기 전까지 사용할 초기 자금을 현금으로 가져왔는데 그 돈을 모두 분실했다고 가정해보자. 당장 룸 렌트를 구하더라도 첫 달과 마지막 달의 렌트비를 지불해야 하는 상황에서 어떻게 해야 할까? 이럴 경우에 활용할 수 있는 제도가 바로 외교부의 신속해외송금제도이다. 2007년에 처음 도입되어 시행한 제도로, 해외여행 중 현금, 신용카드 등을 분실·도난 당한 경우나 긴급하게 현금이 필요할 경우 혹은 긴급 상황이 발생한 경우 1인당 1회, US$3,000 상당에 한해 이용할 수 있는 아주 유용한 제도이다. 제도명 자체가 '신속'해외송금제도이기 때문에 빠르면 신청 당일 즉시 지급 받을 수 있어 굉장히 유용하다. 단, 주의할 점은 해외에 체류한 지 2년 이상이 된 신청자의 경우 별도의 신고 절차가 필요하다.

이용 방법

① 해외에서 현금이 필요한 신청자가 현지 대사관이나 총영사관 등의 재외공관을 통해

긴급 경비 지원을 신청한다.

② 재외공관은 신청에 대한 심사를 진행한 뒤 신청 승인 및 송금 절차를 신청자에게 안내한다.

③ 승인을 받으면 안내 받은 내용을 한국에 있는 가족이나 지인에게 연락해 송금 절차를 알려주거나 혹은 영사 콜센터(02-3210-0404)에 전화로 송금 절차를 문의한다.

④ 안내 받은 외교부 협력 은행 입금 계좌번호로 필요한 금액을 입금하고 다시 영사 콜센터로 전화해 입금 완료 사실을 알린다.

⑤ 영사 콜센터에서 해당 협력 은행을 통해 입금을 확인하고 확인 완료 즉시 재외공관에 신속히 입금 사실을 통보하게 된다. 최종 입금 사실을 통보 받은 재외공관에서는 신청자에게 해당 금액을 현지 화폐로 환전하여 지급한다.

현지에서의 주의 사항

낯선 사람이 수표와 연관된 부탁을 하면 거절하자.

예전부터 지금까지 꾸준히 유학생을 상대로 부도 수표 사기 사건이 빈번하게 일어나고 있다. 캐나다에서 체킹 계좌를 개설하면 쓸 수 있는 개인 수표를 이용한 사기 사건이다. 개인 수표는 발행 은행과 동일한 수표가 아니면 이 수표가 유효한지 확인하는데 7~10일 정도 걸린다. 수표에 표기된 금액을 입금해서 은행 잔고에 입금한 금액이 표시된다 할지라도 수표의 유효성 여부가 확인되기 전에는 출금할 수가 없다. 문제는 수표가 유효하지 않다고 판단될 경우다. 부도 수표라면 은행 잔고에서도 수표 입금 당시의 잔액이 다시 빠져나간다. 이런 점을 유학생들이 잘 모른다는 것을 악용하는 사기꾼들이 기승을 부린다.

사기 방법은 이렇다. 낯선 사람이 접근해서 친구한테 송금을 받을 수 있게 잠시 은행 계좌를 빌려줄 것을 부탁한다. 또는 밴쿠버에 방금 도착했는데 지갑도 잃어버렸고, 신분증이 없다면서 '은행 계좌 개설을 하지 못한다. 친구가 은행 계좌에 돈을 송금해 준다고 했으니 확인 후 송금 액수만큼 현금으로 인출해 달라'고 한다. 이때 절대로 계좌번호를 알려 주어서는 안된다. 또 그 사람에게 수표를 받고 현금을 인출해 주어서도 안된다. 이 수표가 바로 부도 수표니까! 이러한 사람을 발견한다면 가까운 캐나다 경찰서나 한국 대사관 또는 영사관으로 신고하면 된다.

무심코 한 행동이 범죄로 오해받을 수 있다

한국과 캐나다 사이에는 법규와 문화 차이가 크다. 이런 차이를 충분히 알지 못한다면 어떤 일이 생길까? 별 생각 없이 한 행동이 자칫하다 범죄 혐의로 오해를 받을 수 있다. 현지 경찰에게 체포될 수도 있고, 불리한 대우를 받을 수도 있으니 각별히 주의해야 한다.

어린이에게 하지 말아야 할 행위

- 귀엽다고 쓰다듬거나 만지는 행위
- 부모나 보호자의 동의 없이 아이를 데려가는 행위
- 자동차나 집 안에 10세 이하의 어린이를 혼자 남겨두고 가는 행위

사람에게 하지 말아야 행위

- 상대에게 물건을 던져 무섭게 위협을 가하는 행위
- 상대의 몸을 붙잡고 흔들거나 팔을 억지로 잡아 데리고 가는 행위
- 상대가 어디로 이동하지 못하게 막는 행위
- 상대가 원치 않는 성적 접촉을 하는 행위
- 욕설을 하는 행위
- 전화 등을 반복하여 괴롭히는 행위
- 상대에게 위협을 주는 과격한 발언

기타

더운 여름 자동차 안에 애완동물을 1분 이상 홀로 남겨둘 경우 주변 사람들이 신고해 벌금을 내게 된다. 애완동물의 주인 자격을 박탈 당할 수도 있으니 주의하자.

총기 위협 시의 대처법 LockDown

캐나다는 북미에서 총기 사고로부터 비교적 안전한 나라이다. 하지만 총기 소지가 불법이라 하더라도 총기를 소지해 그것으로 위협을 가하는 행위들이 간혹 일어나곤 한다. 이럴 경우를 대비하여 정부나 학교, 병원 등에서는 사전에 락다운 LockDown이라는 안전 훈련을 정기적으로 실시하여 실제 상황에 당황하지 않고 잘 대처할 수 있도록 하고 있다. 훈련은 실제 상황이라고 가정하고 대피하는 연습을 한다. 실제로 락다운이 발생

하였다면 건물 내부에 'LockDown' 글씨로 불이 들어와 쉽게 인식할 수 있다. 락다운 대피 방법은 아래의 세 가지로, 절차를 미리 숙지하여 실제 상황이 발생하더라도 당황하지 말고 숙지한 내용대로 행하면 된다.

1. Get Out

일단 망설이지 말고 실내에서 외부로 최대한 빨리 대피한다. 생명이 가장 중요한 것이므로 대피할 때에는 소지하고 있던 소지품은 그 자리에 그냥 두고 나온다. 가능하다면 다른 사람들이 함께 대피할 수 있도록 도와준다. 대피할 때는 외부에 이미 주변의 신고로 인해 경찰이 대기 중일 수도 있다. 외부로 나올 때 자신은 총기를 소지한 범인이 아니라는 것을 경찰에게 확인시켜 주어야 한다. 반드시 그들에게 양손을 보여줌으로써 아무것도 지니고 있지 않다는 것을 알려야 한다.

2. Hide and Barricade

총기를 소지한 범인이 실외로 연결되는 문을 막아놓은 상황이라 외부로 대피하기 어렵다면, 몸을 숨기고 범인이 자신을 찾지 못하도록 큰 물체 등으로 막아놓는 방법이다. 특정 공간에 있는 상황이라면 문을 닫은 뒤 잠그고 책상 등의 큰 물건으로 문을 최대한 막는다. 그리고 반드시 모든 불을 소등하고 절대적으로 그 어떠한 소음도 내서는 안 된다. 휴대폰은 반드시 무음으로 해 놓아야 한다. 이를 통해 범인이 이곳에 아무도 없다고 인식하도록 해야 한다. 만약 현재 숨고 있는 상황에서 화재 경보가 울

린다 하더라도 현재 숨은 장소가 화재로부터 안전한 곳이라면 그 순간의
화재 경보는 무시해야 한다.

3. Fight

공교롭게도 범인에게 발각된 상황이라면 최후의 수단으로 범인과 직접
싸우는 방법이다. 범인과 마주했을 때는 망설이지 말고 즉각 행동을 취하
고, 최대한 공격적으로 대해야 한다. 자신이 지를 수 있는 최대한으로 소
리를 지르고, 주변에 물건들이 있다면 범인을 향해 마구 던지도록 한다.
소화기 등 자신의 생명을 지키기 위해 범인에게 무기로 사용할 수 있는
것이 근처에 있다면 바로 무기로 사용해 범인을 공격해야 한다.

TIP

긴급 전화 911

긴급한 사건 사고 발생 시에는 가장 먼저 연락해야 하는 곳이 911이다. 911은 24시간
연중무휴로 운영되고 있고, 캐나다는 이민자 사회인 만큼 영어 외 다양한 언어를 구사
할 줄 아는 요원들이 대기하고 있다. 영어가 서투르다 할지라도 본인이 한국인이라는
것을 접수원에게 알려주면 한국말이 가능한 요원으로 연결을 시켜준다. 일반적으로
911에 전화를 하면 가장 먼저 경찰, 소방대원, 구급차 중 어느 것을 원하는지 또 어느
도시에 거주하고 있는 지를 묻는다. 그러므로 영어가 서툰 상황에서 경찰을 필요로 할
경우 "Police, Toronto, and speak Korean" 이라고 요원에게 알려주면 된다.

Canada

CHAPTER

05

영어 실력 향상법

영어를 배우고자 캐나다에 왔는데, 너무 비싼 학원비
가 감당하기 어려운 당신에게도 희망은 있다. 무료 수
업을 비롯해 생활 속에서 영어 실력을 쌓을 다양한 기
회를 놓치지 말자.

01 무료 영어 교실

커뮤니티 센터와 학교에서 실시하는 ESL 교실

ESL(English Second Language)은 정부에서 지원하는 영어 프로그램이다. 이민자뿐 아니라 유학생들도 참여할 수 있는 영어 교실이다. 주로 공공 도서관·학교·커뮤니티 센터·교육기관에서 실시한다. 이민자의 경우에는 무료로 교육받을 수 있지만 유학생인 경우 무료인 곳도 있고, 소정의 비용을 지불해야 하는 곳도 있다. 일반 영어 교실 외에 토플이나 비즈니스 영어도 배울 수 있으니 자신이 원하는 코스를 선택해 등록하면 된다. 한인 단체에서도 자원봉사를 하는 한인 2세나 캐나다인이 영어를 가르치는 무료 영어 교육 프로그램을 운영한다. 이러한 무료 ESL 교실 정보는 주로 공공 도서관 게시판과 무료 생활 정보지에서 볼 수 있다.

교회에서 실시하는 ESL 교실

많은 교회에서 ESL 교실을 운영한 다. 특별히 종교를 강요하지는 않 으니 부담을 가질 필요는 없다. 다 만 교회가 주최하니 수업의 시작과 끝에 예배나 기도를 하거나 찬송가

를 부른다는 특징이 있다. 간단한 테스트로 레벨을 나누고, 레벨에 맞춰 서 수업을 진행한다. 무료로 진행하는 곳이 많지만 최근에는 학기 Semester나 텀 Term 단위로 교육비를 받는 곳도 많이 늘었다.

TIP

밴쿠버 교회 무료 ESL 교실

- Granville Chapel
  5901 Granville St. I 604-263-4121 I www.granvillechapel.com
- New Westminster Christian Reformed Church
  8255 13th Ave. I 604-521-0111 I www.nwcrc.ca
- Wilson Heights United Church
  1634 E. 41st Ave. I 604-754-3752 I www.saviourofthenations.org
- Vancouver Nazarene Church
  998 E 19th Ave. I 604-874-2022 I vancouvernazarene.ca
- Grace International Baptist Church
  7650 Jasper Cres. I 604-816-7437 or 604-785-3937 I www.gibcvancouver.com

토론토 교회 무료 ESL 교실

- Advent Lutheran Church
  2800 Don Mills Rd. l 416-493-1435 l www.adventlutheranchurch.ca
- Trinity Evangelical Lutheran Church
  621 Sherbourne St. l 419-921-9417 l www.trinitytoronto.com
- Grace Church
  447 Port Union Rd. l 416-284-8424 l www.gracewesthill.ca
- Mimico Baptist Church
  80 Hillside Ave. l 416-251-2855 l www.mimicobaptist.ca
- Trinity Grace Church
  826 Eglinton Ave. l 647-828-7608 l trinitygrace.ca
- Danforth Community Church
  1050 Danforth Ave. E. l 416-461-6061 l www.danforthchurch.ca

공공 도서관에서 실시하는 무료 회화 클럽

캐나다 전역의 도서관에서는 이민자를 대상으로 무료 회화 클럽 Free Talking을 운영한다. 이 클럽은 영어를 배우려는 사람들과 캐나다인 자원봉사자로 구성된다. 지점에 따라 다르지만 보통 주 1회씩 운영한다. 매주 새로운 주제를 정하여 그것에 대해 대화한다. 여러 명이 함께 대화를 나누는 시간도 있고, 캐나다인 자원봉사자들이 한 명씩 옆에 배치되어 일대일로 대화 할 수도 있다. 도서관 지점마다 클럽 운영 시간이 다르니 여러 군데 도서관을 다니며 참여해도 좋다. 꾸준히 다닌다면 학원에 다니는 것과 같은 효과를 얻을 수도 있다.

02 생활 속 TV와 라디오 활용

어학연수 관련된 정보에서 항상 나오는 이야기가 있다. TV나 라디오는 CNN이나 BBC 같은 뉴스 프로그램을 자주 듣고 시청하라는 것. 하지만 흥미도 없이 뉴스를 보고 듣는 게 영어 공부에 도움이 될까? 어떠한 일을 하더라도 관심이 없다면 금방 싫증 나고 하기 싫어지기 마련인데 말이다. 한국에서도 뉴스를 보면 어려운 용어가 많아 이해되지 않을 때가 있다. 억지로 영어 공부를 할 필요는 없다. 자신에게 맞는 방법을 선택하자. 자신에게 적합한 영어 공부야말로 진정으로 쉽게 영어를 터득할 수 있는 방법이니까.

자막이 포함되어 나오는 TV

TV

캐나다 TV는 자막 방송을 한다. 이 자막을 활용하여 TV를 보되 평소 관심이 있는 프로그램을 택하자. 만화에 관심이 있다면 집에 있을 땐 항상 만화 프로그램을 보는 건 어떨까? 만화에서는 어려운 단어가 사용되지 않으니 이해도 쉽다. 〈패밀리 가이 Family Guy〉 같은 성인용 만화를 빼면 거칠지 않은 문장을 접할 수 있고, 실생활에서도 응용해볼 수 있다.

이렇게 자주 시청하다가 어느 정도 리스닝이 잘된다고 느껴질 때 자막을 없애고 시청하자. 만화에 나오는 문장이 매우 잘 들린다면 이제는 수준을 높이자. 영화나 드라마를 자막 없이 시청하는 단계로 한 단계씩 수준을 높이는 것. 이렇게 하다 보면 관심 있어서 보았던 TV 시청만으로도 영어 실력이 발전한다.

TV 시청으로 리스닝을 향상시키고, 자막으로 문장력을 향상시키는 것만 할 수 있을까? 자막을 보고 발음 공부도 할 수 있다. 한국의 어학원에서는 발음보다는 어휘력을 많이 늘리고, 정확한 문장을 구사한다면 외국인들이 영어 실력을 인정한다고 강조한다. 그러나 현지에서는 다르다. 발음이 좋지 않으면 외국인들이 알아듣지 못한다.

캐나다인 친구와 영화 〈코요테 어글리 Coyote Ugly〉 이야기를 해보려고 영화 제목을 말했다. 그런데 친구가 계속 고개를 갸우뚱했다. 이유는 바로 발음 때문. 한국식 발음 '코요테 어글리'를 알아듣지 못했다. 그래서 노래 〈Can't Fight The Moonlight〉가 삽입된 영화를 알고 있냐고 묻자 친구는 그제야 원어민 발음으로 "아! 카요리 어글리"라고 했다.

이렇게 중요한 발음 공부를 TV로 할 수 있다. TV로 시청할 때 TV에서 나오는 말을 자막을 보고 그대로 복사하듯이 똑같은 억양과 똑같은 발음으로 따라 해보자. 이 방법을 지속해서 한다면 평소 회화를 할 때 자신도 모르는 사이에 TV의 억양과 발음으로 자연스럽게 대화할 수 있게 된다. 캐나다에서 영어 공부를 하며 스트레스를 받았던 것은 상대방의 발음을 이해하지 못했을 때다. 그때마다 "Sorry?" 또는 "Pardon?" 이렇게 되묻기도 곤혹스러웠다. 하지만 TV 자막으로 학습하고, 전반적인 영어 공부를 마친 뒤에는 되묻는 말을 하는 횟수가 줄어들었다.

이 밖에 캐나다에서도 동영상 스트리밍 서비스인 넥플릭스를 통해 흥미로운 드라마 시리즈들을 시청할 수 있다. 넥플릭스를 통해 영어 공부를 하는 것도 하나의 방법이 된다.

라디오

라디오로 공부하는 방법도 추천한다. 관심 있는 라디오 프로그램을 들으면 된다. 캐나다에는 지역별로 24시간 내내 음악과 간단한 멘트로 방송을 하는 라디오 프로그램들이 있다. 음악 듣는 것을 좋아하는 사람이라면 라디오 프로그램 하나를 정해서 시간이 날 때마다 듣자. 자주 듣다 보면 본인도 모르게 외워져 흥얼거리게 된다. 관심 가는 노래가 생기면 노래 가사도 찾아보게 되고 나중에는 가사까지 외우면서 영어 공부를 하게 된다. 다양한 매체의 프로그램을 계속 들으며 발음 공부를 꾸준히 하자. 하다 보면 언제부터인가 라디오에 나오는 팝송이 저절로 머릿속에서 바로 해석 된다.

TIP

캐나다 라디오를 들을 수 있는 웹사이트

- 104.5 CHUM FM(최신음악) www.iheartradio.ca/chum
- boom 99.7(최신음악) www.boom997.com
- 103.5 QM/FM(최신음악) www.iheartradio.ca/qmfm
- Virgin Radio 94.5(최신음악) www.iheartradio.ca/virginradio/vancouver
- Classical 96.3FM(클래식음악) www.classical963fm.com
- 캐나다 뉴스 CBC(캐나다대표뉴스) www.cbc.ca
- SN590 The FAN(캐나다스포츠) www.sportsnet.ca/590
- CKNW News Talk Sports AM 980(캐나다스포츠) www.cknw.com

유튜브

스마트폰이 필수품이 된 요즘 자신만의 창의적 콘텐츠 영상을 제작하여 유튜브에 업로드하는 다양한 분야의 유튜버들이 활동하고 있다. 이 중 영어 강좌를 올리는 해외 유명 유튜브 채널들이 있다. 무료이지만 굉장히 전문적이고 체계적으로 영상 콘텐츠를 제작하는 영어 강사 유튜브 채널을 통해 학습하는 것도 하나의 방법이다.

TIP

영어 학습이 가능한 유용한 유튜브 채널들

- British Council | LearnEnglish
- Learn English with EnglishClass101.com
- Real English®
- English For You
- Learn English with Let's Talk- Free English Lessons
- Learn English with Misterduncan
- JenniferESL
- Anglo-Link

03 자원봉사 참여

캐나다에서는 자원봉사 활동이 매우 활발하다. 봄이 되면 시작되는 수 많은 이벤트와 축제를 진행하는 요원의 80~90퍼센트가 모두 자원봉사자다. 이들은 이런 행사가 성황리에 마칠 수 있도록 최선을 다해 활동한다. 또 회사에서 하는 자원봉사는 일종의 인턴과 비슷한 의미로 간주된다. 학생들은 학교에 다니면서 자신이 미래에 입사하고픈 회사에 자원봉사를 지원한다. 이때 여러 가지 일을 도우면서 일을 배우게 된다. 졸업 후에 가장 우선적으로 채용되는 사람은 바로 이런 학생들이다.

캐나다에서 취업할 때는 그 사람에 대한 추천서의 일종인 레퍼런스 레터 Reference Letter를 요구한다. 자원봉사 활동을 하면 바로 그 레퍼런스 레터도 받게 되고, 이력서를 작성할 때도 경력으로 기록할 수 있다.

    유학생의 신분에서 이런 자원봉사 활동을 하면 장점이 많다. 첫째가 영어 공부를 할 수 있다는 점! 모든 의사소통이 영어로 이루어지니까 일 대일 개인 강습이 따로 필요 없다. 참여자들과 대화하면서 영어 회화 실력을 늘릴 수 있는 좋은 기회다. 단, 영어 공부만을 목적으로 자원봉사 활동을 하는 것은 금물이다. 보수도 받지 않고 하는 자발적인 활동이므로 봉사하는 마음이 먼저임을 기억하자. 둘째는 캐나다인과 친해질 수 있는 계기가 된다. 같은 환경에서 일하면 동료 의식도 높아지고, 그렇게 만난 친구들은 더 쉽게 친해진다. 참여하는 자체만으로도 여러 사람을 만날 수 있으니 분명 얻을 수 있는 점도 많다. 셋째는 캐나다 사회 활동에 참여하면서 캐나다 사회를 직접 느낄 수 있다는 것. 캐나다에서는 질병과 관련된 행사가 많다. 가장 크게 열리는 행사 중 하나가 여성 유방암 퇴치를 위한 단거리 마라톤 대회다. 이런 행사들이 개최될 때는 모든 미디어가 행사를 촬영하기 위해 몰려든다. 마지막으로 자신이 한국에서 하고자 하는 업무 분야에 도움이 될 수 있는 자원봉사를 한다면 한국에서도 인정받는 해외 경력을 쌓을 수 있게 된다.

이벤트나 축제의 자원봉사

거리를 걷거나 대중교통을 타고 가다 보면 광고판이나 현수막에 행사를 소개하는 광고가 많다. 이런 광고들은 보통 행사 개최 두세 달 전부터 시작된다. 광고 아래쪽에는 행사 홈페이지 주소가 나온다. 그 주소를 적었다가 홈페이지에 방문해 자원봉사를 신청한다. 간혹 신청하는 양식이 따로 없고, 담당자 이메일 주소만 나와 있는 경우도 있다. 그럴 때는 담당자에게 이메일을 보내자. 자기소개부터 시작해 이 일에 대한 의욕과 자신이 이 행사에 도움이 될 어떤 실력을 지녔는지 알리면 며칠 뒤 답변을 받을 수 있다.

행사 시작 한 달 전에 선정된 자원봉사자를 위한 오리엔테이션을 실시한다. 오리엔테이션에서는 각자에게 업무를 부여하고 어떤 식으로 업무를 진행해야 하는지까지 상세하게 설명한다. 오리엔테이션을 시작하기에 앞서 각자 자기소개와 봉사활동에 참여한 이유를 발표하기도 한다. 내용을 잘 들어보면 중·고등학생들은 대부분 학교 졸업을 위한 의무 시간을 위해서라고 답한다. 특별히 행사 목적에 관심이 많다는 대답도 있지만, 다양하고 재미있는 캐나다 스타일의 농담과 이야기가 나온다. 많은

사람 앞에서 영어로 발표하는 경험도 가질 수 있다.

드디어 행사 당일 활동이 시작된다. 먼저 행사 본부에서 자신의 이름이 인쇄된 명찰을 받는다. 행사 주최측에서는 언제나 뒷면에 'Volunteer'라고 찍힌 무료 티셔츠를 제공하여 자원봉사자를 구분한다. 행사 자원봉사에 많이 참여하면 이 무료 티셔츠가 쌓이는 재미도 있다. 행사에서는 식사나 기념품이 무료로 제공이 된다.

행사가 끝나고 몇 주 또는 한 달 뒤에 무사히 행사를 마친 보답으로 자원봉사자 파티가 열린다. 모든 음식이 무료로 제공되며, 간혹 고급 레스토랑에서 식사하기도 한다. 성인들만 참여한 행사였다면, 자원봉사자 파티에서는 무료 맥주나 와인 등이 무제한 제공된다.

커뮤니티 센터나 비영리 단체의 자원봉사

주기적인 자원봉사를 원할 때 가장 좋은 방법은 이력서를 작성하여 직접 해당 단체를 방문하고 신청하는 것이다. 일단 신청하고 나면 연락이 올 때까지 기다리면 된다. 해당 홈페이지를 통해서도 신청할 수 있다. 이때 는 자신이 어떤 분야의 일을 원하는지 선택하여 자원봉사 담당자에게 이 력서와 신청서를 보낸다. 담당자는 이력서를 검토하고 연락을 준다. 연락 이 왔다면 해당 기관에 방문하여 어떤 일을 해야 하는지 설명을 듣는다. 자신이 원하는 시간과 요일이 언제인지 정확히 전하고, 협의하여 자원봉 사에 참석한다.

이렇게 주기적으로 자원봉사 활동을 하다가 그만둘 때는 레퍼런스 레 터를 받을 수 있다. 이 레터는 담당자가 직접 작성한다. 활동한 업무 분야 와 활동 기간 및 시간 등이 나와 있다. 담당자가 느낀 자원봉사자의 평이 적혀 있어서 취업하거나 레퍼런스 레터가 요구될 때 큰 도움이 된다.

기업체나 정부기관 자원봉사

특정 기업이나 정부기관에서도 자원봉사를 할 수 있다. 물론 선정 기준이 까다롭지만 밑져야 본전이라는 생각으로 한번 지원해보자. 나의 경우, 우 리나라 정부기관인 주 토론토 총영사관에서도 1년간 자원봉사를 했다. 처음에는 무작정 이력서를 작성해 총영사관 이메일 주소로 보냈다. 그때 는 자원봉사자 모집 기간이 아니라는 이유로 거절당했다. 자원봉사자를 모집할 때 공고문이 총영사관 홈페이지에 게재된다는 말을 듣고는 매일 홈페이지에 접속했다. 자원봉사자를 모집한다는 글을 기다린 지 한 달 만에 공고를 확인했다. 다시 이력서를 보낸 결과 마침내 자원봉사자로 뽑혔다.

지원하고 싶은 기업체나 정부기관이 있다면 용기를 내자. 인사 담당자나 기관 이메일로 자신의 이력서와 함께 자원봉사를 하고 싶다는 내용을 전하자. 기관에서 연락을 취해 면접을 보기도 하고, 합격하면 그곳에서 일할 수 있게 된다. 무엇보다도 앞서 말했듯 지레 겁먹지 말라는 이야기를 하고 싶다. 떨어지더라도 직접 부딪혀 본 것과 아닌 것의 차이는 크고, 기준이 까다롭더라도 철저하게 준비한다면 합격할 기회도 커진다.

04 사설 어학원과 대학 부설 영어 과정

비용을 절약하기 위해 무료 영어 교실을 찾아다니는 것도 하나의 방법이지만, 개인 성향에 따라 현지 어학원에서 체계적으로 영어를 배우기를 선호하는 사람도 있을 것이다. 어학원은 크게 두 가지로 나눌 수 있다. 사설 어학원과 대학교 내 부설로 운영되는 영어 과정이다.

사설 어학원

사설 어학원은 쉽게 생각하면 한국의 일반적인 어학원이다. 현지 어학원인 만큼 강사진 모두 캐나다인이고, 학원에 따라 하루 종일 수업하는 풀 타임과 일부 시간만 수업하는 파트 타임 형식으로 나뉜다. 학원 등록 후 첫날에는 레벨 테스트를 진행하고 본인 실력에 적합한 레벨이 정해지면 같은 레벨의 어학연수생과 함께 수업을 받는다. 그리고 매달 정기적으로 레벨 테스트를 치르며 시험 결과에 따라 더 높은 레벨로 올라가는 방식이다.

사설 어학원 등록을 원할 경우 한국에서 유학원을 통해 등록하는 경우가 많다. 모든 유학원에서 동일한 혜택을 제공하는 것은 아니지만 일부 유학원을 통해 등록하면 캐나다 현지에 도착했을 때 공항 픽업 후 현지 숙소까지 무료로 데려다주거나 현지 정착에 필요한 은행 계좌 오픈, 휴대폰 개통 등을 도와주는 경우도 있다. 유학원을 통하지 않고 직접 현지 어학원 등록 담당자와 연락해 학원비 할인 등의 혜택을 받을 수 있는 경우가 아니라면, 유학원을 통해 등록하고 이러한 혜택들을 받는 것도 하나의 방법이라 할 수 있다

한국 유학원을 통한 어학원 등록 시 주의점

1. 장기 등록은 현지에서 손해를 보는 환불을 부를 수 있다.

한국 유학원에서는 학생이 어학원을 등록하는 기간이 길면 길수록 현지 어학원으로부터 제공받는 커미션이 많아진다. 유학원 관계자는 학생이 어학원에 장기간 등록하도록 안내하고, 학생들은 유학원 관계자 말대로 진행하는 경우가 허다하다. 그래서 풀 타임 과정으로 6개월씩 대부분 등록하고 캐나다로 오게 된다.

6개월 과정으로 등록하고 왔지만, 아무런 간섭을 받지 않는 해외 생활에서 본인의 의지가 약해지는 순간 게을러지기 쉽다. 처음 1~2주 동안에

는 열심히 학원에 나오지만, 새로운 친구들을 사귀고 그들과 어울리며 매일 저녁 홈 파티를 즐기다 보면 학원 가는 것이 귀찮아지고 결국 등록만 해놓고 장기 결석한다. 학원이 다니기 싫어지면 어학원에 환불을 요구하게 되는데, 남은 기간에 대한 전액 환불은 불가하다. 일부 금액을 차감하고 환불하는 경우가 대부분이다. 환불하면 큰 손해를 본다는 것을 인지한 일부 학생들은 정규 학원비보다는 저렴하면서도 환불받을 때의 금액보다는 더 많은 액수로 다른 학생에게 학원 등록권을 양도하기도 한다.

자신이 이럴 일은 없을 것으로 생각할 수 있지만, 아무에게도 간섭받지 않는 자유로운 생활을 하다 보면 강한 의지 소유자가 아닌 이상 나태해지는 건 한순간이다. 여러 경우의 수를 고려한 뒤에도 한국에서 유학원을 통해 사전에 현지 어학원을 등록하고자 한다면, 환불 정책을 꼼꼼히 따져 보고 최소 개월 수만 등록하자.

2. 유학원 설명과 현지 수업 분위기는 다를 수 있다.

현지에 도착해서 어학원에 갔더니 유학원에서 설명한 것과는 다른 분위기일 수도 있다. 예를 들어 한국인 수가 많지 않고 주로 타 국가에서 영어를 배우러 온 학생이 많다고 안내를 받았는데, 실제 현지에서는 한국인 학생 수가 전체 수강생의 절반 이상을 차지하는 경우다.

그래서 사실 가장 좋은 건 한국에서 미리 등록하는 것이 아니라 현지에 도착해서 여러 어학원을 직접 방문해보면서 미리 트라이얼 레슨을 받아보고 학원 분위기도 살펴본 뒤에 결정하는 것이다. 물론 직접 찾아보고, 등록해야 하는 만큼 발품을 팔아야 해 등록까지 시간이 걸린다. 하지만 트라이얼 레슨은 무료로 진행되므로 부담없이 여러 학원을 통해 받을 수 있다. 일부 학생들은 학원 선택 이전에 이 트라이얼 레슨만으로 여러 어학원을 전전하며 제대로 된 수업은 아니지만 한 달간 무료로 영어 공부를 하는 경우도 있다.

개인의 성향별(소극적/적극적) 어학원 등록 방법

적극적 성향	소극적 성향
1. 한국에서 유학원 무료 상담을 통해 현지 어학원 정보 수집 (어학원 카달로그 무료 수집 가능)	1. 한국에서 유학원 무료 상담을 통해 현지 어학원 정보 수집 (어학원 카달로그 무료 수집 가능)
2. 마음에 드는 어학원 리스트 정리	2. 유학원 담당자에게 어학원 추천 요청 – 추천 이유와 타 어학원과 비교 시 장/단점 문의
3. 캐나다 도착 후 해당 어학원 직접 방문 답사	
4. 실제 분위기 파악 후 트라이얼 레슨 신청	3. 해당 어학원에서 현재 진행중인 프로모션 유무 및 학원비 할인 가능 여부 문의
5. 가장 마음에 드는 어학원 선정 후 어학원 등록 담당자와 학원비 할인 협상 진행 및 현재 진행 중인 프로모션 문의	4. 가장 마음에 드는 어학원 선택
6. 추후 발생할 수 있는 만약의 상황에 대비해 가급적 단기로 등록	5. 추후 발생할 수 있는 만약의 상황에 대비해 가급적 단기로 등록
7. 장기 등록 시 할인 혜택이 많을 경우 추후 환불 규정이 합리적인지 확인	6. 장기 등록 시 할인 혜택이 많을 경우 추후 환불 규정이 합리적인지 확인
8. '캐나다에서 본인이 직접' 어학원 등록 완료	7. '한국에서 유학원을 통해' 어학원 등록 완료

대학 부설 영어 과정 ESL/EAP

캐나다 칼리지나 유니버시티에는 캐나다인 학생 외에도 많은 국제학생이 재학 중이다. 국제학생이 현지 대학에 입학하기 위해서는 토플 TOFEL이나 아이엘츠 IELTS 등의 공인 영어 시험 점수를 제출하거나 대학 내 부설로 운영되는 ESL(English as a Second Language) 또는 EAP (English for Academic Purposes) 영어 과정을 이수한 뒤 최종 레벨 테스트에 합격했을 때 정규 학과 과정 입학을 허용한다.

이런 대학 부설 영어 과정을 수강하는 경우, 수업이 이루어지는 곳이 실제 대학교 강의실이기 때문에 현지 대학교 캠퍼스 생활을 직접 경험해 볼 수 있다는 장점이 있다. 대학 부설 영어 과정에만 재학 중이더라도 해당 대학 소속의 재학생이므로 학생증을 발급받는다. 캠퍼스 내 도서관과 국제학생을 위해 마련된 학습 센터, 실내 체육관이나 헬스장, 카페테리아, 레스토랑 등의 이용이 모두 가능하다.

교육 방식에 있어 사설 어학원과 다른 점도 있다. 이 영어 과정을 거쳐 이후 대학교의 정규 학과 과정에 입학했을 때 국제학생이 영어로 진행되는 현지 수업에 잘 적응하고, 캐나다인과 동일하게 주어지는 과제들을 영어로 충분히 수행할 수 있는 능력 향상에 집중한다는 점이다. 다시 말해 대학 부설 영어 과정에서는 회화·청해·독해 등의 기본 영어 수업 외에 특히 작문 과정을 집중적으로 교육한다. 회화와 작문 실력을 보다 향상하고자 한다면 사설 어학원보다 대학 부설 영어 과정을 선택하는 것도 하나의 방법이다.

사설 어학원과 대학 부설 영어 과정 비교

	사설 어학원	대학 부설 영어 과정
시설 수	• 대도시일 수록 어학원이 많아 선택의 폭이 넓음 • 소도시의 경우 어학원시설이 아예 없는 경우도 있음	대/소도시 모든 유니버시티나 칼리지 내에 대학 부설 영어 과정이 있음
수강 과정 종류	• 회화 수업뿐만 아니라 토플/아이엘츠 등 영어 시험 과정 및 테솔 등 자격증 과정도 수강 가능 • 수강할 수 있는 과정의 수가 다양	• 대학 수업에 필요한 학업 위주의 영어 수업으로 진행 • 수강 과정은 1가지이고 수강자의 영어 실력에 따라 레벨이 나뉨 • 기본 회화보다 에세이 작성을 위한 작문과 영어 발표 수업 등에 집중
수강 기간	• 자유롭게 선택 가능	• 대부분 1학기인 4개월(14주) 기준으로 등록 • 최소 2개월(7주) 등록도 가능
수업 시간	• 풀 타임 오전 9시부터 오후 4시까지 • 파트 타임일 경우 선택 가능. 1주당 24~28시간 수업	• 풀 타임으로 오전 8시부터 오후 4시까지 수업. 중간에 공강 존재. 1주당 24시간 수업
학생 수	15명 내외	15명 내외
개강일	매월 1일	대학마다 다름. 대학 홈페이지 통해 확인 필요
강사진 현황	강사 전문 자격증이 있는 강사도 있으나 미소지자도 있음	강사 전문 자격증을 소지한 네이티브 스피커로 구성
혜택	• 어학원 주최의 다양한 프로그램 참여 가능 • 친밀도 높은 수업 방식으로 다양한 국적의 친구를 사귈 수 있음 • 다양한 수강 과목이 있으므로 자신에게 필요한 과목만 집중해서 수강 가능 • 수업 시간 선택이 가능하므로 시간 관리에 효율적	• 해당 대학시설을 대학생과 동일하게 이용 가능 • 대학 내 동호회 활동 가능 • 도서관 내에서 영어 에세이 첨삭 무료 이용 가능 • 최종 레벨 모두 이수 후 해당 대학 본과 입학 가능 • 본과 입학 전 미리 본과 과목 수강을 통해 학점 이수 가능 • 캐나다 현지 대학 생활을 미리 경험할 수 있음
비용	4주 풀 타임 기준 $1,400 전후(14주 시 C$4,900)	1학기(14주) 기준 C$5,500

Canada

CHAPTER

06

캐나다 취업 성공하기

자신이 원하는 분야의 해외 경력도 쌓고, 캐나다인 동료는 물론, 캐나다 생활에 필요한 비용을 충당할 수 있는 워킹홀리데이 비자만의 특징, 취업. 취업에 필요한 것이 무엇인지 하나씩 살펴 준비하자. 성공적인 해외 취업에는 노력이 필수다.

01 사회보장번호(SIN) 발급

워킹홀리데이 비자를 얻었다고 해도 취업하는 데 필요한 것은 또 있다. 캐나다에서 일하려면 SIN(Social Insurance Number)이라 불리는 사회보장번호를 꼭 발급받아야 한다. 이것은 한국의 주민등록증처럼 개인마다 부여되는 번호가 다르다. 소득세, 정부의 생활 보호 복지 · 세금 환급 등을 신청할 때 반드시 필요하다.

SIN 발급은 서비스 캐나다 Service Canada에 방문하여 신청할 수 있다. 기존에는 SIN 발급 시 플라스틱 카드 형태로 발급해 주었는데 2014년 3월 31일부터 캐나다 법이 개정되면서 SIN 발급에 대한 확인 레터 개념의 종이 양식만 제공한다. 신청 시 필요한 서류는 여권과 비자, 워크 퍼밋 Work Permit이다. 서류는 반드시 원본으로 제출해야 한다. 신청하면 현장에서 즉시 SIN 발급 확인 레터를 받을 수 있다. SIN을 부여받은 후에는 캐나다에서 합법적으로 일을 시작할 수 있다. 신청서는 서비스 캐나다 사무실에 방문하면 비치되

서비스 캐나다

어 있다. 서비스 캐나다는 지역마다 있으므로 서비스 캐나다 홈페이지에 접속해 거주지와 가장 가까운 사무실을 찾아 방문해 신청하면 된다.

TIP

가까운 서비스 캐나다 Service Canada 찾기

서비스 캐나다 홈페이지에 들어가면 자신의 거주지에서 가장 가까운 사무실의 위치 정보를 확인할 수 있다. 해당 주소(www.servicecanada.gc.ca/tbsc-fsco/sc-hme.jsp?lang=eng)에 접속하자.

• **밴쿠버 사무실:** 757 Hastings St. W. Sinclair Centre Room Suite 415
• **토론토 사무실:** 25 St. Clair Ave. E. 1 Floor (St. Clair 전철역 부근)

02 일자리 종류

많은 사람이 워킹홀리데이 비자를 취득했을 때 캐나다에서 어떤 일을 할 수 있을지 의문을 갖는다. 일반적으로 워홀러가 근무하는 주된 직종은 레스토랑 웨이터·웨이트리스·주방 보조·설거지 보조·커피숍 보조·매장 판매원·스키 및 스노우 보드 리조트 보조·유학원 카운셀러·호텔 접객 업무 등이다.

워킹홀리데이 비자를 취득하면 캐나다인처럼 개개인에게 부여되는 SIN을 받게 된다. 이것은 곧 캐나다인과 동등한 자격을 갖추었다는 뜻이다. 캐나다에서 의료 및 교육 관련의 전문적인 직종과 성과 관련된 불법 행위를 제외한 대부분의 직종에 종사할 수 있다.

나 역시 워홀러 당시 이 기회를 놓치고 싶지 않았다. 그래서 비즈니스 문서를 데이터베이스화
하는 회사 LASON(현재
SourceHOV)과 CIBC은
행의 문을 두드렸고, 두
곳에 모두 최종 합격하
여 워홀러 자격으로 일
반 회사에서 일할 수 있는 좋은 기회를 얻었다.

불가능할 것이라는 생각부터 버리자. 무작정 닥치는 대로 찾기보다
자신의 인생 목표가 무엇인지를 되새겨 보고, 향후 하고자 하는 일과 연
관이 있고, 또 그 분야에 도움이 될 수 있는 직종에 지원해보자. 돈도 벌
고, 해외 경력도 쌓을 수 있는 가장 좋은 기회이다. 게다가 남들이 하지
못하는 일을 하고 있다는 사실만으로도 스스로에게 굉장히 큰 만족감을
준다.

한국으로 귀국하여 취업할 때 캐나다에서 근무했던 해외 경력을 토대
로 동종 분야에 지원한다면, 일반 다른 지원자들에 비해 채용 담당자로부
터 더 큰 주목을 받을 수 있을 것이다. 실제로 캐나다 워킹홀리데이를 다
녀온 이후 캐나다에서의 경력을 나의 이력서에 추가하였다. 대학 졸업 후
처음으로 입사했던 외국계 회사 면접 때 이 해외 근무 경력 부분에서 높
은 점수를 받아 단번에 합격하는 영광을 얻을 수 있었다.

03 일자리 구하는 방법

전반적으로 구인 광고가 가장 많이 나오는 시기는 관광객이 몰려드는 여름이다. 휘슬러나 밴프처럼 겨울 스포츠가 중심인 도시에서는 당연히 겨울에 구인 광고가 많다. 구인 광고 일자리가 마음에 든다면, 광고에 나온 연락처로 연락해서 인터뷰를 예약하는 것이 중요하다.

일자리를 구하는 방법은 여러 가지다. 보편화된 인터넷 활용하기, 직접 발품을 팔고 다니며 상점에 붙어 있는 'Help Wanted'이나 'Now Hiring'을 보고 찾기, 헤드 헌팅 업체에 등록하기, 자신이 지원하고 싶은 회사에 먼저 이메일로 문의하는 적극적인 방법도 있다. 또는 자원봉사를 하다가 해당 기관에서 직원 채용을 한다면 그때 지원할 수도 있다.

구인 광고 웹사이트 활용하기

구인 광고를 쉽게 검색해볼 수 있는 웹사이트가 많다. 잡뱅크 Jobbank, 인디드 Indeed나 월코폴리스 Workopolis가 대표적인 구인 광고 웹사이트이다. 이곳에는 날마다 최신 정보가 업데이트된다. 자신이 원하는 일자리가 포스팅되어 있다면 자격 조건에 해당이 되는지를 먼저 확인한다. 지원 방법을 확인 후 채용 담당자가 제시해 놓은 방법에 따라 이력서와 커버 레터를 준비해 지원하면 된다.

TIP

일자리를 찾아볼 수 있는 웹사이트

- Job Bank www.jobbank.gc.ca
- Indeed www.indeed.ca
- Workopolis www.workopolis.ca
- Monster www.monster.ca
- Kijiji www.kijiji.ca
- Jobs.ca www.jobs.ca
- Public Service Commission of Canada jobs-emplois.gc.ca
- Job Canada www.jobcanada.org
- All Star Jobs www.allstarjobs.ca
- Canada Jobs www.canadajobs.com
- YMCA Employment Services Information Warehouse www.ymcagta.org
- CharityVillage www.charityvillage.com
- City of Toronto www.toronto.ca/home/jobs
- City of Vancouver vancouver.ca/your-government/work-for-the-city-of-vancouver.aspx

소셜미디어 LinkedIn 활용하기

소셜미디어가 활성화되면서 전 세계적 인맥 관리 SNS인 링크드인 LinkedIn(www.linkedin.com)으로도 구인 광고를 확인할 수 있다. 우선 링크드인에서 계정을 생성하고, 자신의 이력서 내용과 동일하게 프로필을 상세히 영어로 작성한다. 기존에 근무했던 경력이 있다면 누락하지 말고 모두 작성하자. 작성을 완료하면 자신이 기존에 근무했던 업무와 비슷한 직무에 구인 광고가 나왔을 때 링크드인 계정과 연결된 이메일 계정으로 이메일이 발송된다.

링크드인 홈페이지에 접속했을 때도 추천 일자리로 구인 광고 내용이 나타나기도 한다. 일부 회사들은 링크드인에 작성해 놓은 개인 프로필만으로도 링크드인을 통해 바로 지원이 가능하도록 설정해 놓는다.

원하는 일자리를 구하기 위해서는 많은 노력을 해야 한다. 직접 활용 가능한 소스들이 있다면 놓치지 말고 모두 활용해보자. 내가 현재 근무하고 있는 회사도 링크드인을 통해 정보를 찾았다. 정보를 보고 회사 홈페이지에서 직접 일자리 지원을 하였다. 이후 해당 회사에 근무 중인 인사 담당자들 및 내가 지원했던 부서에 현재 근무중인 매니저들한테 링크트인에서 친구 등록 신청을 하였고, 개인 메시지를 발송하여 간략하게 나를 소개한 뒤 해당 포지션에 지원했다는 내용을 알렸다. 적극적인 활동 덕분에 다음날 바로 이메일로 연락을 받았다. 이메일로 이력서를 다시 발송하고 바로 1차 전화 인터뷰, 2차 3차 대인 면접을 통해 최종 합격하는 영광을 누릴 수 있었다.

직접 찾아다니기

길거리를 다니다 상점에 걸려 있는 'Help Wanted'나 'Now Hiring'을 보고 무작정 시도하는 방법이다. 사람을 구하는 상점에 들어가 담당 매니저에게 직접 이력서를 건넨다. 운이 좋다면 그 자리에서 바로 면접을 보고 채용 결과를 확인할 수도 있다. 따라서 이 방법에 도전한다면 옷차림을 단정히 하고 이력서를 내러 가자. 상점에 매니저가 없다면 매니저가 자리에 있는 시간과 날짜를 확인하고 다시 방문하자. 직원에게 이력서를 전해 달라고 부탁한다면 정확히 전달되지 않을 가능성이 있다. 이력서를 미처 준비하지 못했다면 그곳의 전화번호와 장소 등을 메모하고, 나중에 이력서를 작성하여 방문하거나 전화로 인터뷰 날짜를 예약한다.

헤드 헌팅 업체에 등록하기

한국에서는 아데코 Adecco · 맨파워 Manpower 등 헤드 헌팅 전문 업체들의 소개로 취업하려는 사람이 많이 늘어나고 있다. 이런 헤드 헌팅 업체들은 업체에 가입한 사람들을 대상으로 일자리를 소개하는데, 취업에 성공한 사람들의 월급에서 일정액의 수수료를 공제한다.

이민자가 많은 캐나다에서도 취업할 때 도움을 받을 수 있는 헤드 헌팅 업체가 많다. 이곳에서 얻을 수 있는 일자리 형태는 다양하다. 정직원, 헤드 헌팅 업체 소속으로 파견되는 파견 직원, 파트 타임 직원 등이다. 대부분은 업체 소속으로 파견되는 파견 직원이다.

파견 직원이라면 헤드 헌팅 업체가 대기업과 계약을 맺고, 대기업에서 인력이 필요할 때 헤드 헌팅 업체에서 서류 전형과 면접 등을 진행한 뒤 조건이 맞는 사람을 파견한다. 급여는 대기업에서 일하더라도 헤드 헌팅 업체에게 받는다. 대기업은 업체에 급여를 주고, 그 급여에서 일정액의 수수료를 제한 금액을 파견 사원에게 지급한다. 이런 이유로 같은 기업의 동일한 업종에서 근무해도 헤드 헌팅 업체를 통하지 않은 사람과 급여 차이가 크다. 그렇지만 직접 대기업에 취업하는 것은 결코 쉽지 않으니 장단점이 있다고 여기자.

헤드 헌팅 업체에 등록하려면 해당 업체 홈페이지에 방문한다. 먼저 자신이 원하는 직종을 선택하고, 담당자에게 이력서와 커버 레터를 보내

TIP

헤드 헌팅 업체 홈페이지

- Adecco Canada www.adecco.ca
- Angus One www.angusone.com
- David Aplin Group www.aplin.com
- Dean Group www.deangroup.ca
- Goldbeck www.goldbeck.com
- Groom & Associates www.groomassocies.com
- Hays www.hays.ca
- Hunt Personnel www.hunt.ca
- Impact Recruitment www.impactrecruitment.ca
- Kelly Services www.kellyservices.ca
- Manpower Inc www.manpower.com
- The Headhunters www.theheadhunters.ca

면 서류 전형을 거쳐 인터뷰하게 된다. 인터뷰에 합격하면 헤드 헌팅 업체에 자동 가입되는 것과 동시에 일자리를 구할 수 있다

자신이 원하는 회사에 직접 문의하기

구인 광고에 올라오지 않았지만 정말 그곳에 취업하기를 희망한다면 직접 내방하거나 채용 담당자에게 이메일로 이력서를 제출하는 수고를 들여보자. 왜 그곳에서 일하고 싶은지와 본인이 어떤 능력을 갖추고 있는지를 잘 명시해 지원한다면, 사람이 필요한 경우 구인 광고를 올리기 전에 먼저 연락을 받을 수도 있다. 밑져야 본전이라는 생각으로 한번 도전해보자. 먼저 도전하는 사람에게 기회 역시 먼저 오게 되는 법이다.

자원봉사를 하다가 지원하기

캐나다에서는 인재를 채용할 때 외부에 구인 광고를 하기 전, 주변에서 이미 근무하는 사람들에게 먼저 기회를 제공한다. 바로 그곳에서 자원봉사를 하는 사람들에게 말이다. 자신이 원하는 회사가 있다면 자원봉사 활동을 먼저 시작하는 것도 방법이다. 영어 공부도 할 수 있고 비록 무보수 업무이지만 경력도 쌓을 수 있다. 게다가 자원봉사에 이어 취업까지 할 수 있는 행운의 기회가 찾아올 수도 있으니 놓치지 말자.

04 커버 레터와 영문 이력서 작성

캐나다에서 거리 여기저기에 'Now Hiring'라는 문구를 쉽게 볼 수 있는데 이것이 바로 구인 광고다. 사람을 구하는 다양한 분야와 직종의 회사나 상점이 많다. 그런데 커버 레터와 이력서는 어떻게 작성해야 할까? 이두 가지를 제대로 작성하지 못한다면 용기 있게 제출해도 연락을 받지못하는 일이 부지기수가 될 수도 있다. 캐나다의 취업 담당자는 커버 레터와 이력서로 입사 신청자의 첫인상을 결정한다. 이 두 가지는 구직자가자신을 선전하는 광고이며 의욕과 열정을 표현할 수 있는 무기다. 커버레터와 이력서의 내용이 부실하면 채용 담당자 눈에 들기도 어렵다. 구직이 합격으로 이어지지 않는 게 당연하다.

커버 레터 Cover Letter

커버 레터는 이력서를 낼 때 함께 제출하는 일종의 자기소개서다. 기재 내용은 주로 이력서 작성 내용을 중심으로 한다. 그리고 지원하고자 하는 업무 내용과 지원자가 보유한 스킬이 어떻게 적합한지를 잘 설명해야 한다. 채용 담당자들이 응시자의 수많은 이력서를 모두 끝까지 볼 수 없는 게 사실이다. 담당자들은 이 커버 레터로 응시자를 판단한다고 한다. 그러니 커버 레터를 보면 이력서까지 읽고 싶어지도록 호감이 가게 쓰자!

커버 레터는 보통 일반 레터 같은 스타일로 작성하면 된다. 레터 길이는 보통 세 문단 정도로 작성하는 것이 가장 적당하다. 너무 길게 작성하는 것도 채용 담당자로 하여금 지루함을 느끼게 한다.

이런 기본적인 내용을 숙지하고 커버 레터를 작성하자. 작성이 완료되었을 때는 오타와 문법을 재차 확인해야 한다. 자신이 작성한 글에 대해서는 오타가 잘 보이지 않는다. 커뮤니티 등에서 시행되고 있는 무료 이력서·커버 레터 클리닉을 통해 전문가에게 검토를 받는 것도 좋은 방법이다.

기본 구성

아래는 커버 레터의 기본 구성이다. 커버 레터는 구성보다 내용이 매우 중요하다는 사실을 기억하자.

- **지원자 기본 정보**

  머리말에 이름 · 주소 · 전화번호 · 이메일 주소를 기재한다. 이름은 영어식으로 성이 뒤로 가게 작성한다. 이 부분은 이력서를 작성할 때도 동일하다.

- **날짜**

  커버 레터를 작성하는 날짜를 정확히 명시한다.

- **채용 담당자 정보**

  구인 광고에서 채용 담당자의 이름과 직책, 그리고 지원하는 회사명과 정확한 주소를 기재한다. 이때 채용 담당자가 남성이면 이름 앞에 'Mr.'를 붙이고 여성이면 'Ms.'를 붙인다.

- **받는 사람**

  'Dear'로 시작하고 받는 사람은 위 채용 담당자 정보에서 기재한 'Mr.' 혹은 'Ms.'를 적고 그다음 채용 담당자의 성을 기재하면 된다. 그리고 성 끝에 콜론 ':'을 넣는다.

- **내용**

  앞서 설명한 것과 같이 세 문단으로 나눠 작성한다. 첫 번째 문단에서는 왜 이 커버 레터를 작성하는지와 지원하고자 하는 직무에 적합한 스킬들을 어떻게 배웠는지 등에 관해 기술한다. 다음 문단에서는 지원하는 분야와 연관된 본인의 강점과 학력, 기존 업무 경력들을 작성한다. 마지막 문단에서는 이러한 능력을 보유한 지원자에게 인터뷰 기회를 가질 수 있도록 고려해 달라는 내용과 함께 채용 담당자가 본인의 지원서를 리뷰해 준 것에 대한 감사를 표시해야 한다.

- **마무리**

   내용을 모두 적었다면 마지막 문장에서 한 줄을 띄고, 그다음 줄에 'Sincerely,'를 입력한다. 그다음 줄에는 본인 서명을 한 후 서명 다음에 본인의 영문 풀 네임을 작성하면 된다.

주의 사항

- **커버 레터 작성 시 꼭 해야 하는 것**

   ① 채용 담당자에 대한 정보는 정확하게 기재해야 한다. 특히, 구인 광고에서 채용 담당자의 이름을 찾는 것은 어려운 일이 아니다. 커버 레터 작성 시 'Dear, HR Manager'가 아니라 반드시 채용 담당자의 정확한 이름을 명시하는 게 중요하다.

   ② 커버 레터 발송 전 제일 하단에 본인의 서명을 하는 것을 절대 잊지 말자.

   ③ 영어 맞춤법과 문법은 여러 번 확인한다.

   ④ 커버 레터는 이력서와 폰트 크기, 색상 등을 동일한 형태로 작성하고, 출력할 경우에는 동일한 종류의 용지에 출력한다.

- **커버 레터 작성 시 절대 하지 말아야 하는 것**

   ① 영어 문장을 작성할 때 줄임 표현은 쓰지 않는다. 예를 들어 'I am'을 'I'm'으로 표현하지 않는다.

   ② 1인칭 주어인 'I'를 너무 남발하지 않는다. 커버 레터 자체가 나에 대한 레터라는 것을 고려하면 어려운 부분일 수도 있지만, 'I' 대신 좀 더 창의적이고, 읽는 사람으로 하여금 흥미를 느낄 수 있는 영어 문장으로 작성하는 것이 중요하다.

③ 커버 레터는 형식화된 문서이기 때문에 출력할 때 예쁘고 화려한 용지를 사용하지 말아야 한다. 좋은 품질의 하얀 색 용지를 사용해야 한다.

④ 한 페이지를 넘기지 말아야 한다.

커버 레터 내용 작성 예시

- **첫 번째 문단**

  "I am writing to inquire about a potential position with~"

  ~포지션에 대한 문의를 하기 위해 이 레터를 쓰게 되었습니다.

  "I am interested in applying for~"

  ~포지션에 지원하는 것에 관심이 있습니다.

- **두 번째 문단**

  "As indicated on my enclosed resume~"

  첨부된 제 이력서에 명시되어있는 것과 같이~

  "I have had experience with~"

  저는 기존에 ~에 대한 경험이 있습니다.

- **세 번째 문단**

  "Do not hesitate to call me at~(전화번호와 통화 가능한 시간)"

  저는 ~시 이후로 언제든 통화가 가능하니, 언제든지 이 전화번호로 연락해주세요.

이력서 Resume

영문 이력서는 정해진 서식은 없지만 들어가야 할 내용은 한국과 비슷하다. 이력서는 자기 자신을 보여줄 수 있는 하나의 도구다. 경력이나 자신의 능력을 정확히 기술하고, 지나치게 겸손하지 않게 자신감 있는 자세로 내용을 서술하자.

이력서는 간단하고 이해하기 쉽도록 간결하게 정리하는 것이 중요하다. 입사하면 어떤 식으로 지원하는 회사에 공헌할 수 있는지 당당하게 어필하자. 채용 담당자 눈에 확 띌 수 있도록 작성된 이력서라면 바로 취업 성공으로 연결된다.

영문 이력서를 작성할 때는 지금까지 자신의 경력이나 능력을 수치로 표현하여 이해하기 쉽게 쓴다. 채용 담당자가 이력서만 읽어도 면접을 보고 싶다는 욕구가 일어나게 하는 방법은 무엇일까? 구체적인 경험, 밝고 적극적인 성격, 자신의 의견을 정확하게 나타내는 자기표현 능력 등을 이력서에 넣어야 한다. 서식이 정해져 있지 않으니 채용 담당자의 주의를 끌 수 있도록 적당한 양식을 구상하여 활용하는 것도 좋다.

기본 구성

이력서는 다음의 구성을 기본으로 사용한다. 하지만 자신이 가장 어필하고 싶은 부분을 강조하여 순서를 변경할 수 있다. 예를 들어 학력을 어필하고 싶다면 희망 직종·직무 다음에 학력을 쓰고, 전 회사 경력을 강조하고 싶으면 다른 항목보다도 경력을 먼저 쓰면 된다.

- **지원자 기본 정보**

  커버 레터와 동일한 양식으로 머리말에 이름 · 주소 · 전화번호 · 이메일 주소를 가장 상단에 작성한다.

- **CAREER OBJECTIVE**

  현재 지원하고자 하는 직무가 어떤 것인지를 간단명료한 문장으로 작성한다. 예를 들어 "A position in Customer Service Agent as~" 등으로 시작하면 된다. 해당 포지션은 구인 광고 시 명시되어있던 것과 동일하게 작성한다. 이 섹션은 옵션 항목으로 커버 레터에서 어떤 직무에 지원하겠다는 것을 명시한 상황이라면 이력서에서는 생략한다.

- **HIGHLIGHTS OF QUALIFICATIONS**

  자신이 보유한 능력에 대해 간략하게 작성하는 부분으로 글머리기호 4~5개 정도를 사용한다.

- **EDUCATION**

  학력을 기재한다. 최종 학력 또는 대학교 이상의 학력을 기록한다. 현재를 기준으로 가장 가까운 일자부터 기간 · 학교명 · 전공을 간결하게 정리하여 기록한다. 학부나 학과 등 출신 대학이 지정한 영문명이 있다면 그것을 기재하면 된다.

- **WORK EXPERIENCES**

  경력은 현재를 기준으로 가장 가까운 일자부터 순서대로 작성한다. 직무 내용이나 실적을 그 아래에 간단명료하게 기술하는 것도 좋다. 각 경력과 수행한 업무 내용이 비슷하다면 자신의 직급과 회사명, 근무 기간만을 표시하자. 업무 내용과 별도로 자격증 SKILLS 등을 집중적으로 쓰는 것도 괜찮다. 작성할 때는 활동적인 어휘를 사용하여 강한 표현을 전하고, 수동적인 표현은 피한다.

• VOLUNTEER EXPERIENCES

자원봉사 경험을 중시하는 캐나다에서는 이 부분이 큰 포인트가 될 수도 있다. 지원하는 직종에 맞는 분야의 자원봉사 경험을 알리자.

• REFERENCE

'Available Upon Request'라고 기재하고 추후 회사에서 레퍼런스 레터를 요구할 때 제출해야 한다. 회사 요청이 없는 상태에서 미리 제출할 필요는 없다. 이때 사용하는 레퍼런스 레터는 이전 직장 매니저로부터 받은 것이나 자원봉사를 하며 받은 것을 사용할 수 있다. 회사 측에서 레퍼런스 레터에 나와 있는 전화번호로 직접 전화를 걸어 해당 레퍼런스 레터를 작성한 사람에게 확인한다. 그러므로 거짓으로 제출하는 것은 절대 금물!

주의 사항

① **응시자의 개인 정보는 기록하지 않는다.**

응시자의 연령·성별·결혼 여부·가족 구성·건강 상태 같은 개인 정보를 기록하지 않는 것! 우리나라와 달리 사진도 첨부하지 않는 것이 기본이다. 자칫 개인 정보를 보고 선입견이나 편견으로 대하지 않도록 하려는 안전장치다. 또 형식에 얽매이지 않고 자유롭게 자기 홍보를 하는 좋은 방책이다.

② **용지와 폰트, 양식 등 규격을 지킨다.**

채용 담당자가 육안으로 지원자의 이력서를 받아봤을 때 한눈에 호기심을 끌 수 있는 깔끔하고 정리가 잘된 양식을 사용하는 것이 굉장히 중요하다. 반드시 컴퓨터로 작성하며 한 페이지 또는 두 페이지에 걸쳐 경력과 능력을 간결하게 정리해야 한다. 용지 사이즈는 A4 용지가 아니라, 캐나다에서 일반적으로 사용하는 레터 Letter 용지에 작성하며 품질이 좋은 흰색 계열이어야 한다. 글씨체는 처음부터 끝까지 동일한 글씨체를 사용해야 한다. 글씨체는 Arial나 Times New Roman같이 한글의 굴림체나 돋움체 같은 평범한 글씨체를 사용한다. 용지의 여백은 적당하게 남기는 것이 좋은데 캐나다에서는 주로 상·하·좌·우 2.54cm(1인치) 정도를 남겨 놓는다. 그리고 섹션과 섹션 사이는 한 줄이나 두 줄씩 공백을 두는 것이 보기에 깔끔하다.

③ 내용과 구성, 오타 철자와 문법은 여러 번 확인한다.

이력서 작성 완료 후 출력된 용지를 전체적으로 훑어보자. 읽기 쉬운 구조로 작성이 되었는지 너무 복잡하지 않은지를 다시 한 번 살펴본다. 최소 3명 이상의 각각의 다른 사람들에게 부탁하여 오타나 문법 실수가 없는지 검토를 요청하고, 기재한 정보들이 정확한지도 여러 번 살펴보도록 한다. 이 모든 정성이 취업으로 직결된다는 것을 염두에 두어야 한다.

커버 레터와 이력서에 사용하면 좋은 형용사 리스트

형용사	의미	형용사	의미
adaptable	적응할 수 있는	faithful	신뢰감 있는
agreeable	동의할 수 있는	fearless	두려움이 없는
aggressive	적극적인	flexible	유연한
ambitious	야심있는	focused	집중적인
attentive	주의를 기울이는	friendly	친근한
brave	용감한	generous	관대한
calm	침착한	goal-oriented	목적적인
capable	유능한	hardworking	근면한
charming	매력적인	helpful	도움이 되는
cheerful	생기를 주는	honest	정직한
committed	헌신적인	impartial	공정한
confident	확신하는	innovative	획기적인
considerate	사려깊은	inventive	창의적인
consistent	일관된	knowledgeable	유식한
creative	창의적인	methodical	체계적인
dazzling	현혹적인	motivated	동기부여된
dedicated	헌신적인	observant	관찰력 있는
detailed	꼼꼼한	organized	체계적인
determined	단호한	outgoing	외향적인
devoted	헌신적인	passionate	열정적인
diligent	성실한	productive	생산적인
dynamic	활동적인	resourceful	수완이 있는
eager	간절히 바라는	self-starter	자발적 행동자
efficient	효율적인	Solid	완전한
endurable	참을성 있는	Strategic	전략적인
energetic	에너지 넘치는	Supportive	지원적인
enthusiastic	열정적인	Trustworthy	신뢰할 수 있는
ethical	윤리적인	vigorous	활발한
experienced	능숙한	witty	재치 있는

Gilsoon Hong

35 Brooksbank Ave., Vancouver, BC V7J 2C1 / email@gmail.com / 604-123-4567

March 05, 2017

Ms. Elizabeth Appleton
Director, Human Resources
The Good Company
1234 King Street
Vancouver, British Columbia V6J 2A4

Dear Ms. Appleton:

Kindly accept this application from a motivated and talented student who is craving to apply for a Customer Service Representative position which was posted on Indeed website. When I read your posting with an eco-friendly focus, I felt that my background would be a solid match for your requirements.

During the past three years, I have worked in a fast paced customer service environment and have demonstrated the ability to deal with situations in a professional manner. I am able to effectively assess customer needs and apply excellent trouble shooting and creative problem resolution skills to ensure high customer service standards were maintained. This resulted in an increased customer base and repeat business. Through my education, I have demonstrated the ability to thoroughly grasp existing sustainability principles and techniques as well as imaginatively brainstorm and implement innovative ideas competently.
Additionally, I have a natural ability for working with groups and take pride in my attention to detail. Strong positive mindset and attitude always helped me in evolving my approach to achieve goals. The enclosed resume will provide you with more details of my capabilities that can be brought to your already successful company as the additional value and strength.

Thank you very much for taking the time to consider my application. I would welcome the opportunity to discuss my qualifications with you and how I might best meet the needs of your team. I am looking forward to speaking with you soon.

Sincerely,

Gilsoon Hong ── 본인 서명

Gilsoon Hong

이력서 샘플

Gilsoon Hong

35 Brooksbank Ave., Vancouver, BC V7J 2C1 / email@gmail.com / 604-123-4567

HIGHLIGHTS OF QUALIFICATIONS

- Expresses a highly motivated, energetic and environmentally conscious outlook; achieves and exceeds ambitious goals
- Builds relationships with ease in collaborative environments; communicates well with people of all ages, backgrounds and points-of-view
- Conducts lab and field studies, writes thoughtful reports on research and findings; makes feasible recommendations for change and initiates new processes
- Maintains currency in MS Word, PowerPoint, Excel and Access, and possess excellent print and electronic research skills

EDUCATION

Bachelor of Commerce - University of Seoul, South Korea　　　　2016 - Present
- Significant recognition for creating a feasible environmental management system for small to medium size businesses
- Established a successful blog to consider the collection of waste and recyclables; resulting in the creative implementation of a more user friendly system to achieve optimum impact

WORK EXPERIENCES

Political Campaign Representative　　　　2015 - 2016
The Best Party, Seoul, South Korea
- Approached the general public to promote the visions and goals of the candidate to ensure voter awareness, while respecting individual values, before provincial electoral date
- Organized and oversaw the activities of 20 campaign workers to ensure accurate data compilation and calculation of preliminary voter numbers to optimize the effectiveness of the team
- Documented public inquiries and concerns to assist the political party in the evaluation and focus of their platform

REFERENCES

Available Upon Request

05 레퍼런스 레터 준비

새로운 회사에서 신규 채용을 할 때 아무리 인터뷰를 오랫동안 진행한다
고 해도 지원자의 모든 부분을 확인하기란 쉬운 일이 아니다. 그래서 레퍼
런스 레터는 지원자에 대한 정보를 좀 더 구체적이고 명확하게 파악하기
위한 목적으로 사용된다.

잘 작성된 레퍼런스 레터를 받기 위해서라도 근무하는 동안 회사에 최
대한 많이 기여하고 또 상사를 포함한 동료 직원들과 항상 좋은 관계를
유지하는 것이 중요하다. 퇴사 시 상사로부터 레퍼런스 레터를 받을 때
이러한 긍정적인 내용이 많이 포함되어 있을수록 새로운 직장을 구할 때
큰 도움이 되기 때문이다.

보통 레퍼런스 레터에는 기존 회사에서 얼마나 근무했는지, 어떤 업무

를 맡아 처리했는지, 근무 기간에 좋은 성과가 있었다면 그러한 부분까지도 명시해준다. 개인적으로 보유한 장점에 대해서도 상세히 기재해주는 편이다. 예를 들어 남들보다 항상 일찍 출근하고 많은 업무로 인해 야근 하더라도 언제나 열정적으로 근무했던 모습이 상사에게 좋은 모습으로 보여졌다면 이런 세밀한 부분도 모두 레퍼런스 레터 작성 시 기재해준 다. 이렇듯 레퍼런스 레터는 하나의 경력 증명서 역할과 함께 보증서 역 할을 하는 아주 중요한 문서이다.

레퍼런스 레터 요청은 실질적으로 레터가 필요한 시기로부터 최소 두 달 전에 요청하는 것이 좋다. 상사의 업무에 방해되지 않는 선에서 요청 해야 하며, 일찍 요청하면 상사들은 보통 초안 작성 후 혹시 더 추가할 내 용이나 수정을 원하는 내용이 있는지 리뷰를 요청하기도 한다. 즉, 자신 이 원하는 내용을 더 많이 담을 수 있는 시간적 여유가 생긴다는 것이다. 작성자의 직함이 높을수록 레터에 작성된 내용은 더욱 큰 효력을 발휘한 다. 그러므로 레퍼런스 레터의 설득력을 높이기 위해 최대한 높은 직급의 상사에게 요청하도록 하자.

일반적으로 회사에 새롭게 취업할 때 두 장의 레퍼런스 레터가 요구된 다. 그러므로 구직 활동 이전에 먼저 레퍼런스 레터를 준비해 두도록 하 자. 만약 기존 회사에서 근무했던 경력이 없다면 장기적인 자원봉사를 했 던 기관을 통해서도 받을 수 있다.

Riccardo Monaco, BSc Production Manager Ontario Currency Operations	Commerce Court West 199 Bay Street B3 Level Toronto, ON 5L 1A2
	Tel : 416.980.7318 Fax : 416.980.5273

Tuesday April 10, 2007

To: Whom It May Concern:

I would like to recommend Jiyoung Park as a candidate for a position with your organization. In her position as an ATM Process Clerk, Jiyoung was employed in at CIBC for the past 7 months.

Jiyoung had duties in processing of personal and business cheques as well as process cash transactions. This task needs to be performed very exact and fast pace. Jiyoung has adapted very well to this operation, has showed determination to learn and learn quickly.

Jiyoung was very friendly and would be a great addition to any team, was extremely organized, can work independently and was able to follow thorough to ensure that the job gets done.

Please feel free to contact me for any other further information and questions at 416.980.7318.

Sincerely,

Riccardo Monaco

레퍼런스 레터 샘플(주 토론토 총영사관)

**CONSULATE GENERAL OF THE REPUBLIC OF KOREA
TORONTO**

November 26, 2007

To Whom It May Concern:

It is my honor to write this reference letter for Ms. Jiyoung Park. I have worked closely with her, while she worked not only in the promoted position of a consular employee for the past 3 months in support of the employee who was on a maternity leave, but also as a volunteer position for one year at the Consulate of the Republic of Korea in Toronto.

As a volunteer, her primary duties involved organizing, filing, copying documents and digital data entries in the Consular Services Division. Other duties involved researching and translating documents about cultural and social issues between Korea and Canada and acted as an assistant during events at the Economic and Cultural Affairs Division.

Ms. Park became a full time consular employee as an assistant of the Economic and Cultural Affairs Division. Her tasks included the same duties mentioned above and included phone reception, provide visitor information and documentation, managed and maintained a list of Korean communities in Toronto. She did an exceptional job while in this full time position and worked for the General Affairs Division as well.

Ms. Park was diligent and dedicated to do a good job and brought an endless supply of energy and synergy to other consular employees. She was also a hard worker and a self starter who concisely understood the assignments that were given to her, and completed her tasks quickly and effectively. It brings us great pleasure to mention that she got gratitude cards from 3 people who were very pleased and rejoiced with the helps and services she provided.

I am very pleased to recommend Ms. Park to any employer. If you have any questions, please feel free to contact me at 416 920 3809 Ext.247.

Sincerely,

JeongHak Park
Consul
Consulate General of the Republic of Korea in Toronto

555 Avenue Road Toronto, Ontario M4V 2J7
Tel : (416)920-3809   Fax : (416)924-7305

06 영어 인터뷰 준비

이력서와 커버 레터를 모두 작성해 일자리에 지원한 뒤 서류 전형에 합격하면 인터뷰를 보러오라는 연락을 받는다. 인터뷰에 합격하면 마침내 일자리를 구할 수 있는 중요한 기회! 철저한 준비와 연습만이 합격으로의 가능성을 높여준다.

성공적인 인터뷰를 위한 요령

성공적인 인터뷰를 보기 위해서 당연히 준비해야 할 것들이 있다. 인터뷰를 응시하는 직장에서 요구하는 것이 무엇인지, 그 회사에서 집중하는 사업이 무엇인지 등 회사에 대한 정보를 사전 조사한다. 그리고 일반적으로 많이 물어보는 예상 질문에 대해서는 적절한 답변을 준비하고 연습한다.

연습할 때는 답변을 직접 글로 작성해보거나 녹음해서 다시 들어보는 등의 리뷰를 통해 수정이 필요한 부분을 바로 잡는다. 인터뷰 전날에는 일찍 취침하여 좋은 컨디션을 유지해야 한다. 인터뷰 당일에는 인터뷰 시작 시간보다 15분 정도 일찍 도착하는 것이 좋은 인상을 줄 수 있다.

만약을 대비해 여분의 이력서를 가지고 가는 준비성도 발휘하자. 인터뷰 도중에는 면접관과 최대한 아이 콘택트를 하도록 노력하자. 질문은 집중해서 잘 듣고 잘 이해하지 못했을 때는 양해를 구하고 다시 문의한다. 질문에 대한 답변은 천천히 명료하게 한다. 자신을 어필할 수 있는 질문을 받았을 때는 해당 직무에 얼마나 적합한 사람인지 구체적으로 답변한다. 이력서나 커버 레터에 다 표현하지 못한 자기 장점이 있다면 그것을

어필하는 것도 좋다. 만약 해당 직장에서 원하는 특정 능력이나 자격 사항에 미흡한 부분이 있다면, 어떠한 노력을 통해 그 부분을 극복해 나갈 것인지에 대한 의지를 보여주자. 당신의 의욕과 도전 정신이 더 좋은 점수를 받게 한다. 인터뷰 마지막에 면접관에게 문의할 질문 두세 개 정도를 준비해 가자. 이때는 회사에 대한 정보를 조사해 보고 그와 연관된 질문을 하는 것도 좋다.

회사에 대한 사전 조사는 왜 해야 할까?

채용 담당자들은 항상 지원자들이 자신의 회사에 대해서 무엇을 얼마나 공부해왔는지 그리고 왜 이곳에서 일하고 싶어 하는지를 궁금해한다. 그렇기 때문에 인터뷰 전 회사에 대한 정보를 사전 수집하고 숙지하는 것이 중요하다.

만약 첫 인터뷰 질문에서 "우리 회사에 대해서 무엇을 알고 있나요?"라고 물었을 때 아무런 대답도 하지 못한다면 자신의 열정을 보여줄 수 있는 기회를 한순간에 놓쳐버리는 것이다.

회사 정보를 통해 그 회사의 인재상이나 회사가 요구하는 기술이나 능력이 무엇인지를 알고 있다면 인터뷰 답변 시 면접관에게 좀 더 영향력 있는 답변을 할 수 있다. 또한 해당 회사의 사업 분야와 관련 있는 방향으로 질문에 대해 답변함으로써 자신이 이 직무에 가장 적합한 지원자라는 것을 어필할 기회도 생긴다. 이러한 답변을 들은 면접관은 지원자가 인터뷰 전 회사 정보 조사라는 '숙제'를 아주 잘 해왔다는 것을 인지하게 된다. 이는 곧 지원자에 대한 좋은 이미지를 형성해 준다.

인터뷰 전 회사에 대한 어떤 정보들을 찾아봐야 할까?

회사가 언제 설립되었고, 투자자들은 누구인지, 언제 확장 또는 합병되었는지 등 기본적인 회사 정보부터 찾아본다. 해당 회사 홈페이지를 통해 쉽게 찾아볼 수 있는 기본적인 조직 구조나 규모, 지점 위치, 계열사 현황, 주요 인물은 누구인지 등에 대해서도 숙지할 필요가 있다. 현재 해당 회사에서 판매하는 제품이나 서비스에 대한 정보와 동종 업계에서 가장 근접한 경쟁자가 누구인지에 대한 것도 반드시 알고 있어야 하는 내용이다.

좀 더 나아간다면, 회사의 주요 고객은 누구인지, 타깃 시장은 어디이며, 현재 시장점유율이 몇 퍼센트인지까지 조사하고 이것을 인터뷰 때 잘 어필한다면 이미 합격은 따놓은 당상이라고 말할 수도 있다. 회사에서 운영하는 회사 블로그나 소셜 미디어 계정이 있다면 팔로우하고 주기적으로 최신 정보를 업데이트하는 게 좋다. 최신 뉴스 기사를 통해 가장 최근에 회사에 어떤 일들이 발생했는지에 대해서도 숙지하고 있으면 인터뷰 시 어떤 질문을 받든 간에 당황하지 않고 자신감을 가지고 쉽게 답변을 할 수 있게 된다.

외모와 행동거지는 면접관에게 전달되는 첫인상 중 하나

첫인상은 인터뷰에서 가장 중요하다. 인터뷰 복장은 깔끔하고 전문적으로 보이는 정장을 선택한다. 가장 적합한 인터뷰 복장으로는 지원한 직장의 드레스 코드보다 한 단계 더 포멀한 복장 형태이다. 예를 들어 해당 직장의 드레스 코드가 넥타이 착용을 하지 않아도 되는 캐주얼 정장이라면 인터뷰 때는 넥타이까지 단정하게 착용하는 식이다.

인터뷰 장소에 들어갈 때는 당당하게 걷는다. 면접관과 마주하고 인사할 때는 주로 면접관이 먼저 악수를 청한다. 확고하고 자신감에 찬 모습으로 악수에 응하자. 답변할 때 항상 긍정적인 모습을 보이고, 열의나 열심히 하겠다는 의지가 나타나도록 자신감을 갖자. "I guess~"같은 불확실한 표현은 삼가는 게 좋다. 당황해서 혀를 내민다거나 무엇을 생각하고 있다는 의미로 시선을 다른 방향으로 돌리지 말자. 고개를 숙이고 대답하는 행동도 절대 금물이다. 마지막으로, 첫인상에서 가장 중요한 미소를 잊지 말자.

기본적으로 많이 물어보는 핵심 인터뷰 질문

- Tell me about yourself. 자기소개를 해주세요.
- Why did you leave your last job?
  이전에 다니던 직장을 그만둔 이유는 무엇인가요?
- What are your greatest strengths and weakness?

당신의 장단점은 무엇인가요?

• Why do you want to work for this company?

　왜 이 회사에서 일하고 싶으세요?

• Why should I select you for this position?

　제가 왜 당신을 채용해야 하나요?

• How do you handle stressful situations?

　당혹스러운 상황에 직면했을 때 어떻게 대처하나요?

• Why do you want this position?

　왜 이 직무에 지원했나요?

• What do co-workers say about you?

　당신의 직장 동료들은 당신에 대해 어떤 평을 하나요?

• What have you done to improve your knowledge in the last year?

　작년에 당신은 자신의 능력을 향상시키기 위해 어떤 노력을 했나요?

• Are you a team player?

　당신은 동료들과 함께 일하는 사람인가요?

• What is more important to you? Money or work?

　돈과 일 중에서 당신에게 더 중요한 것은 무엇인가요?

• Tell me about a problem you had with a supervisor.

　당신의 상사와 있었던 문제점에 대해 이야기해주세요.

• Of all the positions you've held, what one did you enjoy the most and why?

　지금까지 일했던 직무 중 당신이 가장 좋아했던 건 무엇이고 그 이유는 뭔가요?

• What is the largest contribution you've made to (company)?

　지금까지 회사에 기여했던 공들 중 가장 컸던 건 무엇인가요?

• What do you know about our company?

　우리 회사에 대해 무엇을 알고 있나요?

• Which school courses do you like most and why?

　학교에서 이수한 과목 중 가장 좋아했던 과목은 무엇이고 그 이유는 뭔가요?

• Do you have any questions for me? 궁금하신 점 있나요?

면접관에게 하면 좋은 질문

- How many people are being interviewed for this position?

  이 직무에 지금까지 몇 명이나 인터뷰를 보았나요?

- What are you looking for in the person who fills this position?

  이 직무에 채용될 사람에게 바라는 점은 무엇인가요?

- What are the top three priorities you need the person in this role to fulfill when they start working?

  당신이 생각하기에 이 직무에 채용될 사람이 업무를 시작할 때 가장 중요하게 생각해야 하는 세 가지가 무엇인가요?

- What skills do you feel are the key to success in this role?

  당신이 생각하는 이 직무에 적합한 핵심 기술은 무엇인가요?

- What criteria does my boss use to measure performance evaluations?

  제가 만약 채용된다면 제 상사가 업무 평가를 위해 사용하는 기준은 무엇인가요?

- Based on my research, I see that you've recently restructured the organization. What have the impacts been and what are the goals of this new organizational model?

  제 조사에 따르면, 회사에서 이번에 새롭게 조직 개편을 했더라고요. 새로 개편된 조직의 사업 목표는 무엇인가요?

- I see that the industry is becoming more closely tied through mergers and acquisitions. How does this impact your organization?

  최근 동종 업계 분야가 많이 어려워지고, 합병되고 있는 추세던데요, 이러한 현상이 이 회사에 어떤 영향을 미치고 있나요?

07 감사 레터 발송

인터뷰까지 마치고 나면 긴장했던 몸은 편안해지고 이제야 좀 숨을 돌릴 수 있는 상황이 된다. 하지만, 인터뷰 후에 아직 해야 할 일이 남아 있다. 그것은 바로 감사 레터 Thank You Letter 발송.

한국에서는 인터뷰 후 별도의 감사 레터를 발송하는 문화가 아니기 때문에 많이 생소하게 느껴질 수 있다. 감사 레터는 말 그대로 인터뷰하는 동안 그 시간을 할애해 준 것에 대한 감사를 표시하는 것이다. 또, 혹시나 인터뷰 동안 너무 긴장해서 어필하지 못했던 능력 등을 추가적으로 홍보할 수 있는 보너스 기회이기도 하다. 또한 감사 레터를 발송한다는 것 자체가 얼마나 그 회사에 입사하고 싶어 하는지에 대한 의지를 반영한 표현이다.

이러한 감사 레터는 인터뷰를 마친 직후부터 24시간 이내에 발송하는 것이 가장 효과적이다. 만약 인터뷰 이후 면접관 입장에서 지원자에 대한 채용을 확정 짓지 못한 상황이었는데, 이때 감사 레터를 받는다면 면접관의 마음을 확실하게 잡아줄 수 있는 역할을 해 주기도 하기 때문에 막판 뒤집기가 될 수도 있다.

감사 레터 발송을 위해서는 인터뷰 시작 전 면접관에게 명함을 요구해 미리 받아놓는다. 면접관이 여러 명이었다면 개개인의 명함을 별도로 요구한다. 명함에 있는 개인 이메일 주소를 확인하기 위함이다.

감사 레터 내용은 긍정적인 표현으로 짧게 작성하는 게 좋으며 발송할 때에는 이메일로 단체 발송을 하면 안 된다. 면접관 한 명 한 명의 이름을 넣은 레터를 개별 발송해야 한다.

이메일로 감사 레터를 보내는 것만으로도 충분하지만, 더욱 강력한 어필을 하기 위해서는 손으로 작성한 카드를 우편 발송하는 것도 좋은 방법이다. 더 좋은 방법은 이메일로도 발송하고 손 카드도 함께 우편 발송하는 것이다.

감사 레터까지 모두 발송을 했다면 핑거 크로스를 하고 곧 좋은 소식이 날아오기를 기다려보자.

Dear Ms. Appleton,

Thank you very much for taking the time to meet with me today, March 14, regarding a Customer Service Representative position. I enjoyed the opportunity to get to know about The Good Company a lot. You gave me quite a bit of insight about your company and were very courteous and professional. I particularly liked the way you made me feel comfortable from the start.

Also, I felt that it would be more than amazing to develop my career at The Good Company.

If I can provide any additional information about my capabilities or suitabilities, please feel free to contact me at the number and e-mail address provided below.

Thank you.

Sincerely,

Gilsoon Hong
Mobile: 604-123-4567
Email: email@gmail.com

08 캐나다 최저임금 및 근로기준법

근로자를 위한 법적 보호 기관

캐나다에서는 인종·성별·종교·혼인 여부·연령 등을 이유로 채용 여부를 판단하거나 해고하는 것은 법률로 금지되어 있다. 각 주에 따라 노동 기준·최저임금·초과 근무 수당·휴가 등이 노동법에 제정되어 있다. 캐나다에서 일하게 되었다면 노동법의 기본 내용을 알아두자. 회사로부터 받는 부당한 대우에 대처할 수 있다. 인권에 관련된 부당한 대우를 받았다면 각 주의 Human Rights Commission에 신고한다. 노동 관련 부당한 대우를 받았을 경우에는 Employment Standards에 신고한다. 이곳은 모두 정부기관으로 문제를 해결하는 권한도 있다.

최저임금(2019년 10월 기준)

주별로 해마다 최저임금이 변동될 수 있으니 자세한 사항은 해당 웹사이트(srv116.services.gc.ca/dimt-wid/sm-mw/rpt2.aspx?lang=eng&dec=5)를 참고하면 된다.

주/준주명	최저임금
브리티시컬럼비아	C$13.85 (2020년 6월부터 C$14.60, 2021년 6월부터 C$15.20)
앨버타	C$15.00 (매년 10월 변경 조정)
서스캐처원	C$11.32 (매년 10월 변경 조정)
매니토바	C$11.65 (매년 10월 변경 조정)
온타리오	C$14.00
퀘벡	C$12.50 (매년 5월 변경 조정)
뉴펀들랜드-래브라도	C$11.15
뉴브런즈윅	C$11.50
프린스에드워드아일랜드	C$12.25
노바스코샤	C$11.55
유콘	C$12.71
노스웨스트	C$13.46
누나부트	C$13.00

근로기준법

평균 노동 시간

하루 8시간, 일주일 40시간이 평균 노동 시간이다. 이 시간을 초과하면 초과 근무 수당이 지급된다. 특정 주에 따라 일주일 44시간을 초과하면 초과 근무 수당이 지급되는 곳도 있다. 그러나 근무처에서 노동 시간 자유 선택 제도를 시행하거나 노동 기준국이 적용 대상 외로 지정했을 경우는 초과 근무 수당이 지급되지 않는다.

노동 시간 자유 선택 제도

재직 중인 회사에서 노동 시간 자유 선택 제도를 도입했다면 평균 노동 시간을 초과하더라도 초과 근무 수당을 지급하지 않아도 된다. 단, 특정한 사이클을 따르는 것을 의무화할 수 있다. 전체 노동 시간의 평균을 하루 8시간, 일주일 40시간을 넘기지 않도록 조정해야 한다. 이를 초과하면 초과 근무 수당을 지급해야 한다.

노동 시간 자유 선택 제도 관련 웹사이트

- Federal labour standards

  www.canada.ca/en/services/jobs/workplace/federal-labour-standards.html
- British Columbia Employment Standards

  www2.gov.bc.ca/gov/content/employment-business/employment-standards-advice/employment-standards
- Alberta Employment Standards

  www.alberta.ca/employment-standards.aspx
- Saskatchewan Labour Standards

  www.saskatchewan.ca/business/employment-standards
- Manitoba Employment Standards

  www.gov.mb.ca/labour/standards/index.html
- Ontario Employment Standards

  www.labour.gov.on.ca/english/es

- Quebec Labour Standards

  www.cnt.gouv.qc.ca/en/wages-pay-and-work/work-schedule/index.html
- New Brunswick Employment Standards

  www2.gnb.ca/content/gnb/en/departments/post-secondary_education_
  training_and_labour/People/content/EmploymentStandards.html
- Nova Scotia Labour Standards

  novascotia.ca/lae/employmentrights
- PEI Employment Standards

  www.princeedwardisland.ca/en/topic/employment-standards-0
- Newfoundland Labour Standards

  gov.nl.ca/aesl/faq/labourstandards

초과 근무 수당

보통 초과 근무 시간이 하루 3시간 이하일 때는 시급의 1.5배, 3시간 이
상일 때는 2배의 초과 수당을 지급해야 한다. 주 계산의 경우는 다음과
같다. 1주일 48시간 이하는 시간급의 1.5배를, 48시간 이상이라면 2배의
초과 수당을 지급해야 한다.

　직원의 요청이 있다면 전체 혹은 일부 초과 근무 시간을 6개월 단위로
축적해둘 수 있다. 축적한 직원이 고용주에게 지급 요청을 했을 때는 축
적된 시간에 해당하는 초과 근무 시간의 수당을 전액 지급해야 한다.

휴식

하루 5시간 이상 일하면, 5시간에 1번씩 최저 30분의 휴식 시간이 제공

되는 것이 의무화되어 있다. 휴식 시간에도 근무했다면 근무 수당을 받을
권리가 있다.

공휴일에 대한 임금

취업 후 30일 이상 근무했다면 국경일에는 유급으로 쉬는 자격이 주어진
다. 단, 국경일 이전에 15일 이상 근무했다는 조건이 채워져야 한다. 유급
자격이 있는 직원이 출근했다면 11시간 근무까지는 1.5배를, 그것을 넘
었을 때는 2배의 임금을 지급해야 한다. 유급 휴일에 대한 대체 휴가는
다른 날에 대신 주어져야 한다.

연차수당

모든 근로자는 퇴사 시 총급여의 4퍼센트에 해당하는 금액을 연차 수당
명목으로 지급 받을 권리가 있다. 일부 고용주는 연차 수당을 매번 급여
를 지급할 때마다 분할하여 합산하는 경우도 있는데 이때는 급여에 일정
비율이 추가되어 지급된다.

급여 지급

캐나다에서는 보통 2주에 한 번씩 급여를 지급한다. 이때 고용주는 근로
자에게 수표 혹은 자동 이체로 급여를 지급하고 급여명세서를 제공하는
게 일반적이다.

사직

퇴사하는 방법은 고용 계약 내용에 준하여 행하여야 한다. 관례로 '2 Weeks Notice'라고 해서 최소 2주일 전까지는 그만두겠다는 의사를 표시해야 한다. 갑자기 퇴직해서 다른 사람들과 고용주에게 피해를 끼쳐서는 안 된다. 캐나다인 고용주와 일하고 있었다면 이런 일로 한국인의 이미지에 부정적 영향을 줄 수 있다.

해고 · 사직에 따른 임금 지급

해고를 당했다면 48시간 이내에 고용주는 직원에게 모든 급여를 지급하도록 의무화되어 있다. 사직했다면 6일 이내에 급여가 지급된다.

해고 시 권리

고용 기간이 3개월 미만이거나 고의적인 부정행위가 입증된 경우 사전 통보 없이 근로자를 해고할 수 있다. 고용 기간이 3개월 이상 1년 미만의 경우에는 해고 일로부터 1주일 전에 해당 근로자에게 통보해야 한다. 연방 규정의 적용을 받는 사업장의 경우 고용 기간이 3개월 이상인 근로자를 해고하려는 고용주는 2주일 전에 통보하거나 2주일 치 급여를 지급해야 한다.

CHAPTER

07

워킹홀리데이 마무리

캐나다에서 보낸 시간을 되새겨보자. 한국으로 돌아
가기 전에 할 일이 많다. 휴대폰 해지 신청, 은행 계좌
해지 신청과 집 주인과의 이사 문제 등 출국 이전에
마무리를 잘하는 것이 필요하다.

01 비자 연장

캐나다에 장기간 거주하고자 한다면 현재 소유하고 있는 비자 만료일 전 비자 연장을 신청해야 한다. 어떤 비자를 가지고 있느냐에 따라서 연장 가능한 비자 타입이 달라진다. 최근에는 모든 비자 관련 업무를 온라인을 통해 진행하기 때문에 기존보다 처리기간이 짧아졌고 더 간편해졌다. 현재 소지 비자 기준으로 어떤 비자로 연장이 가능한지, 어떤 서류가 필요한지 알아보도록 하자.

워킹홀리데이 비자 또는 학생 비자 소지자

워킹홀리데이 비자나 학생 비자를 가진 사람은 이민국에서 받은 페어퍼로 된 비자를 소유하고 있고 그곳에는 비자 만료일이 명시되어 있다. 이 경우 비자 연장은 연장하고자 하는 비자 타입에 따라 만료일보다 최소 30~60일 전에 신청하면 된다. 신청 시 여권 만료일은 비자 연장을 하고자 하는 기간 만큼 충분한 여유가 있어야 한다.

TIP

관광 기록 Visitor Record과 관광 비자(또는 무비자) Visitor Visa의 차이

우리가 흔히 관광 비자라고 말하는 비자는 관광 기록 Visitor Record과 관광 비자(무비자) Visitor Visa 이렇게 두 가지로 나뉜다. 여기서 무비자는 입국 시 받는 입국 스탬프를 말하고, 관광 기록은 학생 비자 Study Permit나 취업 비자 Work Permit와 같은 별도의 종이 문서를 말한다.

관광 기록 문서에는 캐나다에서 머무를 수 있는 기간과 캐나다를 떠나야 날짜 등의 정보가 기록되어 있다. 이는 국경 내 이민관 또는 무비자 입국자가 관광 비자 연장 신청 시 발급되는 것으로 6개월 이상 머물고자 할 경우에는 이 관광 기록으로 연장을 신청해야 한다.

한국은 무비자 입국이 허용된 국가로 별도의 관광 비자는 불필요하지만 제 3국에서 캐나다로 재입국을 하기 위해서는 사전입국허가서인 eTA를 반드시 발급받아야 한다. 이 eTA는 워킹홀리데이 비자나 학생 비자를 최초 발급받을 때 자동으로 함께 발급된다. 그리고 eTA는 한번 발급되면 최대 5년까지 유효하므로 현재 워킹홀리데이 비자 또는 학생 비자를 소지한 사람은 관광 기록으로의 연장만 신청하면 된다.

관광 기록으로의 연장

현재 캐나다 내에 거주하고 있는 상태에서는 현재 소지 비자 만료일 최
소 60일 전에 연장 신청을 해야 한다. 여권 만료일은 연장 신청하고자 하
는 기간보다 충분히 남아있어야 한다.

① 연장 신청 방법

1) https://www.canada.ca/en/immigration-refugees-citizenship/
   services/application/account.html 에 접속 후 캐나다 워킹홀리데
   이 신청할 때 발급한 아이디로 로그인.

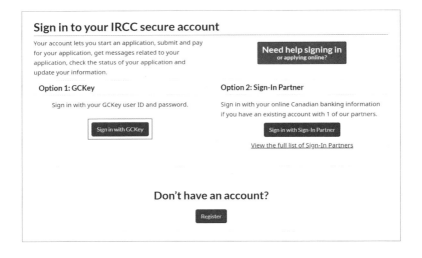

2) 로그인 후 나오는 본인 계정 화면에서 Start an application 하단의
Apply to come to Canada 클릭

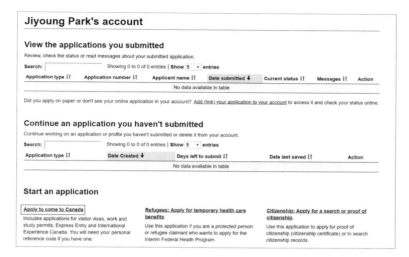

3) 다음 화면에서는 Visitor Visa, study and/or work permit 선택

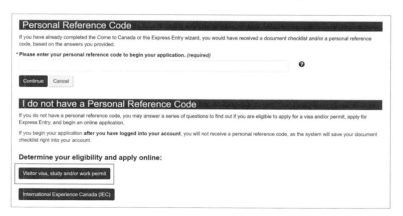

4) 첫번째 질문을 확인하고 Visit 선택

5) 두번째 질문은 연장하고자 하는 기간에 맞춰서 선택

• 6개월 미만의 경우

• 6개월 이상의 경우

6) 그 외 질문은 하단과 같이 답변 후 Next 클릭

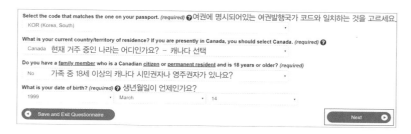

7) 영주권자로서 캐나다에 거주한 적이 있는지를 묻는 질문으로 해당하면 Yes, 해당사항이 없으면 No 선택 후 Next 클릭

8) 미국 영주권자인지에 대한 질문으로 해당하면 Yes, 해당사항이 없으면 No 선택 후 Next 클릭

9) 다음 질문에서 현재 워킹홀리데이 비자 소지자의 경우 Worker, 학생
   비자 소지자의 경우 Student 선택

• 워킹홀리데이 비자 소지자의 경우

• 학생 비자 소지자의 경우

10) 질문에 해당사항이 있으면 Yes 아니면 No 선택 후 Next 클릭

11) 하단의 결과에서 Visitor(in Canada) 항목의 Continue 클릭

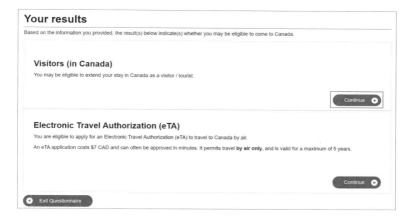

12) Continue 클릭

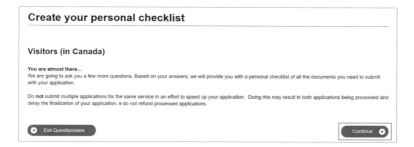

13) 가족 중 동반자가 캐나다로 함께 하는지에 대한 질문으로 해당사항
이 있으면 Yes, 아니면 No 선택 후 Next 클릭

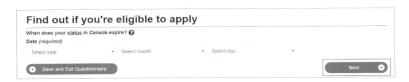

14) 현재 비자 만료일 입력 후 Next 클릭

15) 12개월 이내에 캐나다 이민국 지정 병원을 통해 신체 검사를 받은
적이 있는지를 묻는 질문으로 해당사항이 있으면 Yes, 아니면 No
선택 후 Next 클릭. 워킹홀리데이 비자의 경우는 Yes 선택

Find out if you're eligible to apply

Have you had a medical exam performed by an IRCC authorized panel physician (doctor) within the last 12 months? *(required)*

Please make a selection

Save and Exit Questionnaire   Next

16) 가족의 신청서도 함께 제출할 예정인지 묻는 질문으로 해당하면
Yes, 아니면 No 선택 후 Next 클릭

17) 신청서에 대한 권한을 제3자에게 줄 것인지를 묻는 질문으로 해당하
는 항목 선택 후 Next 클릭

18) 신청서 비용에 대한 내용으로 Yes, I will be paying my application
fees를 선택 후 Next 클릭

19) 스캐너나 카메라를 통해 문서를 파일로 저장할 수 있는지 묻는 질문
   으로 Yes 선택 후 Next 클릭

20) 신청비용을 온라인으로 납부할지 여부에 대한 질문으로 Yes 선택
   후 Next 클릭

21) 지금까지 한 질문에 대한 답변이 화면에 나오면 최종적으로 확인한
   뒤 하단의 Continue 클릭

22) Summitting your application 화면에서 비자 연장 처리 순서 확인
후 하단의 Continue 클릭

Submitting your application

On the screen, you will be asked to upload the documents for your application. Please do not use your browser's navigation buttons, "Back" and "Forward", as they will not work properly within this application.

✅ Step 4: Pay your fees	After you have electronically signed your application, you will be asked to pay your fees. Your fees must be made with a credit card. You will be required to provide credit card information to complete your payment. We accept Visa, MasterCard, American Express and certain prepaid credit cards. Once you have paid your fee, you will receive a payment confirmation page. When your payment has completed processing you will receive a message with your confirmation number and a link to your payment receipt. You should print this page for your records.

23) 질문에 대한 답변을 기준으로 나와 있는 서류 체크리스트를 확인 후
각 항목에 해당하는 서류를 업로드하면 신청 완료

Your document checklist

② 연장 필요 서류

온라인 신청 시 필요 서류 양식들이 모두 리스트에 나오므로 그 순서대
로 필요 서류를 준비하여 작성하면 된다.

• 관광 비자 연장 신청서 (Application to Change Conditions, Extend my
Stay or Remain in Canada as a Visitor or a Temporary Resident Permit
Holder (IMM5708)

• 여권번호, 여권 발급일 및 만료일, 이름, 생년월일 등이 나와있는 여권
페이지 사본

- 캐나다 거주 및 학업에 필요한 충분한 자금이 있는 지에 대한 증명용 예금잔고증명서

  ※부모님이나 친인척으로부터 재정 지원을 받을 경우 비자 연장 신청자와의 관계를 명시하고 어떻게 재정 지원을 해줄 지에 대한 영문 편지로도 대체 가능

- 워킹홀리데이 비자 신청 시 완료했던 신체검사 확인서
- 여권용 사진
- 연장하고자 하는 기간이 만료되면 반드시 캐나다를 떠나겠다는 것을 증명하는 날짜가 명시된 항공권 사본

학생 비자로의 연장

① 연장 신청 방법

현재 캐나다 내에 거주하고 있는 상태에서는 소지하고 있는 학생 비자 만료일 최소 30일 전에 연장 신청을 해야 한다. 여권 만료일은 연장 신청하고자 하는 기간보다 충분히 남아있어야 한다. 학생 비자 만료 전 연장 신청을 할 경우 연장 신청에 대한 결과가 나오기 전까지는 합법적으로 기존 비자와 동일한 상태(임플라이드 상태 Implied Status, 자세한 내용은 p.413 참고) 유지가 가능하다. 학생 비자 만료 시점에 캐나다를 떠나 다른 나라 여행을 계획하고 있다면 반드시 연장 신청을 먼저 해야 한다. 연장 신청을 하지 않은 상태에서 비자가 만료되면 비자 없이 캐나다로의 재입국이 불가하다. 연장 신청은 온라인 혹은 우편 접수 모두 가능하다.

② 연장 필요 서류

- 학생 비자 연장 신청서 (Application to Change Conditions, Extend my stay or Remain in Canada as a Student [IMM 5709])
- 비자 연장 신청비 지불 확인서
- 여권번호, 여권 발급일 및 만료일, 이름, 생년월일 등이 나와있는 여권 페이지 사본
- 입국 도장이 찍혀있는 여권 전체 페이지 사본
- 현재 소지하고 있는 비자 사본
- 입학 허가서
- 학생 비자 소지자의 경우 – 현재 재학 중인 학교/학원의 가장 최근 두 학기의 성적표
- 캐나다 거주 및 학업에 필요한 충분한 자금이 있는 지에 대한 증명용 예금잔고증명서

  ※부모님이나 친인척으로부터 재정 지원을 받을 경우 비자 연장 신청자와의 관계를 명시하고 어떻게 재정 지원을 해줄 지에 대한 영문 편지로도 대체 가능

TIP

현재 소지하고 있는 워킹홀리데이 비자 혹은 학생 비자 체류기간이 이미 만료되었을 경우

체류 기간이 이미 만료된 상황이라면 체류 기간 만료일 전에 반드시 캐나다를 떠나야 하고 제3국에서 새 관광 비자를 처음부터 다시 신청하여 발급받아야 한다.

- 퀘벡 주의 경우 Quebec immigration 홈페이지(www.immigration-quebec.gouv.qc.ca/en)를 방문해 추가 필요 서류 확인

취업 비자로의 연장

취업 비자의 종류에는 고용주가 지정되어 있는지 유무에 따라 오픈 워크 퍼밋 Open Work Permit과 고용주 지정 워크 퍼밋 Employer-Specific Work Permit(또는 클로즈드 워크 퍼밋 Closed Work Permit)으로 나뉜다. 워킹홀리데이 비자의 경우 고용주가 지정되어 있지 않은 오픈 워크 퍼밋에 해당한다. 그렇기 때문에 캐나다의 어느 고용주 밑에서나 근무가 가능한 것이다. 워킹홀리데이 비자 만료 전 현재 고용주와의 상호 협의 하에 고용주가 취업 비자 신청에 도움을 준다고 했다면 고용주 지정 워크 퍼밋인 클로즈드 워크 퍼밋을 새롭게 받을 수 있다. 클로즈드 워크 퍼밋은 고용주가 누구인지, 어느 기간만큼 일을 할 수 있는지, 그리고 어느 지역에서 근무를 할지가 정확하게 명시되어 있다. 만약 이 워크 퍼밋에 기재되어 있는 정보와 다른 고용주 혹은 다른 지역에서 근무를 하게 된다면 클로즈드 워크 퍼밋을 새롭게 다시 신청해야 한다.

클로즈드 워크 퍼밋을 신청하기 위해서는 고용주의 역할이 굉장히 중요하다. 고용주는 노동 시장에 일을 할 수 있는 현지 캐네디언들도 많이 있음에도 불구하고 왜 반드시 특정 외국인을 고용해야 하는지를 증명하여 캐나다 고용노동부로부터 승인을 받아야 한다. 이를 노동시장영향평가서 LMIA(Labour Market Impact Assessment)라고 한다.

노동시장영향평가서 신청에 대한 자세한 사항은 홈페이지(https://www.canada.ca/en/immigration-refugees-citizenship/services/work-canada/hire-foreign-worker/temporary/find-need-labour-market-impact-assessment.html)에서 확인할 수 있다.

보통 노동시장영향평가서 처리 시간은 예측이 불가할 만큼 오랜 시간이 걸리기 때문에 고용주와 사전에 미리 협의하여 현재 워킹홀리데이 비자가 만료 전 미리 신청 진행을 할 수 있도록 한다.

노동시장영향평가서를 받으면 이것을 토대로 온라인에서 클로즈드 워크 퍼밋 신청이 가능하고 신청비는 C$155, 처리 기간은 98일정도 소요

TIP

바이오메트릭스 Biometrics

캐나다 이민국의 새롭게 변경된 비자 처리 프로세스 기준에 따라 대한민국 국민의 경우 비자 연장 신청 완료 후 바이오메트릭스 (얼굴 정면/측면 좌우 사진과 10개 손가락에 대한 지문) 정보를 10년마다 제출해야 한다. 바이오메트릭스 정보 제출을 위해서는 아래의 웹사이트 접속 후 리스트에 나와있는 곳에 방문하여 제출하면 된다. 그러나 캐나다 내에서 비자 연장을 신청하는 신청자의 경우 아직 정부 기관에 시스템 설치가 완전하게 완료되지 않은 이유로 2019년 현재 일부 면제를 시켜주고 있다. 그러나 시스템이 구비되어있는 이민국 오피스에서 비자 연장 신청을 하는 경우 이민관이 먼저 안내를 해준다.

• **바이오메트릭스 정보 제출가능한 곳 검색:**
www.cic.gc.ca/english/information/where-to-give-biometrics.asp

된다. 또한 추후 캐나다로의 이민을 고려한다면 LMIA가 큰 도움이 된다.

무비자 입국자

처음 캐나다에 입국했을 때 특별한 비자 없이 도장을 받은 사람은 무비
자 입국에 해당한다. 무비자 입국자가 캐나다에 체류할 수 있는 최대 기
간은 6개월이다. 여권에 찍혀있는 도장에 기한이 적혀져 있지 않았어도
입국한 날로부터 6개월째 되는 날이 만료일이다. 6개월 이상 머물고 싶
다면 캐나다 외 다른 나라로의 여행 계획이 있는지 여부에 따라 만료일
보다 최소 30~60일 이전에 연장 신청을 해야 한다.

관광 기록으로의 연장

온라인으로 지원 시 관광 기록 연장 처리 기간은 지원한 날로부터 약 90
일 정도 소요되고, 연장 신청비용은 C$100이다. 연장 신청은 현재 도장
아래 적혀있는 체류 만료일보다 최소 30일 전에 신청해야 한다. 도장 아
래 날짜가 적혀있지 않다면 체류 만료일은 입국한 날로부터 6개월되는
날이다. 여권 만료일은 연장 신청하고자 하는 기간보다 충분히 남아있어
야 한다.

① 연장 신청 방법

연장 신청 방법은 워킹홀리데이 비자 또는 학생 비자 소지자 관광 기록
으로의 연장과 동일하므로 앞에서 설명한 신청 방법 참고하면 된다.

② 연장 필요 서류

- 관광객으로의 체류 상태 변경 신청서 (Application to Change Conditions, Extend my stay or Remain in Canada as a Visitor or Temporary Resident Permit Holder [IMM 5708])

- 비자 연장 신청비 지불 확인서

- 여권번호, 여권 발급일 및 만료일, 이름, 생년월일, 캐나다 입국 시 받은 입국 도장 및 체류기간 만료일자 등이 나와있는 여권 페이지 사본

- 캐나다 연장 거주에 필요한 충분한 자금이 있는 지에 대한 증명용 예금잔고증명서〉부모님이나 친인척으로부터 재정 지원을 받을 경우 비자 연장 신청자와의 관계를 명시하고 어떻게 재정 지원을 해줄 지에 대한 영문 편지로도 대체 가능〉적절한 생활 자금 계산법: 연장하고자 하는 개월 × C$1,000

- 연장하고자 하는 기간이 만료되면 반드시 캐나다를 떠나겠다는 것을 증명하는 날짜가 명시된 항공권 사본

학생 비자 또는 취업 비자로의 연장

캐나다에서 무비자로 입국한 사람이 캐나다 내에서 학생 비자나 취업 비자로 연장하는 것은 불가능하다. 학생 비자나 취업 비자로 연장을 원한다면 반드시 캐나다를 떠나 제 3국의 다른 나라 혹은 한국에서 신청해야 한다. 가장 가까운 곳은 미국에 있는 캐나다 대사관이다. 신청 절차나 필요 서류는 한국에서 캐나다 학생 비자를 신청하는 것과 동일하다. 즉, 매

우 복잡하다는 것이다. 시간도 오래 걸리고 구비해야하는 서류도 많다.

만약 캐나다에서 우선 관광 비자로 입국한 뒤 경험을 해보고 학생 비자 등으로 재신청하여 머물고자 한다면 비자 승인이 되기까지 걸리는 시간과 승인 거절에 대한 리스크 등을 충분히 고려해야 한다.

워킹홀리데이 비자로의 연장

캐나다 워킹홀리데이 비자 신청의 경우 원칙적으로는 신청자의 본국에서만 신청할 수 있다. 하지만 현재 한국 외 타국에 체류 중일 경우 해당 국가 내에 캐나다에서 지정한 병원이 존재한다면 캐나다 이민국 사이트에서 온라인 계정을 생성하고 인력 풀에 등록할 수 있다. 초청장 Invitation을 받은 후 지정 병원을 통해 신체검사를 받고 그 결과를 제출할 수도 있다. 지정 병원 목록은 홈페이지(www.cic.gc.ca/pp-md/pp-list.aspx)에 접속 후 현재 체류 중인 국가를 선택하면 검색이 가능하다.

워홀에 합격했을 경우 워킹홀리데이 비자를 받기 위해서는 현재 체류 만료일 전 가까운 캐나다-미국 국경으로 가서 미국으로 갔다가 미국 입국 심사를 받을 때 이민관에게 플래그 폴링 Flag Polling 하러 왔다고 이야기를 한다. 그럼 미국 이민관이 플래그 폴링 관련 서류를 작성해 주고 바로 캐나다로 다시 갈 수 있도록 길 안내를 해 준다. 그럼 바로 캐나다로 돌아가 캐나다에서 재입국 심사를 받으면서 이때 워홀 합격 레터를 제출하고 워킹홀리데이 비자를 발급 받으면 된다.

플래그 폴링 Flag Polling

플래그 폴링이란 현재 캐나다에 거주 중이면서 체류 상태 변경을 하기 위해 잠시 캐나다를 형식상 떠났다가 미국에서 고의적인 입국 거절을 받고 바로 캐나다에 재입국하여 캐나다의 국경에 있는 이민국에서 새로운 비자 처리를 하는 것을 의미한다. 이때 플래그 폴링에 의한 입국 거절 내역은 시스템 상에 기록이 남지 않는다. 단, 국경에 위치한 캐나다 이민국에서 플래그 폴링 방식에 의한 모든 비자 처리를 하는 것은 아니다. 만약 온라인 신청이 가능한 경우 온라인 신청을 장려하기 때문이다. 온라인 신청이 불가한 상황이거나 혹은 온라인 신청 후 불분명한 사유로 거절을 당했거나 특별한 케이스가 적용되었을 때에만 처리해준다.

02 집 계약 기간 종료 확인

캐나다 계약법에 따라 일반적으로 처음 집을 빌렸을 때는 보증금의 의미로 첫 달 렌트비와 마지막 달 렌트비를 한꺼번에 지불한다. 한국으로 귀국하기 두 달 전에는 미리 집 주인에게 귀국 사실을 통보하자. 마지막 달 렌트비는 지불하지 않고, 집 주인도 기간을 잘 고려해 새로운 사람을 구할 수 있도록 해야 한다.

거주 기간 동안 렌트비에 대한 영수증을 받지 않았다면, 이후 세금 환급 신청을 위해 계약 기간 종료 전 집 주인에게 요청해 영수증을 받자. 영수증의 경우 별도의 양식은 없고, 세금 환급 신청 시 입력해야 할 기본 정보가 포함되어 있으면 된다. 기본 정보는 집 주인의 풀 네임(First Name과 Last Name), 거주한 집 주소, 집 주인 연락처, 거주 기간 및 매달 지불한 렌트비 등이다. 세금  환급 신청을 완료하
고 세금 환급을 이
미 받은 상황이더라
도 간혹 이후에 캐
나다 국세청으로부
터 세금 환급 재심

사를 하고 있다며 원본 서류를 요구하기도 한다. 그러므로 최소 1년 동안
은 원본 서류를 보관해야 한다.

TIP

인터넷 및 TV 케이블 등 유틸리티 해지 방법

집을 렌트했을 때 인터넷과 TV 케이블이 포함되지 않아 별도로 신청했을 경우 이사일 전에 인터넷 및 TV 케이블 공급 업체에 해지를 요청해야 한다. 해지 신청은 전화로도 가능하다. 단, 처음 계약 시 약정 기간을 설정했는데 이 약정 기간 안에 해지하는 경우라면 남은 약정 기간에 따라 위약금을 청구받게 된다. 이러한 위약금도 모두 납부하고 한국으로 귀국해야 한다. 위약금이 연체될 경우 캐나다 내 신용도에 문제가 생길 수 있으며, 추후 캐나다로 재 입국할 경우 신용 때문에 입국이 거절되는 불상사가 발생할 수도 있다.

약정 기간 안에 다른 곳으로 이사할 경우 인터넷 및 TV 케이블 공급 업체에 해당 사실을 알리고 이사하는 지역으로 이전 설치가 가능한지 문의한다. 만약 이전 설치가 불가한 지역의 경우 약정 기간이 설정되어있더라도 위약금 없이 해지할 수 있다.

03 은행 계좌 해지

많은 유학생이 한국으로 귀국하기 전 가장 흔히 빠뜨리는 것 중 하나가 은행 계좌 해지 신청이다. 캐나다 생활을 하면서 사용했던 현지 은행의 계좌는 반드시 해지해야 한다. 귀국 전 은행 계좌를 해지하지 않으면 캐나다에서 신용불량자가 될 수도 있다.

캐나다 은행의 특성상 계좌를 가지고 있기만 해도 일정 잔액 이상 저축하지 않으면 계좌 사용료가 차감된다. 그래서 해지하지 않고 귀국했을 경우 자신도 모르는 사이에 계속해서 계좌 사용료가 발생해 계좌 잔고가 마이너스가 되기도 한다.

이럴 경우 추후에 다시 캐나다에 입국해 새롭게 캐나다에서 금융거래를 시도할 때 신용에 문제가 발생해 금융거래가 어려워질 수도 있다.

　은행에서도 이런 문제점을 해결하려 고심하고 있다. 계좌에 잔액 없이 일정 기간 사용되지 않는 계좌는 자동으로 해지하는 시스템 운영 방식의 도입을 고려 중이라고 한다. 하지만 가장 좋은 방법은 자신이 직접 해지를 신청하는 것이다. 해지 신청 방법은 매우 간단하다. 출국 전 신분증을 가지고 은행을 방문해 계약 해지를 신청하면 바로 완료된다.

04 휴대폰 해지

휴대폰 계약을 해지하고 싶다면 고객센터로 전화해서 해지 사유를 밝히고 휴대폰 계약 해지를 신청한다. 남아있는 계약 기간에 따라 지불해야 하는 위약금이 달라진다. 만약 처음 휴대폰 통신사와 계약을 할 때 의무 사용 계약 기간이 없는 선불 요금제로 가입을 했다면 본인이 원할 때는 위약금 없이 언제든지 해지가 가능하다.

한국에서 사용하던 휴대폰을 캐나다로 가져가 사용할 경우 의무 계약 기간 없이 통신사에 가입할 수 있다. 반면, 캐나다에서 새 휴대폰을 구매하여 통신사에 가입할 경우 일정 기간 이상 사용해야 하는 약정 기간이 설정된다.

휴대폰 요금 결제 방식을 자동이체로 설정했다면, 계약 해지에 따른

캐나다 대표 휴대폰 통신사 Freedom, Virgin Mobile, Rogers, Koodo, Bell, Fido

위약금은 통상적으로 해지한 다음달 자동이체로 처리가 된다. 다음달 귀
국을 하는 경우에는 자동이체가 설정된 은행 계좌 또한 해지한 상태가
되므로, 자칫 위약금 처리가 깔끔하게 마무리되지 않아 자신도 모르는 사
이 캐나다에서 신용불량자가 될 수도 있다. 고객센터를 통해 해지 시 해
지와 동시에 위약금을 즉시 납부하고 싶다고 말하고, 위약금 입금이 가능
한 계좌 정보를 받아서 바로 처리하도록 한다.

05 중고차 되팔기

캐나다에 와서 대중교통만 이용하지 않고, 중고차를 사서 타고 다녔다면, 귀국 전에 처분하고 가야 할 것이다. 그리고 공통적인 주의 사항으로 판매와 동시에 반드시 자동차 보험을 해지해야 한다. 또한 캐나다는 자동차 번호판 사용료를 기간에 따라 주기적으로 지불한다. 자동차 번호판을 사용할 수 있는 기간이 남은 상태에서 판매한다면 판매 후 이 번호판을 떼서 자동차 등록 오피스로 가져가면 남은 기간 만큼의 금액을 환불받을 수 있다.

만약 번호판 사용 기간이 만료된 상황이라도 번호판은 제거하고 판매하는 것이 좋다. 이때 번호판은 별도로 자동차 등록소에 반납할 필요는 없다. 그리고 캐나다에서는 번호판 없이 도로 주행이 불가하다. 판매 완

료 후 이렇게 번호판을 제거하면 새로 구매한 사람이 중고차 소유권 이전 등록을 하고 새롭게 번호판을 받아오지 않는다면 구매한 중고차를 운전할 수 없다. 그러므로 구매자가 소유권 이전을 하지 않고 혹시나 내 명의로 된 자동차를 운전하고 다니면 어쩌나 하는 걱정은 하지 않아도 된다.

중고차 딜러십 Used Car Dealership 판매

중고차 딜러십을 통할 경우 개인이 직접 판매하는 것보다는 더 적은 금액을 받지만 가장 쉽고 빠르게 판매할 수 있다. 자신의 중고차에 대한 금액 감정을 받은 뒤 판매할 경우 해당 액수만큼 현금으로 지급받으면 거래가 종료된다. 중고차 딜러십을 통해 판매할 경우에도 현금 거래 완료 후 번호판은 본인이 제거해서 가지고 갈 수 있다.

인터넷 중고 거래 판매

인터넷 중고 거래가 가장 활발하게 이루어지는 키지지(www.kijiji.ca)를 이용하는 방법이다. 만약 한국인에게 판매하고자 할 경우 한국인이 가장 많이 이용하는 캐스모(cafe.daum.net/skc67)를 통해 판매가 가능하다. 개인이 직접 중고차를 판매할 때는 구매자로부터 현금을 받은 뒤 중고차 등록 시 받았던 자동차 소유권을 나타내는 오너십 Ownership 문서를 중고차 구매자에게 전달하면 된다. 만약 구매 예정자가 테스트 드라이브를 원할 경우 절대로 혼자 테스트 드라이브를 할 수 있도록 자동차 키를 주어서는 안 된다. 차를 도난당할 수도 있다. 개인 거래 시 판매 전 테스트 드라이브를 요청받았을 때에는 두 명 정도의 지인과 함께 구매 예정자와 같은 차에 동승하는 것으로 도난 사고를 사전에 방지해야 한다.

TIP

자동차 보험 해지

자동차 보험 가입은 1년 단위 혹은 자신의 비자 만료일에 맞춰서 설정이 가능하다. 비자 만료일보다 자동차 보험 가입 기간이 길 경우 귀국 전 보험 회사에 전화를 걸어 해지할 수 있다. 단, 초기 보험 가입 신청 기간 이내에 해지할 경우 해지 위약금을 청구받게 된다. 이 위약금을 전액 납부해야 캐나다 신용에 문제가 발생하지 않는다.

06 세금 환급 신청

세금 환급 신청은 해당 연도 4월 30일 이전까지 모두 완료해야 한다. 당시 워홀러였던 나는 한 회사의 T4 Slip 기준으로, 2007년 1월부터 4월까지 근무해 C$5,042을 받았다. 2007년 1월부터 12월까지 주택 렌트비에 지출한 비용은 C$2,800이었다. 그리고 교통비에 지출한 비용은 C$707.50였다. 이 모든 비용에 대해 세금 환급 신청한 결과로 총 C$986.79를 돌려받았다. 이처럼 캐나다 세금이 비싼 만큼 돌려받을 수 있는 금액도 결코 적지 않으니 세금 환급 신청을 잊지 말고 반드시 하자.

관광 비자(무비자) 입국자를 위한 세금 환급

캐나다 정부는 캐나다 방문자이 출국일로부터 60일 이내에 구매한 C$50 이상의 상품에 대한 주정부세 GST를 환급하는 제도를 운영했었다. 2007년 4월부터는 환급 제도를 개정하여 관광객 유치를 위한 세금 환급 제도 Foreign Convention and Tour Incentive Program을 운영하고 있다. 이는 방문자들이 캐나다 내에서 숙박이 포함된 패키지여행 상품을 이용했을 때 지불한 세금의 최고 50퍼센트를 환급해주거나 혹은 패키지 여행 상품에서 숙박에 해당하는 부분에 대한 지불 세금의 100퍼센트를 환급해 주는 제도이다. 이와 관련된 자세한 내용은 캐나다 정부 홈페이지 (https://www.canada.ca/en/revenue-agency/programs/about-canada-revenue-agency-cra/foreign-convention-tour-incentive-program-tax-rebate-tour-operators.html)를 통해 확인 가능하다.

학생 비자 소지자를 위한 세금 환급

학생 비자 소지자의 경우 캐나다에서 183일 이상 거주한 상황이라면 세법상 캐나다 거주자로 분류되어 세금 환급이 가능하다. 그러나 현지 대학이나 혹은 대학 부설 영어 과정을 수강한 것이 아니라 사설 어학원을 수강한 것이라면 교육비에 대한 환급은 불가하고 주거비에 대한 환급만 가능하다. 주거비 환급의 경우 방이나 집을 렌트했거나 홈스테이를 했을 때 지출한 비용의 일정 금액을 되돌려 받을 수 있다.

환급을 신청할 때는 몇 가지 서류가 필요하다. 주거비를 지출한 내용과 날짜가 적힌 영수증, 거주 사실을 증명하기 위한 집 주소·집주인 이름·전화번호 등이다.

세금 환급을 받으려면 캐나다 정부에서 발행한 서류에 직접 금액을 작성하여 우편이나 인터넷으로 신청해야 한다. 작업에 어려움을 느낀다면 가까운 유학원에 도움을 청하자. 학생 비자 소지자를 위한 세금 환급은 유학원에서 별도의 수수료 없이 무료로 대행해 주고 있다.

참고로 학생 비자를 소지하고 있는 사람들은 한국의 주민등록번호와 같은 개인 고유 번호가 없다. 워킹홀리데이 비자의 경우 받을 수 있는 사회보장번호 SIN(Social Insurance Number)이 바로 그것. 이러한 사회보장번호를 대신해 임시로 받는 번호가 있는데 바로 개인납세자번호 ITN(Individual Tax Number)이다. 세금 환급을 신청하기 위해서는 개인납세자번호를 먼저 신청해야 한다.

ITN 신청 방법

1. 신청서(t1261-fill-16e.pdf)를 홈페이지(https://www.canada.ca/content/dam/cra-arc/formspubs/pbg/t1261/t1261-fill-19e.pdf)에서 다운로드하고 모두 작성한다.
2. 여권 원본과 사본을 가지고 은행이나 대사관 및 총영사관에 간다. 여권이 본인이라는 사실 증명을 하기 위해 사본에 공증을 받는다.
3. 작성이 완료된 신청서와 여권 사본 공증받은 것을 봉투에 넣고 추적이 가능한 등기우편 Registered mail/Courier를 아래의 주소로 보낸다.

신청하고 4주 정도 뒤에 자신의 9자리 숫자로 된 개인납세자번호를 받을 수 있다.

ITN 신청서를 보낼 주소

Attn: ITN Unit

Services and Benefits

Section Benefits Division

Sudbury Tax Centre

1050 Notre Dame Ave

Sudbury ON P3A 5C1

Canada

4. ITN을 받으면 본격적으로 세금 환급 신청 과정을 진행할 수 있다.

워킹홀리데이 비자 소지자를 위한 세금 환급

워킹홀리데이 비자를 소지한 사람들은 기본적으로 사회보장번호가 있기 때문에 학생 비자의 경우처럼 개인납세자번호를 별도 신청하지 않아도 된다. 주거비 외에 캐나다에서 합법적으로 일했다면, 세금 환급 전 근무했던 곳을 통해 매년 2~3월 사이에 T4라는 슬립 Slip을 받게 된다. T4 슬립에는 근로자의 소득액과 급여에 대한 세금 액수가 표시되어 있다. 이것을 참고하여 세금 환급을 신청하면 된다.

세금 환급 직접 신청하기

❶ 우체국에서 수기 작성이 가능한 신청서를 가져오거나 국세청 홈페이지에서 세금 환급을 받을 수 있는 패키지를 다운로드 받는다.
https://www.canada.ca/en/revenue-agency/services/forms-publications/tax-packages-years.html

❷ 주거비를 세금 환급 신청한다고 가정하자. 영수증 원본은 모두 본인이 보관하고 해당하는 금액을 정확하게 세금 환급 신청서에 기재 또는 입력한다.

❸ 신청서 작성을 완료하고 우편으로 보낸다면, 영수증 원본을 모두 복사해 복사본을 함께 발송한다. 그러나 세금 환급 이후 간혹 캐나다 국세청에서 세금 환급 재평가를 실시하기도 한다. 그럴 경우 세금 환급에 대한 원본 증빙서류를 요구하기도 하기 때문에 그러할 경우를 대비하여 원본은 최소 1년간 반드시 보관하도록 한다.

세금 환급 서류 우편 발송 주소
Sudbury Tax Centre
1050 Notre Dame Avenue
Sudbury ON P3A 5C2
CANADA
Fax number 1-705-671-0393

❹ 신청일로부터 최대 2개월 이내 신청서에 기재한 주소로 환급된 수표를 받을 수 있다. 만약 이전에 자동이체 신청을 해놓은 적이 있다면 세금 환급은 자동이체로 입금된다.

세금 환급 신청서 샘플(T1 GENERAL)

Protected B when completed

2018

Income Tax and Benefit Return

Canada Revenue Agency / Agence du revenu du Canada

Step 1 – Identification and other information

BC 8

Identification

Print your name and address below.

First name and initial: Jiyoung

Last name: Park

Mailing address: Apt No. – Street No. Street name
505-36 Eglinton Ave. W.

PO Box | RR

City: Toronto
Prov./Terr.: ON
Postal code: M 4 R 1 A 1

Email address

By providing an email address, you are **registering** to receive email notifications from the CRA and **agree** to the **Terms of use** under Step 1 in the guide.

Enter an email address: canada_jyp@naver.com

Information about your residence

Enter your province or territory of residence on **December 31, 2018**: Ontario

Enter the province or territory where you **currently** reside if it is not the same as your mailing address above: ___

If you were self-employed in 2018, enter the province or territory where your business had a permanent establishment: ___

If you **became** or **ceased** to be a **resident of Canada** for income tax purposes in 2018, enter the date of:

entry: Month Day | or | departure: Month Day

Information about you

Enter your social insurance number (SIN): 1 2 3 4 5 6 7 8 9

Enter your date of birth: Year 1984 Month 03 Day 14

Your language of correspondence / Votre langue de correspondance: English ☑ Français ☐

Is this return for a deceased person?

If this return is for a deceased person, enter the date of death: Year Month Day

Marital status

Tick the box that applies to your marital status on December 31, 2018:

1 ☐ Married 2 ☐ Living common-law 3 ☑ Single
4 ☐ Divorced 5 ☐ Separated 6 ☐ Widowed

Information about your spouse or common-law partner (if you ticked box 1 or 2 above)

Enter their SIN: ___

Enter their first name: ___

Enter their net income for 2018 to claim certain credits: ___

Enter the amount of universal child care benefit (UCCB) from line 117 of their return: ___

Enter the amount of UCCB repayment from line 213 of their return: ___

Tick this box if they were self-employed in 2018: 1 ☐

Do not use this area

Residency information for tax administration agreements

Did you reside on **Nisga'a Lands** on December 31, 2018? .... Yes ☐ 1 No ☐ 2

If **yes**, are you a citizen of the **Nisga'a Nation**? .... Yes ☐ 1 No ☐ 2

Elections Canada (For more information, see "Elections Canada" under Step 1, in the guide.)

A) Do you have Canadian citizenship? .... Yes ☐ 1 No ☑ 2

If yes, go to question B. If no, skip question B.

B) As a Canadian citizen, do you authorize the Canada Revenue Agency to give your name, address, date of birth, and citizenship to Elections Canada to update the National Register of Electors? .... Yes ☐ 1 No ☐ 2

Your authorization is valid until you file your next tax return. Your information will only be used for purposes permitted under the Canada Elections Act, which include sharing the information with provincial/territorial election agencies, members of Parliament, registered political parties, and candidates at election time.

Do not use this area: 172 | 171

5010-R

Page 1

398

세금 환급 신청서 샘플(Ontario Tax)

Ontario

Ontario Tax

Form ON428
2018

Protected B when completed

This is **Step 6** in completing your return. Complete this form and **attach a copy** to your return.
Claim only the credits that apply to you.

Part A – Ontario non-refundable tax credits

			For internal use only	5605			
Basic personal amount			claim $10,354	5804	9,863	00	1
Age amount (if born in 1953 or earlier) (use Worksheet ON428)			(maximum $5,055)	5808 +			2

Spouse or common-law partner amount
Base amount _____ 9,671 00
Minus: their net income from page 1 of your return – _____
Result: (if negative, enter "0") = _____ (maximum $8,792) ▶ 5812 + _____ 3

Amount for an eligible dependant
Base amount _____ 9,671 00
Minus: their net income from line 236 of their return – _____
Result: (if negative, enter "0") = _____ (maximum $8,792) ▶ 5816 + _____ 4

Ontario caregiver amount (use Worksheet ON428)		5819 +		5

CPP or QPP contributions:
Amount from line 308 of your federal Schedule 1	5824 +	594	59	• 6
Amount from line 310 of your federal Schedule 1	5828 +			• 7

Employment insurance premiums:
Amount from line 312 of your federal Schedule 1	5832 +	291	61	• 8
Amount from line 317 of your federal Schedule 1	5829 +			• 9

Adoption expenses	(maximum $12,632)	5833 +		10
Pension income amount	(maximum $1,432)	5836 +		11

Disability amount (for self)
(Claim **$8,365**, or if you were under 18 years of age, use Worksheet ON428.)	5844 +		12
Disability amount transferred from a dependant (use Worksheet ON428)	5848 +		13
Interest paid on your student loans (amount from line 319 of your federal Schedule 1)	5852 +		14
Your unused tuition and education amounts (**attach** Schedule ON(S11))	5856 +	4,845	19	15
Amounts transferred from your spouse or common-law partner (**attach** Schedule ON(S2))	5864 +		16

Medical expenses:
(Read line 5868 in your income tax package.)	5868			17
Enter $2,343 **or** 3% of line 236 of your return, whichever is **less**.		–		18
Line 17 minus line 18 (if negative, enter "0")		=		19

Allowable amount of medical expenses for other dependants
(use Worksheet ON428)	5872 +			20
Add lines 19 and 20.	5876 =	▶ +		21
Add lines 1 to 16, and line 21.		5880 =	15,594	35	22
Ontario non-refundable tax credit rate		×	5.05%	23
Multiply line 22 by line 23.		5884 =	787	51	24

Donations and gifts:
Amount from line 16 of your federal Schedule 9	× 5.05% =			25
Amount from line 17 of your federal Schedule 9	× 11.16% =	+		26
Add lines 25 and 26.	5896 =	▶ +		27

Add lines 24 and 27.
Enter this amount on line 40. **Ontario non-refundable tax credits** 6150 = 787 51 28

Continue on the next page.

5006-C

399

세금 환급 인터넷으로 신청하기

국세청 사이트에는 세금 환급 신청이 가능한 소프트웨어 리스트가 매년 업데이트 된다. 이 리스트는 무료 이용이 가능한 것과 유료 이용이 가능한 것으로 나뉜다. 워홀러처럼 복잡한 내역 없이 소득이나 렌트비 등에 대한 간단한 세금 환급 신청만 할 것이라면 무료 이용이 가능한 소프트웨어 중 하나를 선택하여 이용하면 된다.

TIP

국세청에 기재되어있는 소프트웨어 리스트

무료로 이용할 수 있는 웹사이트는 사용법이 간단하다. 기본적인 정보만 입력하면 캐나다 국세청 문서 양식 그대로 출력을 할 수 있고, PDF 파일로도 만들 수 있다. 이 경우 별도로 스캔한다거나 우편으로 발송하지 않아도 되고, 각 항목별 금액만 정확히 입력하면 된다. 그러나 세금 환급 이후 간혹 캐나다 국세청에서 세금 환급 재평가를 실시하기도 한다. 그럴 경우 세금 환급에 대한 원본 증빙서류를 요구하기도 하기 때문에 그러할 경우를 대비하여 원본은 최소 1년간 반드시 보관해놓도록 한다.

https://www.canada.ca/en/revenue-agency/services/e-services/e-services-individuals/netfile-overview/certified-software-netfile-program.html

❶ Simple Tax 홈페이지(simpletax.ca)에 접속

❷ 우측 상단에 있는 Start or continue 클릭

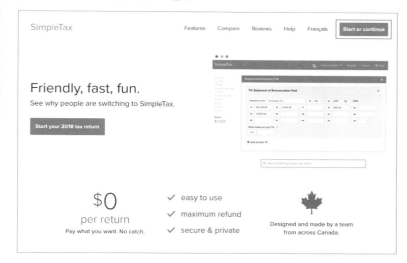

❸ 세금 환급을 신청하고자 하는 연도 선택

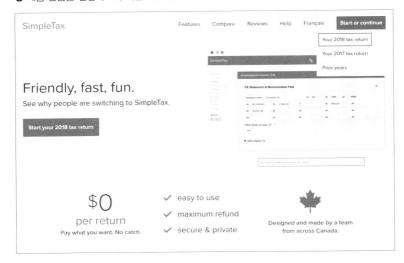

❹ 새로운 계정을 생성하기 위해 우측 상단의 Sign up to save your data 클릭

❺ 회원가입 시 사용할 이메일을 입력하고 Continue 클릭

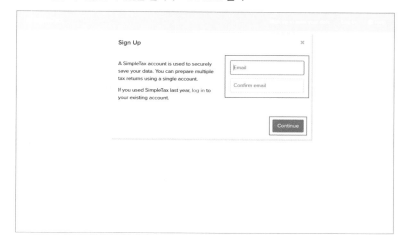

❻ 패스워드 및 패스워드 분실 시 확인 가능한 힌트 입력 후 Sign up 클릭

❼ 자신의 이름을 입력 후 Continue 클릭

※국세청 세금 환급 자료와는 상관없이 화면에 보여지는 이름이므로 닉네임도 사용 가능

❽ 화면 우측 상단에 위에서 입력한 이름이 보여지는지 확인 후 개인 정보를 순서대로 입력

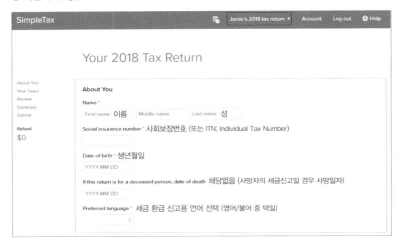

❾ 우편물 받을 주소 입력

Mailing Address

C/O (Care of) 아파트 거주 시 호수

Apartment - Street number 길 번호 | Street name* 길 이름 ?

City * 도시명 | Province or territory * 주명 ‡ | Postal code * ?
우편번호

Home telephone number 우편물 받을 곳 전화번호

---

❿ 거주지 주소 입력

About Your Residence

In which province or territory did you live on December 31, 2018? *

‡ ? 세금 신고하는 년도(2018년) 12월 31일 기준으로 거주하고 있던 주는 어디인가요?

If your province or territory of residence changed in 2018, enter the date of your move

만약 세금 신고하는 년도(2018년)에 다른 주로 이동을 했다면 이사한 날짜 입력

Is your home address the same as your mailing address? 집 주소가 우편물 받는 주소와 동일한가요? (예/아니오)

‡

Current residence 현재 거주하고 있는 주

‡ ?

Did you become a resident of Canada (immigrate) for tax purposes in 2018?

‡ 세금 신고하는 년도(2018년)에 6개월 이상 캐나다에 머물었나요? (예/아니오)
* 캐나다에서는 세금 신고 기준으로 6개월이상 머물었을 경우 국세청 기준 캐나다 거주자로 정의됨

---

❶ 가족관계 정보 입력

You and Your Family 세금 신고하는 년도(2018년) 12월 31일 기준 혼인 여부

Marital status on December 31, 2018 *

[⇕]

Did your marital status change in 2018? 세금 신고하는 년도(2018년)에 혼인 여부 변동이 있었나요? (예/아니오)

[⇕]

Do you have any dependants? 배우자나 자녀가 있나요? (예/아니오)

[⇕]

---

❷ 재산 내역 관련 및 기타 개인 정보 입력

Misc

Did you own specified foreign property with a total cost of more than $100,000 in 2018? *

[⇕] ? 세금 신고하는 년도(2018년)에 10만불 이상의 특정 해외 자산을 보유했었나요? (예/아니오)

Did you dispose of your principal residence in 2018?

[⇕] ? 세금 신고하는 년도(2018년)에 주 거주지 매매 거래를 하였나요? (예/아니오)

Are you filing an income tax return with the CRA for the first time?

[⇕] ? 캐나다 국세청에 세금 환급 신청을 하는 게 처음인가요? (예/아니오)

Are you a Canadian citizen?

[⇕] 당신은 캐나다 시민권자인가요? (예/아니오)

Are you a person registered under the *Indian Act*?

[⇕] 당신은 인디안 법에 등록된 사람인가요? (예/아니오)

Were you confined to a prison for a period of 90 days or more in 2018?

[⇕] 세금 신고하는 년도(2018년)에 90일 이상의 시간을 감옥에 수감된 적이 있나요? (예/아니오)

---

❸ 기후 행동 보상(탄소세 보상) 신청 여부 입력

Climate Action Incentive

Will you claim the climate action incentive (carbon tax credit)?

[　] ? 당신은 기후 행동 보상 (탄소세 보상) 관련 청구를 할 예정인가요? (예/아니오)

---

❹ 주별 특별 공제 내역 신청 여부 입력(아래 예시화면은 온타리오 기준)

Ontario Trillium Benefit

Will you apply for the Ontario Trillium Benefit?

[　] ? 당신은 저소득층 공제 신청을 할 예정인가요? (예/아니오) – 렌트비 환급 혜택이 해당

`TIP`

기후 행동 보상(탄소세 보상) Climate Action Incentive(Carbon Tax Credit)

2019년 4월부터 특정 주(서스캐처원, 매니토바, 온타리오, 뉴브런즈윅)에서는 온실가스 방출 처리 관련하여 새롭게 연방 탄소 세금이 부과되기 시작했다. 캐나다에서는 해당 주 거주자들에게 새롭게 부과된 세금으로 인한 추가적인 지출 부담을 덜어주고나 기후 행동 보상 또는 탄소세 보상이라는 명분으로 거주하는 주 및 혼인 여부에 따라 C$32부터 최대 C$305를 지원해주고 있다. 기후 행동 보상 청구를 하기 위해서는 세금 신고하는 년도 기준으로 18세 이상이면서 서스캐처원, 매니토바, 온타리오, 뉴브런즈윅의 거주자면 가능하다.

⓯ 캐나다 국세청 계정 관련 정보 입력

CRA My Account

Are you registered for CRA My Account?

　당신은 캐나다 국세청 웹사이트에 온라인 계정이 등록되어있나요? (예/아니오)

Online mail

You can sign up to receive online correspondence from the CRA. If you sign up, you'll only receive notices online.
캐나다 국세청에서 보내주는 관련 정보 구독 신청시 캐나다 국세청 계정으로 정보를 받아 볼 수 있습니다.
Do you want to sign up for online mail to get your notice of assessment through CRA My Account? *

　국세청 온라인 계정을 통해 세금 보고 결과를 받아볼 것인가요?

Yes, sign me up – 네, 등록해주세요. / No, not yet – 아니오, 나중에 할게요. /
I've already signed up – 전 이미 등록하였습니다.

⓰ 기후 행동 보상 신청 정보 입력

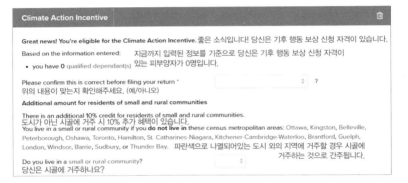

Climate Action Incentive

Great news! You're eligible for the Climate Action Incentive. 좋은 소식입니다! 당신은 기후 행동 보상 신청 자격이 있습니다.

Based on the information entered:　지금까지 입력된 정보를 기준으로 당신은 기후 행동 보상 신청 자격이
• you have **0** qualified dependant(s)　있는 피부양자가 0명입니다.

Please confirm this is correct before filing your return *　　　　　　　　　　?
위의 내용이 맞는지 확인해주세요. (예/아니오)

Additional amount for residents of small and rural communities

There is an additional 10% credit for residents of small and rural communities.
도시가 아닌 시골에 거주 시 10% 추가 혜택이 있습니다.
You live in a small or rural community if you **do not live in** these census metropolitan areas: Ottawa, Kingston, Belleville,
Peterborough, Oshawa, Toronto, Hamilton, St. Catharines-Niagara, Kitchener-Cambridge-Waterloo, Brantford, Guelph,
London, Windsor, Barrie, Sudbury, or Thunder Bay.　파란색으로 나열되어있는 도시 외의 지역에 거주할 경우 시골에
　　　　　　　　　　　　　　　　　　　　　　　　　　　거주하는 것으로 간주됩니다.
Do you live in a small or rural community?
당신은 시골에 거주하나요?

❶⑦ 저소득층 공제 신청 상세정보 입력 (아래 예시화면은 온타리오 기준)

Ontario Trillium Benefit: Property and Energy Tax Grants and Credits 🗑

Apply for the:

Ontario energy and property tax credit
렌트비 환급 신청할 예정이면 예, 아니면 아니오

Northern Ontario energy credit
온타리오 북쪽지역 (알고마 Algoma, 코크래인Cochrane, 케노라 Kenora, 매니토린 Manitoulin, 니피싱 Nipissing, 페리 사운드 Parry Sound, 레이니 리버 Rainy River, 서드버리 Sudbury)에 거주했던 렌트비 환급 신청할 예정이면 예, 아니면 아니오

❶⑧ 앞의 **❶⑦** 항목에서 렌트비 환급 신청에 예 선택했으면 렌트비 관련 정보 입력 (아래 예시화면은 온타리오 기준으로 입력)

Part A – Amount paid for a principal residence for 2018

If you don't have any of the following amounts please remove this section from your return.
하단의 빈 칸에 입력할 자료가 없다면 **❶⑦** 항목에서 렌트비 환급 신청 질문에 아니오로 수정

Total rent paid for your principal residence in Ontario
세금 신고하는 년도에 온타리오에서 지불한 렌트비 총액 입력

Total property tax paid for your principal residence in Ontario
워홀러 해당사항 없음

Did you reside in a designated student residence in Ontario?
세금 신고하는 년도에 온타리오에 위치한 학생 기숙사에서 거주하였나요? (예/아니오)

Home energy costs paid for your principal residence on a reserve in Ontario
워홀러 해당사항 없음

Amount paid for accommodation in a public long-term care home in Ontario
워홀러 해당사항 없음

Would you like to receive your benefit in June 2020 instead of receiving it monthly starting in July 2019? 렌트비 환급에 대해 2020년 6월에 한번에 받을 것인지 아니면
2019년 7월부터 매달 총 금액의 일부를 조금씩 받을 것인지 선택

Part B – Declaration of principal residence(s)

세금 신고하는 년도에
지불한 총 렌트비용

Address 주소	Postal code 우편번호	Number of months resident in 2018 세금 신고하는 년도에 거주한 월수	Long-term care home 빈칸으로 남기기	Amount paid for 2018 ?	Landlord or municipality 집주인 정보 입력

➕ Add another row   여러곳에서 거주했었다면 추가 버튼을 눌러서 입력 추가   ✖ Remove empty rows

⑲ 고용 소득 신고를 위해 하단 이미지에서 Employment Income – T4 선택

⑳ 근무했던 직장에서 받은 T4 슬립에 나와있는 정보를 하단 화면에 동일하게 입력

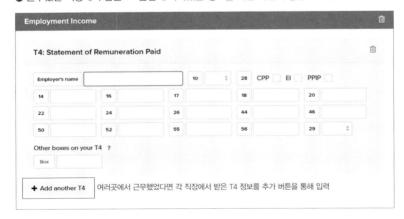

㉑ 모든 정보 입력이 완료되면 Check & Optimize 클릭

㉒ 잘못 입력된 정보가 없는지 확인 되면 아래와 같은 문구가 나옴. Let's go! 클릭

㉓ 입력된 정보를 토대로 세금 환급 신청서가 작성이 완료되는데 좌측에 Refund라고해서 얼마나 총 환급될 예정인지 금액 확인 후 Save PDF 를 클릭하여 모든 정보 입력이 완료된 세금 환급 신청서를 다운로드 받는다. 그리고 Submit tax return을 클릭하면 캐나다 국세청인 CRA로 온라인 자동 세금 환급 신청 완료.

㉔ 세금 환급액은 신청일로부터 최대 2개월 이내 신청서에 기재한 주소로 수표를 받을 수 있다. 만약 이전에 자동이체 신청을 해 놓은 적이 있다면 자동이체로 신청한 일 기준 2주 이내로 자동 입금된다.

워킹홀리데이 이후
캐나다 생활 FAQ

비자에 관한 FAQ

Q1 : 캐나다 워킹홀리데이 비자 1년이 끝나고
캐나다에 더 머물고 싶다면 어떻게 해야 하나요?

1년 비자가 만료되기 전에 관광 비자 또는 학생 비자로의 연장이 가능합니다. 더 나아가 근무하던 회사에서 직접 서포트를 해준다고 할 경우 취업 비자 연장 혹은 영주권 신청까지도 가능합니다. 단, 이 부분은 회사 대표와 사전 협의가 이루어져야 가능한 부분입니다.
관광 비자로 연장하고자 할 경우 현재 비자 만료일 최소 60일 전, 학생 비자로 연장하고자 할 경우 현재 비자 만료일 최소 30일 전에 신청해야 합니다.

Q2 : 관광 비자나 학생 비자로 연장 신청을 할 경우
처리 기간은 얼마나 걸리나요?

2019년 8월 기준 온라인으로 신청할 경우 관광 비자 연장 신청은 8일 이내, 학생 비자 연장 신청은 비자신청일로부터 약 5주 이내에 처리가 이루어지고 있습니다. 단, 우편 신청을 한 경우 더 오랜 시간이 걸립니다.

• 비자 처리 시간 확인 가능 웹사이트

https://www.canada.ca/en/immigration-refugees-citizenship/services/application/check-processing-times.html

Q3 비자 연장 신청은 혼자서도 가능한가요? 아니면 유학원 등을 통해서 진행해야 하나요?

혼자서도 충분히 가능합니다. 캐나다 이민국 웹사이트(https://www.canada.ca/en/services/immigration-citizenship.html)에는 비자 연장 관련한 모든 정보가 이해하기 쉽게 자세하게 명시되어 있습니다. 요즘에는 온라인 신청을 장려하고 있는 만큼 온라인에서 제공되는 설문지 툴 Tool을 통해 자신이 해당하는 사항을 선택하면 이에 해당하는 필요 서류 리스트가 자동으로 생성됩니다. 그 리스트에 나와있는 서류만 잘 준비하면 별 어려움없이 비자 연장 신청이 가능합니다. 혼자서 준비하시다가 궁금하신 게 있으시면 언제든지 캐나다 워킹홀리데이 책 저자가 직접 운영하는 책 공식 카페로 방문하셔서 질문글을 남겨주세요.

• 네이버 책 공식 카페 cafe.naver.com/canadajyp

Q4 비자 연장 신청을 했는데 기존에 가지고 있던 비자 기간이 만료 되었어요. 어떻게 해야 하나요?

기존 비자가 만료되기 최소 30일 이전에 비자 연장을 신청한 경우라면, 비자 연장 신청 결과가 나올 때까지 캐나다에 합법적으로 머무를 수 있으며, 이를 임플라이드 상태(Implied Status)라고 합니다. 임플라이드 상태일 경우 비자 연장 신청 결과가 나오기 전까지 연장 신청 당시 소지하고 있던 비자와 동일한 상태가 유지됩니다.

임플라이드 상태에 대해서 캐나다 이민국 공식 가이드 문서인 IMM 5551에 아래와 같이 자세히 명시되어 있습니다.

• https://www.canada.ca/en/immigration-refugees-citizenship/services/application/application-forms-guides/guide-5551-applying-change-conditions-extend-your-stay-canada.html 의 **Determining eligibility** 내용

"If your current temporary resident status is still valid you can apply for an extension of your stay. For any permit, you should always apply at least 30 days before your current status expires. Your original temporary status as a visitor continues under the same conditions until your application is finalized and you have been notified of the decision."

현재 소지 중인 비자 만료일 30일 이전에 연장 신청을 했을 경우 이민국에서 비자 연장 신청 결과를 받기 전까지 체류 자격은 비자 연장 신청했을 당시의 자격과 동일하게 유지됩니다.

Q5 : 비자 연장을 신청하고 본래 가지고 있던 비자가 만료된 상태에서 다른 나라로 여행을 간다면 캐나다로 재입국이 가능한가요?

답변은 Yes or No 입니다. 캐나다를 떠나 다른 나라로 여행을 갔다가 다시 재입국을 한다면 이민국에서 다시 입국 심사를 받으셔야 합니다. 즉, 어떠한 이민관에게 입국 재심사를 받느냐에 따라 입국이 허용될 수도 아니면 입국 거절을 당할 수도 있습니다. 최악의 상황에서는 입국 거절과 동시에 비자 연장을 신청한 이력

이 무효 처리가 되어 재신청해야 하는 사태가 발생할 수도 있습니다. 가장 좋은 방법은 비자 연장 신청에 대한 결과를 받을 때까지 캐나다에 머무는 것입니다. 부득이하게 캐나다를 잠시 떠났다가 재입국해야 한다면 다음의 서류를 꼼꼼하게 미리 준비하면 됩니다.

- 비자 연장 신청 날짜가 기록된 캐나다 이민국에 지불한 비자 연장 신청비 납부 증빙 영수증 사본
- 온라인 연장 신청 확인증
- https://www.canada.ca/en/immigration-refugees-citizenship/services/application/ check-processing-times.html에서 출력한 현재 신청한 비자 연장 처리 기간이 얼마나 걸리는지 명시되어 있는 문서
- 비자 연장 신청 시 첨부한 연장하고자 하는 기간이 만료되면 반드시 캐나다를 떠나겠다는 것을 증명하는 날짜가 명시된 항공권 사본

Q1 | 워킹홀리데이 비자 이후 이민 신청을 하고 싶다면 어떻게 해야 하나요?

우선 연방 정부 이민 신청에서 최소 조건으로 요구하는 사항 중 하나가 최소 캐나다에서의 근무 경력 1년 이상입니다. 일부 주에서는 6개월만의 근무 경력으로도 주 정부 이민 신청이 가능한 곳도 있지만 일반적으로 워킹홀리데이 비자로 입국한 날 1일째부터 바로 일을 시작하는게 아니라면 연방 정부 이민 신청이 불가합니다. 워킹홀리데이 비자 이후 영주권을 신청하고 싶다면 워킹홀리데이 비자 만료 이전에 고용주와 협의하여 취업 비자 연장 신청을 받은 후 근무 경력을 1년 이상 채우고, 그 이후에 영주권 신청 진행을 하시면 됩니다. 이때 고용주의 서포트로 취업 비자 연장 신청을 할 경우 고용주의 도움이 상대적으로 많이 필요합니다. 취업 비자를 위해 고용주는 노동 시장에 일을 할 수 있는 현지 캐나다인들도 많이 있음에도 불구하고 왜 반드시 특정 외국인을 고용해야 하는지를 증명하여 캐나다 고용노동부로부터 승인을 받아야 합니다. 이를 노동시장영향평가서 LMIA(Labour Market Impact Assessment)라고 합니다. 보통 LMIA 처리 시간은 예측이 불가할 만큼 오랜 시간이 걸리기 때문에 고용주와 사전에 미리 협의하여 현재 워킹홀리데이 비자가 만료 전 미리 신청 진행을 할 수 있도록 하는 것이 좋습니다.

노동시장영향평가서를 받으면 이것을 토대로 온라인에서 클로즈드 워크 퍼밋 신청이 가능하고 신청비는 C$155, 처리 기간은 98일정도 입니다. 또한 추후 캐나다로의 이민을 고려할 때에도 큰 도움이 됩니다.

Q2 현재 캐셔로 일을 하고 있고, 워킹홀리데이 비자 이후 고용주의 도움으로 취업 비자 연장도 완료하였습니다. 이럴 경우 영주권 신청이 가능한가요?

불가합니다. 캐나다에서 이민이 가능한 직업군은 캐나다에서 5년에 한번씩 지정하는 국가 직업 분류표 National Occupational Classification Matrix 2016 (NOC) 에 명시되어있는 스킬 레벨에 따라 0, A, B 레벨에 해당하는 직군의 경우에만 이민 신청이 가능합니다. 스킬 레벨은 0(관리자 직군), A(학사 이상의 학위가 요구되는 직업군), B(전문 학사 이상의 학위가 요구되는 직업군), C(고등학교 학력 이상이 요구되는 직업군), D(특별한 스킬이 요구되지 않는 직업군)으로 나뉩니다. 캐셔같은 경우 NOC 코드는 6611로 스켈 레벨에서는 D에 해당하므로 이민 신청에 부적합합니다. 만약 캐셔로 일하면서 직급이 수퍼바이저 급으로 승진하였다면 NOC 코드 6211 – 소매점 수퍼바이저에 해당이 되고, 이는 스킬 레벨 B에 해당하기 때문에 이민 신청이 가능합니다.

- **국가 직업 분류표 캐나다 노동청 웹사이트**

  http://noc.esdc.gc.ca/English/NOC/Matrix2016.aspx?ver=16

Q3 캐나다 이민 신청 방법에는 어떤 것이 있나요?

캐나다 이민 신청 프로그램은 크게 주 정부 이민과 연방 정부 이민 프로그램으로 나눌 수 있습니다. 최종 이민에 대한 결정은 연방 정부 소속 오피서의 판단으로 처리되며, 이러한 결정은 점수제로 진행되고 있습니다. 즉, 자신의 나이, 학력, 경력, 영어 시험 성적 등을 토대로 각각 점수를 매겨서 특정 점수 이상이 되는 사람들에게 이민 자격이 부여되는 것입니다. 이때 주 정부 이민을 통해 영주권을 신청한다면 이 점수제에서 처음부터 연방 정부 프로그램으로 신청한 사람들에 비해 시간은 더 오래걸리지만 대신 상당히 높은 보너스 점수를 받을 수 있습니다. 즉, 보너스 점수 덕분에 상대적으로 최종 연방 이민 신청에 훨씬 유리해집니다. 하지만 연방 정부 이민 프로그램으로 바로 신청하더라도 획득할 수 있는 점수가 충분하다면 굳이 주 정부 이민을 거칠 필요는 없습니다.

모든 이민 프로그램을 한번 검토해 보시고, 자신에게 해당하는 방법을 선택하여 진행하시면 됩니다. 또한 각 주 정부마다 진행되고 있는 이민 프로그램이 다르기 때문에 현재 거주하고 있는 주의 이민 프로그램을 확인 후 신청하시면 됩니다.

- **주 정부 이민 신청 관련 이민국 웹페이지**

  https://www.canada.ca/en/immigration-refugees-citizenship/services/immigrate-canada/provincial-nominees/works.html
- **연방 정부 이민 신청 관련 이민국 웹페이지**

  https://www.canada.ca/en/immigration-refugees-citizenship/services/immigrate-canada/express-entry.html

- **주 정부 이민 신청 방법**

  주 정부 이민 신청 → 주 정부 이민 신청을 통해 임명 자격 부여 받기 → 연방 정부 이민 신청 → 이민 완료

- **연방 정부 이민 신청 방법**

  연방 정부 이민 신청 → 이민 완료

Q4 | 영주권 신청은 혼자 가능한가요?

혼자서도 가능합니다. 그러나 영주권 신청 관련해서는 예측할 수 없는 변수들이 많이 존재하기 때문에 만약 영주권 신청 시 제출해야 하는 서류에 다른 사람들보다 특이한 이력들이 문서에 기재되어있는 것들이 있다면 (음주 운전, 폭행 등의 이력이 범죄기록에 남아있는 경우 등) 그때는 혼자하는 것보다 전문가와 함께 진행하는 것이 돈과 시간을 모두 절약할 수 있는 방법입니다.

캐나다 워킹홀리데이를 시작으로
이민을 통해 캐나다에 정착하기까지

한국에서 잘 다니고 있던 회사와 한국에서의 삶을 모두 정리하고 캐나다에 온 지 어느덧 5년이란 시간이 흘렀다. 지난 5년 동안 캐나다에서 보낸 시간들을 회상해 보니, 처음 캐나다에 오기 전에 세웠던 계획들을 모두 순조롭게 진행하여 참으로 다행이라는 생각이 든다. 이 모든 것이 워킹홀리데이 프로그램을 통해 얻었던 값으로는 절대 책정할 수 없는 수많은 경험들 덕분이 아닌가 생각한다.

한국에서 그동안 쌓아왔던 커리어를 뒤로 한 채 캐나다행으로 결정한 것은 정말 쉽지 않았다. 캐나다행으로 결정 직전 나는 대학 졸업 후 취업한 첫 회사였던 독일계 리서치 회사 한국 지사장님으로부터 다시 재입사를 해달라는 요청을 받았었다. 그때 그곳에 다시 입사했더라면 2014년 나는 과장 직급을 달고 시장 조사 연구원 Market Researcher으로 계속 일을 했을 것이다. 그리고 그렇게 5년이 지난 2019년 지금이라면 차장 직급까지 승진하지 않았을까 생각된다. 그런 상황에서 내가 캐나다행을 결정했다라는 것은 이 모든 내 이력들을 다 내려놓고 다시 처음부터 새롭게 시작해보겠다는 도전 정신이 있었기에 가능했다. 이것은 곧 인생의 도박이었다라고 표현해도 과언이 아닐 듯 하다.

캐나다 이민을 알아보면서 가장 가능성 있는 이민까지의 과정으로는 학생 비자를 받아 우선 캐나다 국립교육기관을 통해 최소 2년 이상의 학업을 진행하고 이것으로 3년짜리 취업 비자를 받아 이민까지 연결시키는 방법이었다. 그래서 나는 2014년 8월 캐나다에 입국하여 공립 칼리지에서 2년 디플로마 과정으로 공부를 시작하였다.

캐나다 칼리지에서 공부하고자 하는 학과를 선택하기에 앞서 나는 많은 것들을 생각했다. 새로이 삶을 이어나가야 하는 이 새로운 나라에서 어떤 직업을 가져야 한국에서의 경력도 연결해 나갈 수 있고, 외국인이어도 홀대받지 않고 잘 헤쳐나갈 수 있을까하는 생각들 말이다. 고심 끝에 생각해냈던 것은 바로 자동차 산업이었다. 다양한 정보를 토대로 자동차 관련된 학과를 알아보던 중 Automotive Business School of Canada에 대해 알게 되었다. 일반적인 경영학과 더불어 자동차 비즈니스에 좀더 심층적인 학문을 공부하는 곳으로 특화된 캐나다의 유일한 곳이다.

학교 프로그램은 총 2년 디플로마 학위 과정과 4년 학사 학위 과정이 있는데 나는 2년 과정을 선택했다. 2년 과정에는 학기 중간 방학 동안 4개월씩 졸업을 위해 필수로 거쳐야 하는 총 2번의 인턴쉽같은 코업 과정이 포함되어 있다. 이러한 코업 과정은 졸업 이후 바로 취업에 긍정적인 신호를 줄 수 있는 좋은 수단으로 활용된다.

나 역시 코업으로 근무했던 2곳 중 1곳에서 졸업 전 정규직 잡 오퍼를 받아 졸업과 동시에 바로 근무를 시작할 수 있었다. 이후 캐나다에서의 근무 경험들과 한국에서의 경력을 토대로 자동차 산업 분야의 최고봉이라 할 수 있는 글로벌 자동차 제조회사 중 한 곳인 현대자동차 캐나다본사로의 이직에 성공하였고, 이직 후 1년 만에 승진하여 현재는 사업 개발 전문가 Business Development Specialist로 근무하고 있다. 연봉 또한 현지인들과 동등한 수준으로 능력에 따라 조율된 만큼 만족스러운 수준의 연봉을 받고 있다.

캐나다에서의 회사 생활은 한국과는 많은 부분이 다르다. 우선 회사마다 다르지만 내가 재직 중인 회사 기준 일주일 근무 시간은 총 37.5시간이고, 하루 7.5시간을 근무한다. 일주일 기준 37.5시간을 초과하여 야근할 경우 본래 급여를 시간당 급여로 환산한 금액의 1.5배를 야근 수당으로 지급 받는다. 한 달에 한 번씩은 본인이 원하는 날에 재택 근무가 가능하다. 업무적인 것 외에도 회사에서는 근무 시간 중 진행하는 다양한 이벤트들로 간식들도 많이 제공해준다.

퇴근 시간이 한국에 비해 빠르기 때문에 퇴근하고 귀가하더라도 많은 것들을 충분히 할 수 있다. 캐나다인들은 가족에 대한 부분을 최우선으로 생각하기 때문에 이러한 빠른 퇴근 시간이 가족들과 더 오랫동안 함께 할 수 있도록 도움을 주는 역할을 하는 듯 하다.

캐나다에서 겪은 인생 모험의 결과는 현재 시점에서 성공적이라고 말할 수 있을 것 같다. 아무런 어려움없이 순탄한 과정으로 지금의 자리까지 오게 된 것에는 당연히 운도 따랐다. 여기서 운이란 항상 굳건한 신념을 가지고 끊임없이 새로운 것을 공부하고 노력하여 언제든 기회가 찾아왔을 때 그것을 기회라고 인지할 수 있는 안목을 키워 절대 놓치지 않고 자신의 것으로 만들었을 때 비로소 운이 따랐다고 말 할 수 있다고 생각한다.

앞으로의 캐나다 생활도 지금처럼만 열심히 살아간다면 오히려 한국에 남아

캐나다 재직 중인 회사 같은 부서 팀원들. (왼쪽부터) 아타 Ata, 알리 Ali, 나, 조나단 Jonathan

서 살았을 때 예측되는 삶보다 더 나은 삶을 살아갈 수 있지 않을까라는 생
각도 든다. 한 번 사는 인생을 언제 위기가 찾아올 지 전혀 알 수 없는 모험과
늘 새로운 것에 도전하는 삶으로 채워간다면 이보다 더 흥미롭고 스릴 넘치
는 인생이 또 어디 있으랴. 나는 앞으로도 내 남은 인생을 이러한 모험과 도
전을 이어나가며 누구보다 가장 즐겁게 즐기며 살 것이다.

캐나다
워킹홀리데이

개정3판 1쇄 2019년 11월 25일

지은이 박지영

발행인 양원석
본부장 김순미
편집장 고현진
디자인 RHK 디자인팀 이재원, 김미선
해외저작권 최푸름
제작 문태일, 안성현
영업마케팅 최창규, 김용환, 윤우성, 양정길, 이은혜, 신우섭, 유가형,
          김유정, 임도진, 정문희, 신예은, 유수정, 박소정, 강효경

발행처 (주)알에이치코리아
주소 서울시 금천구 가산디지털2로 53 한라시그마밸리 20층
편집 문의 02-6443-8930 구입 문의 02-6443-8838
홈페이지 http://rhk.co.kr
등록 2004년 1월 15일 제 2-3726호

ⓒ 박지영 2019

ISBN 978-89-255-6801-0 13980